网络与智能监控系统综合实训

（第2版）

胡水来　罗　天　主　编

钟茂松　副主编

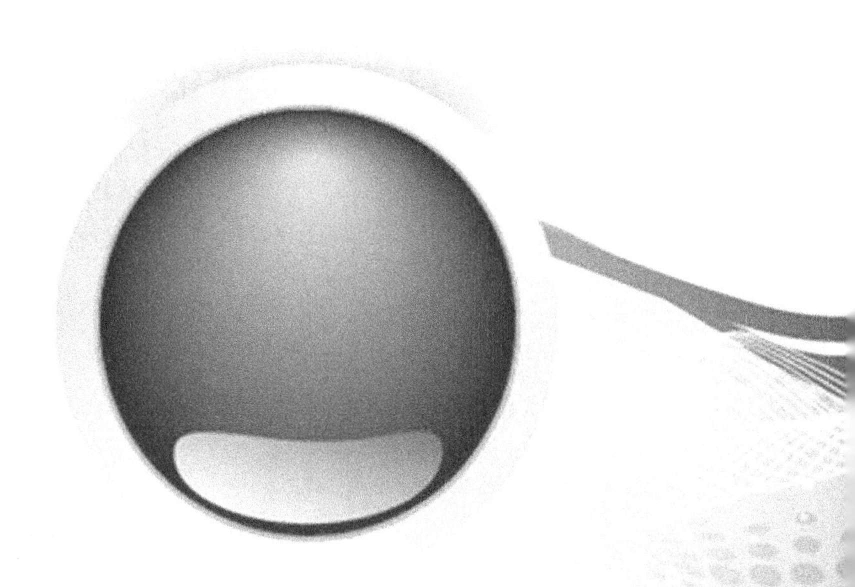

電子工業出版社

Publishing House of Electronics Industry

北京·BEIJING

内 容 简 介

本书第 1 版是“十三五”职业教育国家规划教材，按照《职业院校教材管理办法》和《“十四五”职业教育国家规划教材建设实施方案》规定的编写要求修订为第 2 版。

本书以海康威视的产品为例介绍了智能楼宇安全防范系统的应用，扩展了学生的知识面，体现了专业课程教学内容与思政内容的融合；同时在教学任务中进一步强调安全操作，强调操作步骤的规范要求，培养学生形成良好的操作习惯。

本书从安全防范系统实际应用入手，详细介绍了视频监控系统、入侵报警系统、出入口控制系统、安全防范系统电源及防雷接地系统、安全防范系统集成设计等内容，还介绍了安全防范系统工程项目招标、投标及安全防范系统项目实施管理与验收等相关工程知识，充分体现了“学中做，做中学，实践中教理论，理实一体”的职业教育理念。

本书可作为职业院校网络安防系统安装与维护专业和物联网应用技术专业的专业核心课程教材，也可作为各类培训班的教材，还可供网络安防技术人员参考学习。

图书在版编目（CIP）数据

网络与智能监控系统综合实训 / 胡水来，罗天主编. —2 版. —北京：电子工业出版社，2022.4

ISBN 978-7-121-43017-6

Ⅰ. ①网… Ⅱ. ①胡… ②罗… Ⅲ. ①智能化建筑—计算机网络—监视控制—中等专业学校—教材 Ⅳ. ①TP393.06

中国版本图书馆 CIP 数据核字（2022）第 032545 号

责任编辑：杨　波
印　　刷：北京虎彩文化传播有限公司
装　　订：北京虎彩文化传播有限公司
出版发行：电子工业出版社
　　　　　北京市海淀区万寿路 173 信箱　邮编　100036
开　　本：880×1 230　1/16　印张：14.75　字数：339.84 千字
版　　次：2021 年 4 月第 1 版
　　　　　2022 年 4 月第 2 版
印　　次：2022 年 4 月第 1 次印刷
定　　价：45.00 元

凡所购买电子工业出版社图书有缺损问题，请向购买书店调换。若书店售缺，请与本社发行部联系，联系及邮购电话：（010）88254888，88258888。

质量投诉请发邮件至 zlts@phei.com.cn，盗版侵权举报请发邮件至 dbqq@phei.com.cn。

本书咨询联系方式：（010）88254584，yangbo@phei.com.cn。

前言 | PREFACE

本书第 1 版是“十三五”职业教育国家规划教材，按照《职业院校教材管理办法》和《“十四五”职业教育国家规划教材建设实施方案》规定的编写要求修订为第 2 版。

本书以海康威视的产品为例介绍了智能楼宇安全防范系统的应用，扩展了学生的知识面，体现了专业课程教学内容与思政内容的融合；同时在教学任务中进一步强调安全操作，强调操作步骤的规范要求，培养学生形成良好的操作习惯。

本书从安全防范系统实际应用入手，详细介绍了视频监控系统、入侵报警系统、出入口控制系统、安全防范系统电源及防雷接地系统、安全防范系统集成设计等内容，还介绍了安全防范系统工程项目招标、投标及安全防范系统项目实施管理与验收等相关工程知识，充分体现了“学中做，做中学，实践中教理论，理实一体”的职业教育理念。

为符合《儿童青少年学习用品近视防控卫生要求》（GB 40070—2021），编者对本书的版式进行了调整，使之更有利于保护视力。

本书特色

本书按照项目教学法编写，全书共分为 9 章，均根据实际应用场景设计教学与实训任务。本书立足于智能楼宇安全防范系统设计与项目工作流程，以学习一个智能小区的完整的安全防范系统为教学、实训任务，较为全面地阐述了智能建筑安全防范系统的使用及其设计、安装、调试过程。

校企合作

在编写过程中，本书以学习现实工程项目为教学任务，遵循以实用为准，贯彻以学生为主体、以能力为本位的职业教育理念，大力发展适应新技术和产业变革需要的职业教育，注重校企合作、理论联系实际。本书是校企合作的成果，构建了一个与建筑智能化理论紧密结合的实践教学体系，是将理论知识与工程经验有机结合的产物。本书以杭州海康威视数字技术股份有限公司的设备为例组织教学内容，同时得到建筑智能化行业的专家、杭州海康威视数字技术股份有限公司、广州网远信息技术有限公司、广州市唯康通信技术有限公司等企业的支持和帮助，在此表示衷心的感谢！

教学资源

本书配有电子教学参考资料包，包括 PPT 课件、实训手册、教学指南、慕课视频等，以方便教师开展日常教学。如有需要，可自行登录华信教育资源网免费下载。

课时分配

本书的设计宗旨之一就是，便于各类不同层次的读者开展自主学习与自主探索。建议本书的教学课时为 144 学时，理论与实训的课时占比大致为 2∶3。教师和学生可根据自身情况与培养需要，灵活安排授课。

课时分配表（仅供参考）

教学内容	理论（讲解与示范）	实训	合计
第 1 章　安全防范系统基础	8	2	10
第 2 章　视频监控系统设计与实施	6	18	24
第 3 章　入侵报警系统设计与实施	6	12	18
第 4 章　出入口控制系统设计与实施	4	16	20
第 5 章　安全防范系统电源及防雷接地系统设计与实施	4	8	12
第 6 章　安全防范系统集成设计	4	6	10
第 7 章　安全防范系统工程项目招标与投标	4	6	10
第 8 章　安全防范工程项目管理与验收	6	8	14
第 9 章　数字安防系统综合设计经典案例与实施	6	20	26
合计			144

本书编者

本书由胡水来、罗天担任主编，钟茂松担任副主编，并由胡水来、钟茂松编写第 1 章、第 2 章、第 6 章和第 9 章，陈振龙编写第 3 章，罗天、陆伟光编写第 4 章和第 5 章，刘政武编写第 7 章和第 8 章。

虽然在本书的规划设计和编写过程中倾注了大量的精力与心血，但由于能力有限，加上网络与智能监控系统技术的发展迅速，书中难免存在错漏和缺陷之处，恳请广大读者不吝提出批评建议，以便进行改正和完善。

编　者

CONTENTS | 目录

安全防范系统基础

项目背景

对于一个住宅小区而言，能否保障小区内的财产和居民人身安全，能否预防小区的入室盗窃及抢劫等犯罪事件，能否防止家庭各种灾害及意外事故的发生，物业是否及时了解小区和家庭的安全动态，已经逐渐成为居民选择居住环境的主要考虑因素之一。现在的智能化小区，必须建立一套科学、完善、有保障的智能化安全防范系统，运用高科技的现代化手段加强安全防范工作，车辆凭卡进出小区，住户凭卡或密码进出小区和住宅楼；加强安保巡查，对进入小区的人员和车辆进行安全性检验，防止非法入侵行为；实行全天候无死角的实时监控，遇有警情，保安值班室能够及时了解，并迅速做出应警处理，做到人防、技防、物防相结合。

系统结构

智能小区安全防范系统结构图如图 1-1 所示。

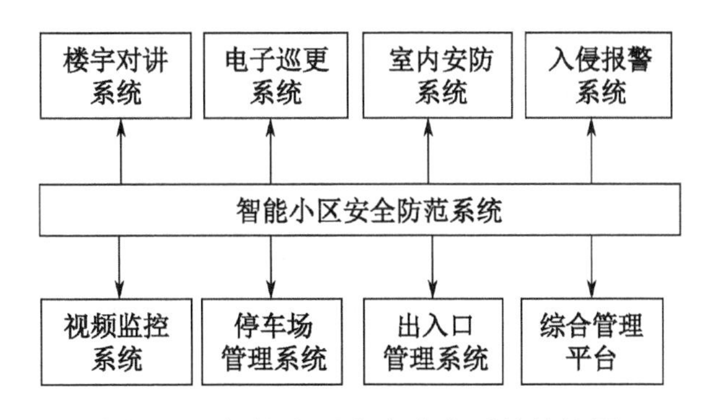

图 1-1　智能小区安全防范系统结构图

能力目标

（1）能够理解安全防范系统的基本概念。

（2）能够掌握安全防范系统的主要内容。

（3）能够理解智能小区的安全防范系统结构。

1.1 安全防范系统基本概念

安全防范系统是智能建筑的核心系统之一，是根据建筑的使用功能、建筑标准及安全管理的需要，综合运用电子信息技术、计算机网络技术和安全防范技术构成的安全技术防范体系。

1. 安全防范系统的定义

安全防范系统是以维护社会公共安全为目的，运用安全防范产品和其他相关产品所构成的入侵报警系统、视频安防监控系统、出入口控制系统、防爆安全检查系统等，以及由这些系统为子系统组合或集成的电子系统或网络。

安全防范系统是在国内标准中定义的，而国外则更多称之为损失预防与犯罪预防。损失预防是安防行业的任务，犯罪预防是公安执法部门的职责。

2. 安全防范系统的三种基本手段

安全防范是包括人力防范、物理防范和技术防范三方面在内的综合防范体系。

（1）人力防范（以下简称人防）是指执行安全防范任务的具有相应素质的人员或人员群体的一种有组织的防范手段，包括人、组织和管理等。

（2）物理防范（也称为实体防范，以下简称物防）是用于安全防范中延迟风险事件发生的各种实体防护手段，包括建筑物、屏障、器具、设备、系统等。

（3）技术防范（以下简称技防）是利用各种电子信息设备组成系统或网络以提高探测、延迟、反应能力和防护功能的安全防范手段。

对于保护建筑物目标来说，人力防范主要是保安站岗、人员巡更、报警按钮、有线和无线内部通信；物理防范主要是实体防护，如周界栅栏等；而技术防范则是以各种技术设备、集成系统和网络来构成安全保证的屏障。

安全防范要贯彻“人防、物防、技防”三种基本手段相结合的原则。任何安全防范工程的设计，如果背离了这一原则，不恰当地、过分地强调某一手段的重要性，而贬低或忽视其他手段的作用，都会给系统的持续、稳定运行埋下隐患，使安全防范工程的实际防范水平不能达到预期的效果。

3. 安全防范系统工程的基础

（1）安全防范工程的概念及三个基本要素

① 安全防范工程的概念：安全防范工程是以维护公共安全为目的，综合运用安全防范技术和其他科学技术，为建立具有防入侵、防盗窃、防抢劫、防破坏、防爆安全检查等功能的系

统而实施的工程，通常也称为技防工程。

② 安全防范工程的三个基本要素：安全防范工程有三个基本要素，即探测、延迟和反应。首先，通过各种传感器和多种技术途径（如视频监视、门禁、入侵报警等），探测到环境物理参数的变化或传感器自身工作状态的变化，及时发现是否有强行或非法入侵的行为；其次，通过实体阻挡和物理防范等设施来起到威慑和阻滞的双重作用，尽量推迟风险的发生时间，理想的效果是在此段时间内使入侵不能实际发生或者入侵很快被终止；最后，在安全防范系统发出警报后采取必要的行动来制止风险的发生或者制服入侵者，及时处理突发事件，控制事态进一步发展。

（2）安全防范工程设计应遵从的基本原则

安全防范工程设计的原则是所有安全防范工程设计应遵从的基本原则，是国内外安全防范工程技术界多年来理论研究和实践经验的高度概括和总结，主要有以下几个方面。

① 系统的防护级别与被防护对象的风险等级相适应。

② 人防、物防、技防相结合，探测、延迟、反应相协调。

③ 满足防护的纵深性、均衡性、抗易损性要求。

④ 满足系统的安全性、电池兼容性要求。

⑤ 满足系统的可靠性、维修性、维护保障性要求。

⑥ 满足系统的先进性、兼容性、可扩展性要求。

⑦ 满足系统的经济性、适用性要求。

4．智能建筑安全防范系统的基本结构

安全防范系统是智能建筑的核心系统之一。智能建筑安全防范系统的主要任务是根据不同的防范类型和防护风险的需要，为保障人身与财产的安全，运用计算机通信、视频监控及报警系统等技术形成的综合安全防范体系。它包括建筑物周界的防护报警及巡更、建筑物内及周边的视频监控、建筑物范围内人员及车辆出入的门禁管理三大部分，以及集成这些系统的相关管理软件，组成框图如图 1-2 所示。

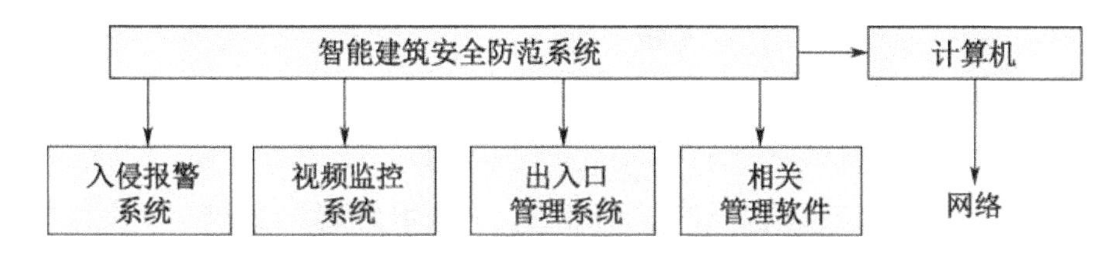

图 1-2　智能建筑安全防范系统组成框图

一般而言，入侵报警系统由报警探测器、报警接收及响应控制装置和处警对策三大部分组成。门禁管理系统由各类出入凭证、凭证识别与出入法则控制设备以及门用锁具三大部分组成。

（1）入侵报警系统是利用传感器技术和电子信息技术探测并指示非法进入设防区域的行

为，处理报警信息、发出报警信号的电子系统或网络。

（2）视频监控系统是利用视频技术探测、监视设防区域并实时显示、记录现场图像的电子系统或网络。

（3）出入口管理系统是利用自定义识别或模式识别技术，对出入口目标进行识别并控制出入口执行机构启闭的电子系统或网络。

（4）电子巡更系统是对保安巡更人员的巡查路线、方式及过程进行管理和控制的电子系统或网络。

（5）停车场管理系统是对进、出停车场的车辆进行自动登录、监控和管理的电子系统或网络。

（6）安全管理系统是对入侵报警、视频监控、出入口控制等子系统进行组合或集成，实现对各子系统的有效联动、管理或监控的电子系统或网络。

1.2 安全防范系统的主要内容

安全防范系统的主要内容包括入侵报警系统、视频安防监控系统、出入口控制系统、电子巡更系统、停车场管理系统及其他系统。

1.2.1 入侵报警系统

1. 入侵报警系统的设计要求

入侵报警系统应能根据被防护对象的使用功能及安全防范管理的要求，对设防区域的非法入侵、盗窃、破坏和抢劫等行为进行实时有效的探测与报警，高风险的防护对象的入侵报警系统应有报警复核功能，系统不得有漏报警、误报警等情况发生。

入侵报警系统设计应符合以下规定。

（1）应根据各类建筑物或构筑物安全防范的管理要求和环境条件以及总体纵深防护和局部纵深防护的原则，分别或综合设置建筑物和构筑物周界防护、内（外）区域或空间防护、重点实物目标防护系统。

（2）系统应能独立运行，有输出接口，可手动、自动以有线或无线方式报警。系统除应能本地报警外，还应能异地报警并能与视频安防监控系统、出入口控制系统等联动。

（3）对于集成式安全防范系统的入侵报警系统，应能与安全防范系统的安全管理系统联网，实现安全管理系统对入侵报警系统的自动化管理与控制。

（4）对于组合式安全防范系统的入侵报警系统，应能与安全防范系统的安全管理系统连接，实现安全管理系统对入侵报警系统的联动管理与控制。

（5）对于分散式安全防范系统的入侵报警系统，应能向管理部门提供决策所需的主要信息。

（6）系统的前端应按需要选择、安装各类入侵探测设备，构成点、线、面、空间或其组合的综合防护系统。

（7）应能按时间、区域、部位任意编程设防和撤防。

（8）应能对设备运行状态和信号传输线路进行检测，对故障能及时报警，还应具有防破坏报警功能。

（9）应能显示和记录报警部位及有关警情数据，并能提供与其他子系统联动的控制接口信号。

（10）在重要区域和重要部位发出警报的同时，入侵报警系统应能对报警现场进行声音复核。

2. 建筑周边的防范

建筑周边的防范除可采用如图 1-3 所示的栏杆等实体外，也可由双光束主动红外线探测器、电子篱笆等构成，当有非法入侵时它将发出报警信号，成为保障建筑安全及正常运行的第一道屏障，如图 1-4 所示。

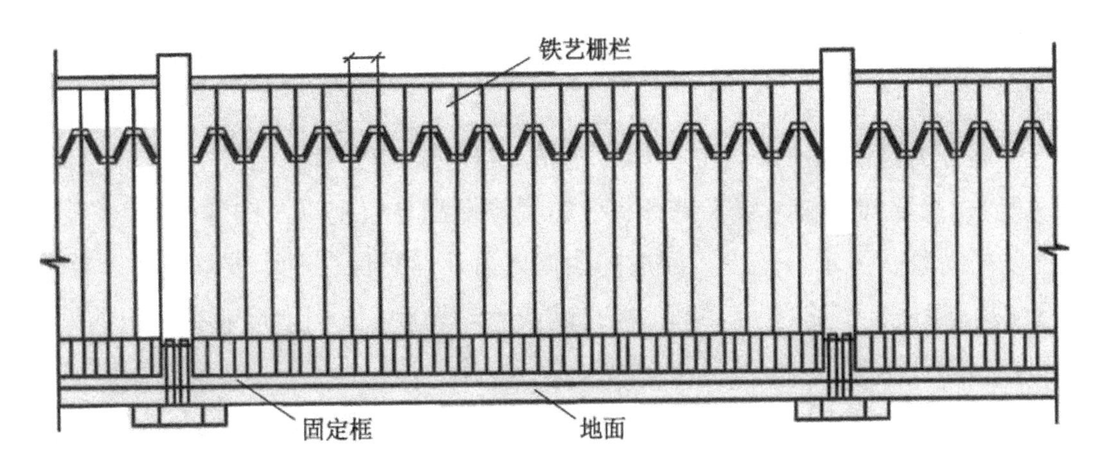

图 1-3　建筑周边防范使用的栏杆

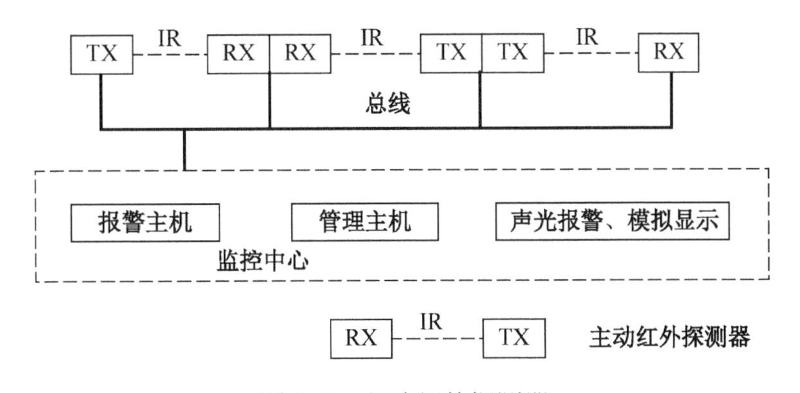

图 1-4　主动红外探测器

3. 入侵报警系统的组建模式

根据信号传输方式的不同，入侵报警系统组建模式宜采用以下形式。

（1）分线制：探测器、紧急报警装置通过多芯电缆与报警控制主机之间采用一对一专线相连。

（2）总线制：探测器、紧急报警装置通过其相应的编址模块与报警控制主机之间采用报警总线（专线）相连。

（3）无线制：探测器、紧急报警装置通过其相应的无线设备与报警控制主机通信，其中一个防区内的紧急报警装置不得多于 4 个。

（4）公共网络：探测器、紧急报警装置通过现场报警控制设备或网络传输接入设备与报警控制主机之间采用公共网络相连。公共网络可以是有线网络，也可以是有线—无线—有线网络。

1.2.2 视频安防监控系统

1. 视频安防监控系统设计要求

视频安防监控系统根据建筑物的使用功能及安全防范管理的要求，对必须进行视频安防监控的场所、部位、通道等进行实时、有效的视频探测。视频监控及图像显示、记录与回放等具有视频入侵报警功能。与入侵报警系统联合设置的有视频安防监控系统、图像复核和声音复核功能等。

视频安防监控系统设计应符合以下要求。

（1）应根据各类建筑物安全防范管理的需要，对建筑物内（外）的主要公共活动场所、通道、电梯（厅）、重要部位和区域等进行有效的视频探测与监视以及图像显示、记录与回放。对高风险的防护对象，显示、记录、回放的图像质量及信息保存时间要满足管理要求。

（2）系统的画面显示应能任意编程，能自动或手动切换，画面上应有摄像机的编号、部位、地址和时间、日期显示等。

（3）系统应能独立运行，能与入侵报警系统、出入口控制系统等联动。当与报警系统联动时，能自动对报警现场进行图像复核，能将现场图像自动切换到指定的监视器上显示并自动录像。

（4）对于集成式安全防范系统的视频安防监控系统，应能与安全防范系统的安全管理系统联网，实现安全管理系统对视频安防监控系统的自动化管理与控制。

（5）对于组合式安全防范系统的视频安防监控系统，应能与安全防范系统的安全管理系统连接，实现安全管理系统对视频安防监控系统的联动管理与控制。

（6）对于分散式安全防范系统的视频安防监控系统，应能向管理部门提供决策所需的主要信息。

2. 视频安防监控方式与部位

视频安防监控分为一般性监控和密切监控两类，采用云台扫描可做全方位大面积的巡视；而对于固定场所或目标的监控，宜采用定位定焦的死盯方式；监控部位应注意少留盲区或死角，对电梯内（外）的监控要引起重视并从技术上予以保证。

一般在建筑物的出入口、主要通道、停车场等重要场所安装摄像机，将监测区域的情况以图像方式实时传递到建筑物的值班管理中心，值班人员通过电视屏幕可以随时了解这些重要场所的情况。

3．视频安防监控系统的构成模式

根据使用目的、保护范围、信息传输方式、控制方式等的不同，视频安防监控系统可有多种构成模式。

（1）简单对应模式：监视器和摄像机简单对应。

（2）时序切换模式：视频输出中至少有一路可进行视频图像的时序切换。

（3）矩阵切换模式：可以通过任意控制键盘，将任意一路前端视频输入信号切换到任意一路输出的监视器上，并可编制各种时序切换程序。

（4）数字视频网络虚拟交换/切换模式：模拟摄像机增加数字编码功能，被称为网络摄像机，数字视频前端也可以是其他数字摄像机。数字交换传输网络可以是以太网和 DDN、SDH 等。数字编码设备可采用具有记录功能的 DVR 或视频服务器，数字视频的处理、控制和记录措施可以在前端、传输和显示的任何环节实施。

视频安防监控系统一般由前端的视频采集、传输、控制和图像处理与显示四个主要部分组成。视频安防监控系统的结构如图 1-5 所示。

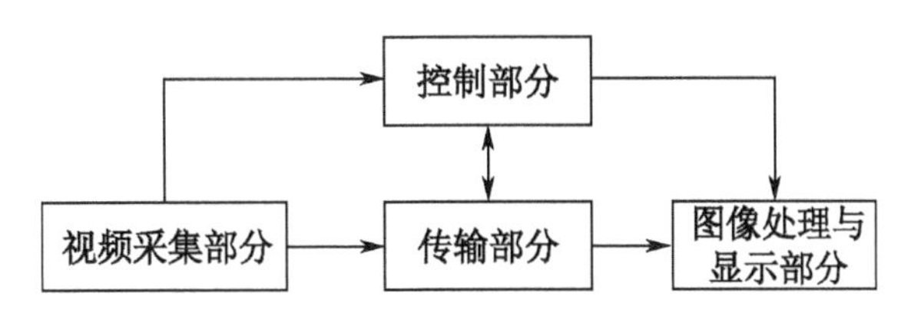

图 1-5 视频安防监控系统的结构

1.2.3 出入口控制系统

出入口控制系统是根据建筑物的使用功能和安全防范管理的要求，对需要控制的各类出入口，按各种不同的通行对象及其准入级别，对进、出口实施控制和管理，并具有报警功能的系统，如图 1-6 所示。

出入口控制系统的设计要求如下。

（1）应根据安全防范管理的需要，在楼内通行门、出入口、通道、重要办公室门等处设置出入控制装置。系统应对受控区域的位置、通行对象及通行时间等进行实时控制，并设定多级程序控制。系统应有报警功能。

（2）系统的识别装置和执行机构应保证操作的可靠性和有效性，宜有防尾随措施。

（3）系统的信息处理装置应能对系统的有关信息进行自动记录、打印、存储，并有防篡改和防销毁等措施；应有防止同类设备非法复制的密码系统，且密码系统应能在授权的情况下进行修改。

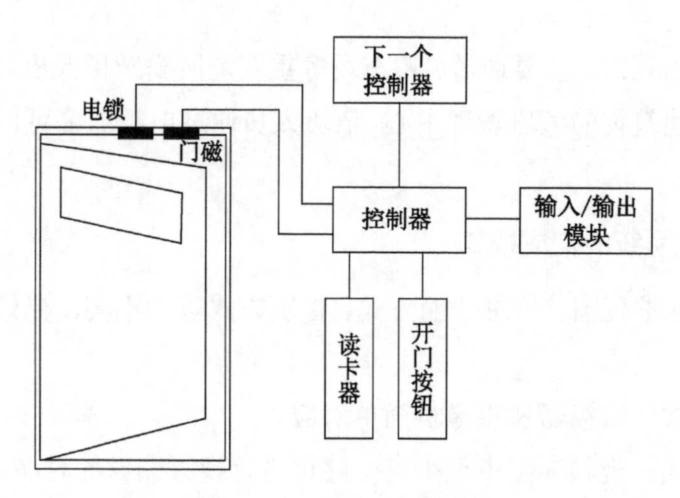

图1-6　出入口控制系统

（4）系统应能独立运行，并能与电子巡更系统、视频安防监控系统等联动。

（5）集成式安全防范系统的出入口控制系统应能与安全防范系统的安全管理系统联网，实现安全管理系统、出入口控制系统的自动化管理与控制。

（6）对于组合式安全防范系统的出入口控制系统，应能与安全防范系统的安全管理系统连接，实现安全管理系统对出入口控制系统的联动管理与控制。

（7）对于分散式安全防范系统的出入口控制系统，应能向管理部门提供决策所需的主要信息。

（8）系统必须满足紧急逃生时人员疏散的相关要求。疏散门均应设为向疏散方向打开。人员集中场所应采用平推外开门。配有门锁的出入口，在紧急逃生时，不需要钥匙或其他工具，也不需要专门的工具或毫不费力便可从建筑物内打开。其他应急疏散门，可采用“内推闩+声光报警”模式。

1.2.4　电子巡更系统

电子巡更系统根据建筑物的使用功能和安全防范管理的要求，按照预先编制的保安人员巡更程序，通过信息识读器或其他方式对保安人员巡更的工作状态（是否准时、是否遵守顺序等）进行监督、记录，并能对意外情况及时报警。

电子巡更系统是技防与人防的结合，巡更系统的作用是要求保安值班人员能够按照预先随机设定的路线顺序地对各巡更点进行巡更，同时也保护巡更人员的安全。巡更系统用于在下班之后特别是夜间的保卫与管理，实行定时定点巡查，是防患于未然的一种措施。

1. 离线式电子巡更系统

离线式电子巡更系统采用模块化设计的信息钮和接触棒，信息钮固定在每个巡更点，接触棒内含有 CPU 模块和存储单元，由巡更人员携带。当巡更人员按预先设定的巡更路线和时间到达每个巡更点时，以接触棒碰触信息钮，自动记录巡更的日期、时间、位置等信息，之后将接触棒通过接口模块与计算机相连，用专用软件读出和记录接触棒内的巡更信息，是一种方便实用的智能化系统，如图 1-7 所示。

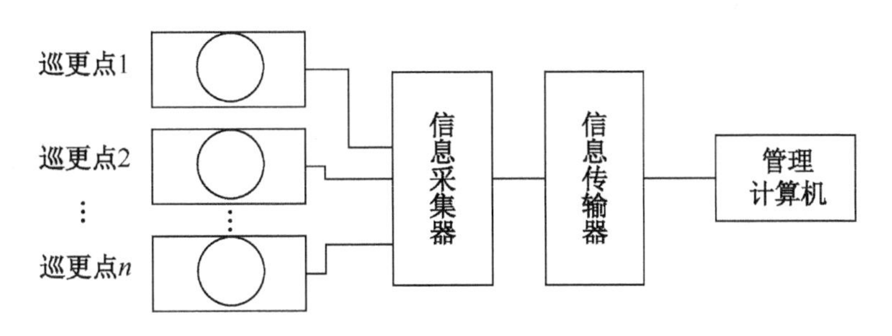

图 1-7　离线式电子巡更系统

2. 在线式电子巡更系统

在线式电子巡更系统如图 1-8 所示，可以由入侵报警系统中的警报控制主机编程确定巡更路线，每条路线上都有数量不等的巡更点，巡更点可以是门锁或读卡机，视为一个防区。巡更人员在走到巡更点处时，通过按钮、刷卡、开锁等手段，以无声报警表示该防区的巡更信号，从而将巡更人员到达每个巡更点的时间、巡更动作等信息记录到系统中。在中央控制室中，可通过查阅巡更记录了解巡更情况。

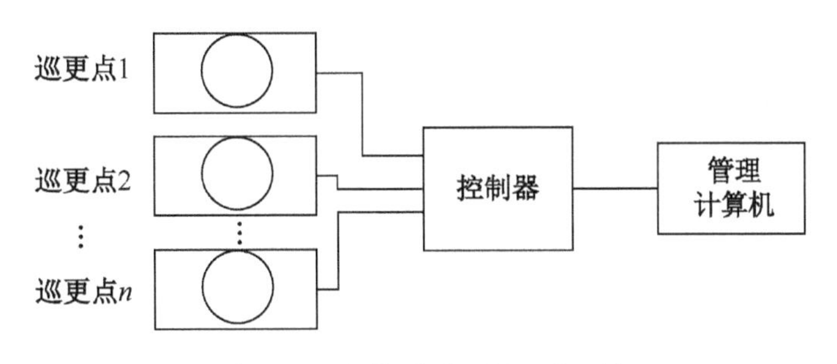

图 1-8　在线式电子巡更系统

3. 电子巡更系统设计要求

电子巡更系统应符合以下两项要求。

（1）应能编制巡查程序，能在预先设定的巡查路线中，用信息识读器或其他方式，对人员巡更活动状态进行监督和记录。在线式电子巡更系统应能在巡查过程中发生意外情况时及时报警。

（2）系统可独立设置，也可与出入口控制系统或入侵报警系统联合设置。独立设置的电子巡更系统应能与安全防范系统的安全管理系统联网，满足安全管理系统对该系统管理的相关要求。

1.2.5　停车场管理系统

停车场管理系统应能根据建筑物的使用功能和安全防范管理的要求，对停车场的车辆通行道口实施出入控制、监视、行车信号指示、停车管理及车辆防盗报警等综合管理，如图 1-9 所示。

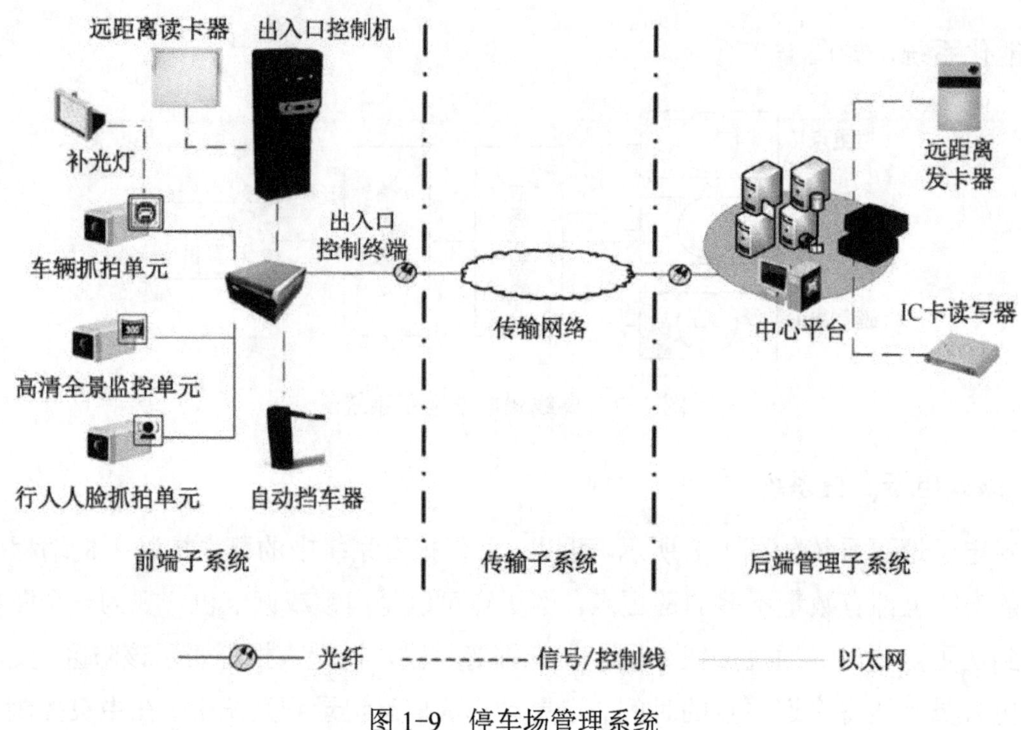

图 1-9　停车场管理系统

停车场管理设计应符合下列规定。

（1）应能根据安全防范管理的要求设计或选择如下功能：入口处车位显示；出入口及场内通道的行车指示；车辆出入识别、比对、控制；车牌和车型的自动识别；自动控制出入挡车器；自动计费与收费金额显示；多个出入口的联网与监控管理；停车场整体收费的统计与管理；分层的车辆统计与在位车显示；意外情况发生时对外报警。

（2）宜在停车场的入口区设置出票机。

（3）宜在停车场的出口区设置验票机。

（4）系统可独立运行，也可与安全防范系统的出入口控制系统联合设置。可在停车场内设置独立的视频安防监控系统，并与停车场管理系统联动。停车场管理系统也可与安全防范系统的视频安防监控系统联动。

（5）独立运行的停车场管理系统应能与安全防范系统的安全管理系统联网，并能满足安全管理系统对该系统管理的相关要求。

对于建筑物而言，停车场应实现有效方便的监控与管理。当仅限于建筑物内部使用的停车场并且重点是防范车辆丢失时，可以采用认车不认人的技术方案。对进入停车场的各种车辆进行有序管理，并对车辆出入情况进行记录。完成停车场收费管理时，可采用较流行的感应式 IC 卡作为管理手段。智能化系统还应具有防盗报警功能及倒车限位等功能。

1.2.6　其他系统

1. 防爆安全检查系统

防爆安全检查系统是由重要展馆、体育馆、机场、火车站、地铁站等公共场馆对进入场馆的人及随身物品进行安全检查的设备和在公共场馆现场处理危险爆炸物的设备组成的安检系统。安检设备一般有安检门、安检机和手持金属探测器，现场防爆处理设备一般用防爆箱来处理检验出的即将爆炸的物品。

2. 电子围栏系统

电子围栏系统是目前较为先进的周界防盗报警系统，由电子围栏主机和前端探测围栏组成。

电子围栏主机能产生和接收高压脉冲信号，在前端探测围栏处于触网、短路、断路状态时能产生报警信号，并把入侵信号发送到安全报警中心；前端探测围栏则由杆及金属导线等构件组成有形周界。电子围栏系统是一种能做主动入侵防护围栏，对入侵企图做出反击，击退入侵者，延迟入侵时间，不威胁人的性命，并把入侵信号发送到安全部门监控设备上，以保证管理人员能及时了解报警区域的情况，快速做出处理的系统。

电子围栏的阻挡作用首先体现在威慑功能上，在金属线上悬挂警示牌，使入侵者一看到它便产生心理压力，且触碰围栏时会有触电的感觉，这足以令入侵者望而却步；其次，电子围栏本身是有形的屏障，它以适当的高度和角度安装，很难攀越；如果强行突破，电子围栏主机会发出报警信号。它广泛应用于变电站、电厂、水厂、工厂、工业重地、工矿企业、物资仓库、住宅小区、别墅区、学校、机场、水产养殖及畜牧场所、政府机构、重点文物场所、军事设施、监狱、看守所等有围墙及需要围墙的场所。

3. 超市防盗系统

目前，最常用的防盗原理是磁感应现象，一般来说，就是在商品上喷涂或贴上带磁性的东西，在顾客结账时，收银员会将磁性消除，若不消除，则当该商品经过防盗门时，相对门上的磁感应区开始做切割磁力线运动，使门的电流感应装置通电，这时门就响了，也就是报警了。商品上带磁性的东西称为电子条形码。条形码上的电子标签分为软标签和硬标签。软标签成本较低，可以直接黏附在较“硬”的商品上，且软标签不可重复使用；硬标签一次性成本较软标签高，但可以重复使用。

1.3 智能小区的安全防范系统

智能小区

随着人民生活水平的不断提高，如何有效地防范不法分子的入侵、盗窃、破坏等行为，已经成为住宅小区居民普遍关心的问题。传统的住宅围墙和防盗栅栏等简单防护设施既破坏社区的整体形象，也不能完全有效地阻止犯罪分子破门而入，同时紧锁的铁门和护栏在发生火灾、地震等紧急情况时阻碍人们逃生。因此，住宅小区安全防范系统的现代化、智能化，居民财产的防盗防劫，已经成为每个家庭必须解决的问题，构建智能安防小区已成为一种趋势。

智能小区的安全防范主要是把人防、技防和物防有机结合起来，形成一个立体化、多层次、全方位、科学的防范犯罪的强大网络体系，从而减少安全防范中由人为因素造成的盲区及漏洞。

1.3.1　智能小区安全防范系统的五道防线

一个完整的小区安防系统可由五道防线构成。

（1）第一道安全防线：由周界防范报警系统构成，通过采用感应线缆或主动红外线对射器探测非法入侵行为，以防范翻越围墙和周界进入的非法入侵者。

（2）第二道安全防线：由视频监控系统构成，对小区出入口、主要通道上的车辆、人员及重点设施进行监控管理，配合小区报警系统和周界防护系统对现场情况进行监控记录，提高报警响应效率。

（3）第三道安全防线：由保安巡更管理系统构成，通过物业中心、保安人员对住宅小区内主要线路进行巡查，发现可疑人员、事件及时进行监控。

（4）第四道安全防线：由楼宇可视对讲系统构成，住户可以凭借刷卡、密码等进出楼宇，而访客必须经过住户确认后才允许进入楼宇，这样可将闲杂人员拒之楼外。

（5）第五道安全防线：由住户室内综合报警系统构成，若发生非法入侵住户家或发生如火灾、老人急症等紧急事件，通过户内各种探测器向报警中心或物业管理中心发送警情消息，确保安保人员能够及时赶往事件现场进行处理。

1.3.2　智能小区安全防范系统的设计方案

对于一个住宅小区而言，由于进出人员和车辆较多，为保证居民的人身及财产安全，应配备相应的安全防范系统，包括周界报警系统、视频监控系统、楼宇门禁对讲系统、电子巡更系统、室内联网报警系统、车辆管理系统等，做到人防、技防、物防相结合。

1．周界报警系统

周界红外报警系统作为小区安保系统的首道防线，监控小区周界，在小区周界外易翻爬入内的围墙或铁栏栅上安装主动对射式红外线报警探测器，组成红外线防护墙。报警控制主机位于小区监控室。

2．视频监控系统

为加强对进出人员、车辆、货物的管理，及时了解小区内人员走动、货物及车辆进出情况，宜在小区出入口、周界、楼梯走道、小区内重要区域（如主干道、停车场、楼间空地等）安装视频监控系统，24 小时全天候监控，确保小区安全。

3．楼宇门禁对讲系统

在每幢住户室内设楼宇可视对讲分机，单元门口设可视门口机，小区门口设小区门口机，小区监控室设管理中心主机，可实现管理中心主机与住户呼叫对讲、住户与管理中心主机呼叫对讲，住户可报警到管理中心主机。

4．电子巡更系统

为保证保安人员的巡逻效果，有必要在小区内设置固定的巡更路线，定期巡查和管理各种治安情况，及时发现并有效制止各种不安全问题的发生。为使管理人员对保安实施有效监督，应配备电子巡更系统，定期或不定期检查保安巡逻记录。

5．室内联网报警系统

为有效地防止住户的室内非法入侵行为和家庭灾难事故发生，及时发出警报求救信号，及时通知小区管理中心和社区报警中心，应在各住户家里安装一系列探测器、紧急按钮和报警系统。

6．车辆管理系统

为加强对小区进出车辆的管理，适应现代化物业管理的要求，应配备车辆管理系统和感应卡相结合，停车场应设置出入口和道闸系统，可准确有效地进行车辆管理，减少值班人员的工作量。

本书后面的章节，将以智能小区的安全防范系统为项目背景，以各个子系统的应用为任务，实现各个子系统的学习与实训。

第 2 章 视频监控系统设计与实施

项目背景

某智能小区有 A 栋、B 栋和 C 栋 3 栋居民住宅楼，每栋住宅楼均为一梯两户 13 层的结构，底层架空作为停车场。为了居民进出方便和小区的安全，小区采用围墙封闭式管理，只有一个出入口，出入口旁边建有一个保安值班室，24 小时有保安看守。

现对该小区进行高清网络视频监控系统工程的设计与实施，要求围墙四周、各栋楼四周和电梯、停车场、主干道路、小区的出入口均安装高清摄像机，各住户家里也可以自行安装室内摄像机，在 B 栋一楼架空层合适位置新建一个用于管理整个小区高清视频监控系统的中控室，在保安值班室内安装一个大屏幕监视器供保安随时监控小区的情况。

系统结构

智能小区视频监控系统结构图如图 2-1 所示。

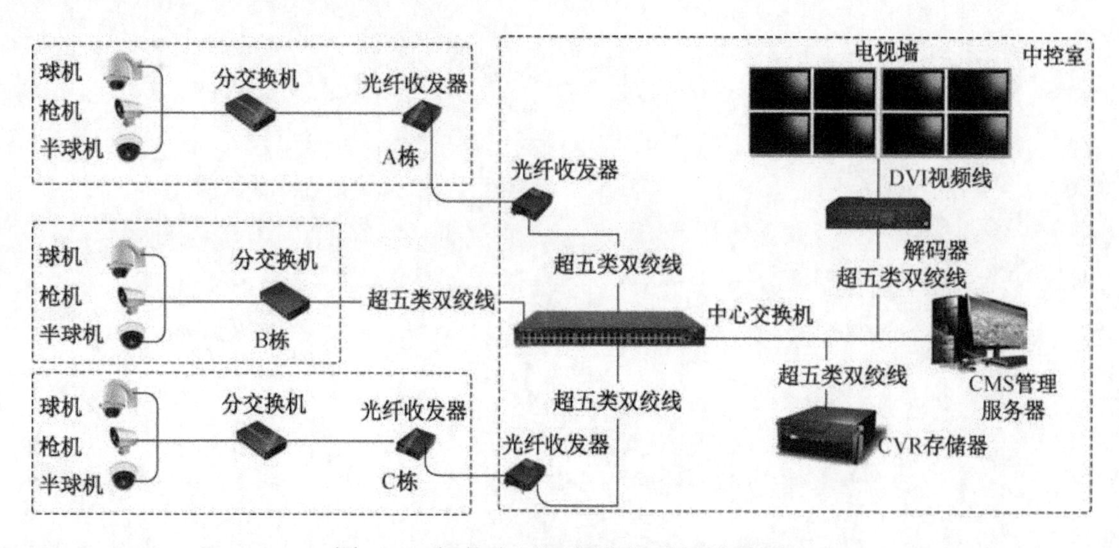

图 2-1 智能小区视频监控系统结构图

能力目标

（1）能够理解并画出视频监控系统结构图。

（2）能够理解视频监控系统的布线及工作原理与应用。

（3）能够熟练进行视频监控系统的安装与调试。

2.1　搭建家庭室内视频监控系统

萤石

【任务描述】

根据“项目背景”的描述，小区内某业主家里有老人和小孩，业主又经常不在家，为了安全起见，业主想在家里安装一套无线视频监控系统，这样能够远程监控家里的实时情况，从而掌握老人、小孩和家里的动态，及时处理家里的突发事件。

【任务目标】

1．画出视频监控系统结构图和布线图。

2．了解视频监控系统中各设备的参数、性能指标、工作原理。

3．掌握视频监控系统中各设备的型号选择、安装、调试和应用方法。

【任务分析】

目前，家庭室内视频监控系统一般有 3 种组建模式，分别为模拟视频监控系统、网络视频监控系统和基于 WiFi 网络环境的远程视频监控系统。因此，本任务将按下面 3 个任务分别进行实训。

任务 1：搭建 WiFi 家庭室内视频监控系统。

任务 2：搭建 DVR 家庭室内视频监控系统。

任务 3：搭建 NVR 家庭室内视频监控系统。

2.1.1　任务：搭建 WiFi 家庭室内视频监控系统

1．设备、工具、材料的准备

（1）设备：萤石 C2W 摄像头、无线路由器、手机或 Pad。

（2）工具：十字螺钉旋具、剪刀、线缆剥线钳、网络钳等。

（3）材料：RJ-45 水晶头、电源线、网线等。

2．认识主要设备

（1）萤石 C2W 摄像头

设备图样如图 2-2 和图 2-3 所示。

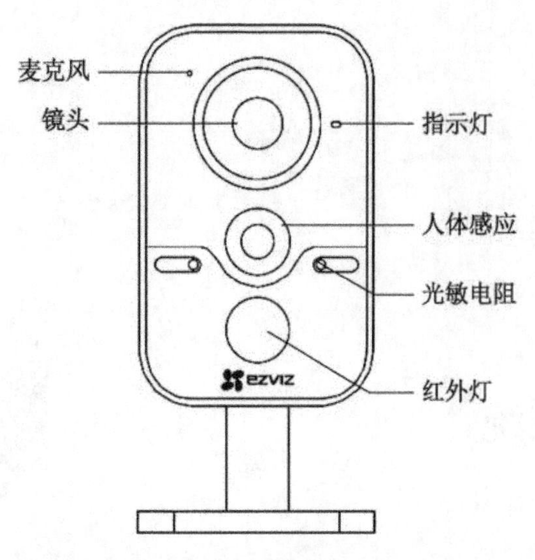

图 2-2　萤石 C2W 摄像头正面示意图

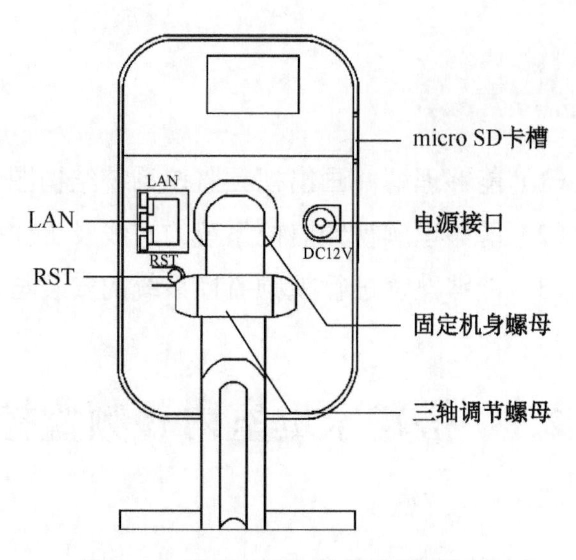

图 2-3　萤石 C2W 摄像头背面示意

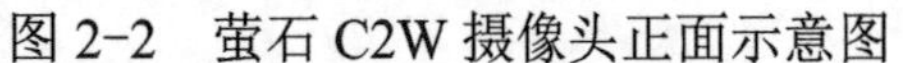

萤石 C2W 摄像头主要技术参数如表 2-1 所示。

表 2-1　萤石 C2W 摄像头主要技术参数

参　数	说　明
LAN	10Mb/s 或 100Mb/s 自适应以太网接口
micro SD 卡槽	支持 micro SD 卡本地存储（最大支持 64GB）
电源接口	12V，1A
人体感应	红外探测器（探测距离 5m）
指示灯	1．红色和蓝色：交替闪烁时启动完成，设备等待配置 WiFi； 2．蓝色：常亮时客户端正在访问设备，慢速闪烁时正常运行； 3．红色：常亮时正在启动，慢速闪烁时网络连接失败，快速闪烁时 micro SD 卡故障

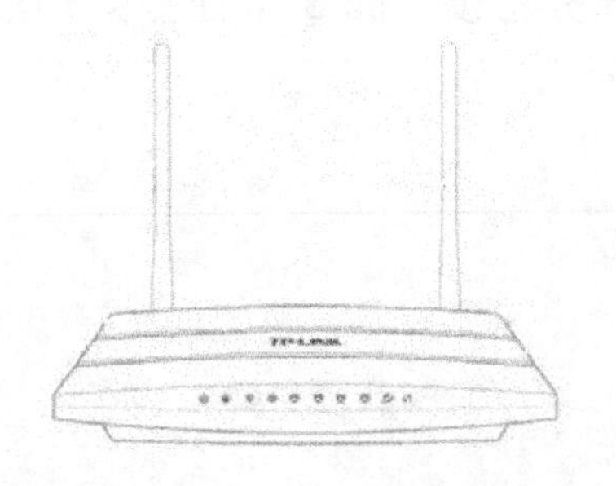

图 2-4　TP-Link 无线路由器图样

（2）TP-Link 无线路由器

设备图样如图 2-4 所示。

TP-Link 无线路由器主要技术参数如表 2-2 所示。

表 2-2　TP-Link 无线路由器主要技术参数

参　数	说　明
接口	1 个 10Mb/s 或 100Mb/s 以太网（WAN）接口和 4 个 10Mb/s 或 100Mb/s 以太网（LAN）接口
速率	最高达 300Mb/s 的传输速率，具备速率自适应功能
安全	支持 WEP、WPA/WPA2、WPA-PSK/WPA2-PSK 等加密与安全机制

3．系统接线图

基于 WiFi 网络环境的远程视频监控系统一般由宽带接入、摄像头和路由器组成，再通过手机、Pad 或计算机对摄像头进行远程访问，其系统接线图如图 2-5 所示。

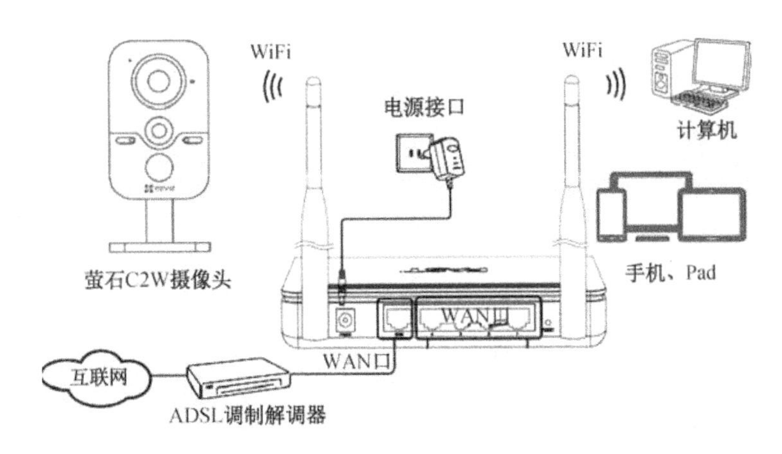

图 2-5　基于 WiFi 环境的室内视频监控系统接线图

4．实施步骤

制作双绞线跳线

世赛冠军选手传承弘扬工匠精神

（1）制作双绞线跳线

利用双绞线跳线制作工具制作两条长度适中的直通双绞线跳线。

（2）设备连接

① 将路由器接上电源，并将连接互联网网线的一端接到路由器的 WAN 口上。

② 将 C2W 摄像头接上电源，摄像头就会自动启动，当设备的指示灯处于红色、蓝色交替闪烁状态时，表示启动完成，如图 2-6 所示。

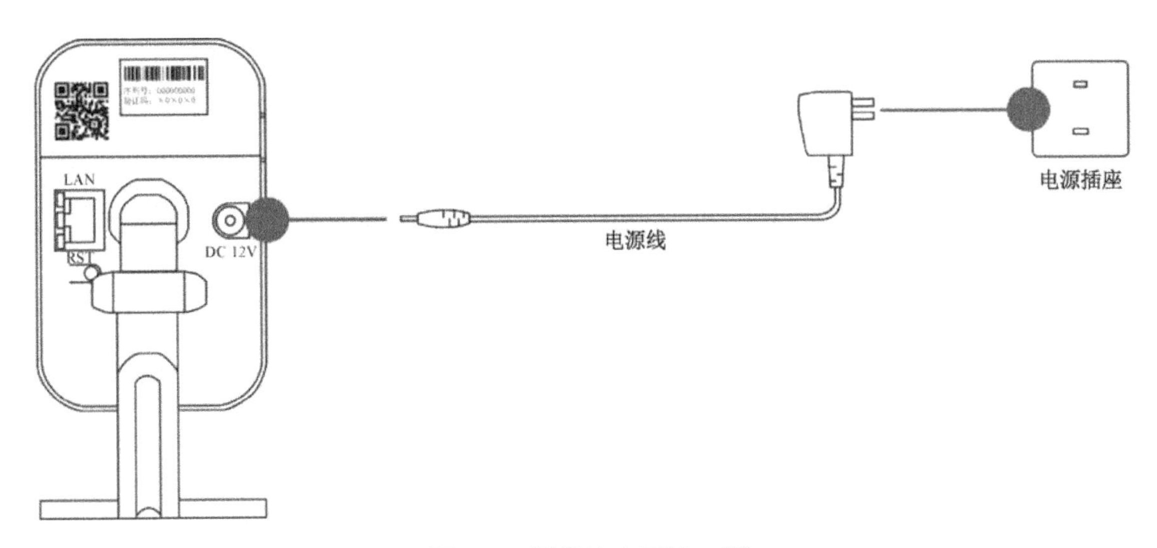

图 2-6　摄像头电源接口图

（3）路由器的配置

① 设置用于配置路由器的计算机的 IP 地址为自动获得，如图 2-7 所示。

② 登录路由器：打开计算机上的浏览器，在地址栏中输入 tplogin.cn 或路由器的 IP 地址（具体可查看路由器说明书），如图 2-8 所示，然后按 Enter 键，弹出一个设置密码的对话框。

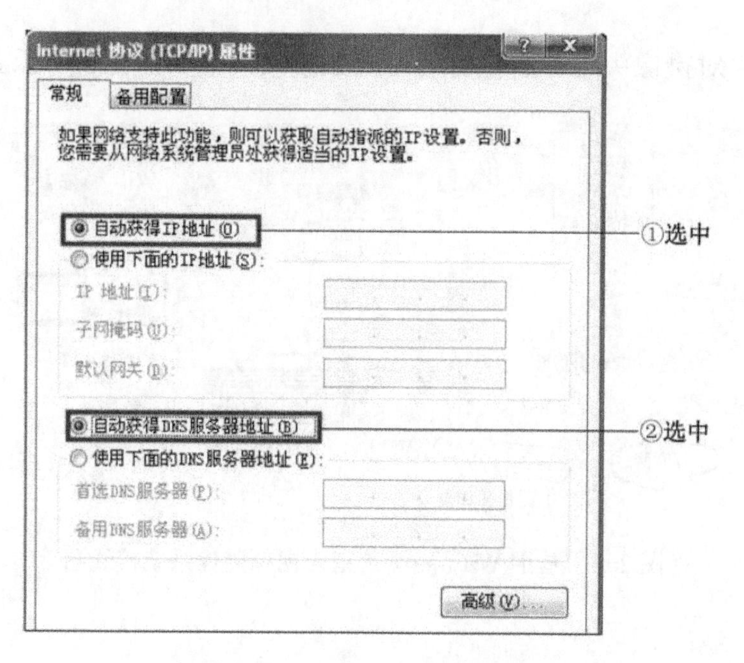

图 2-7　计算机 IP 地址设置

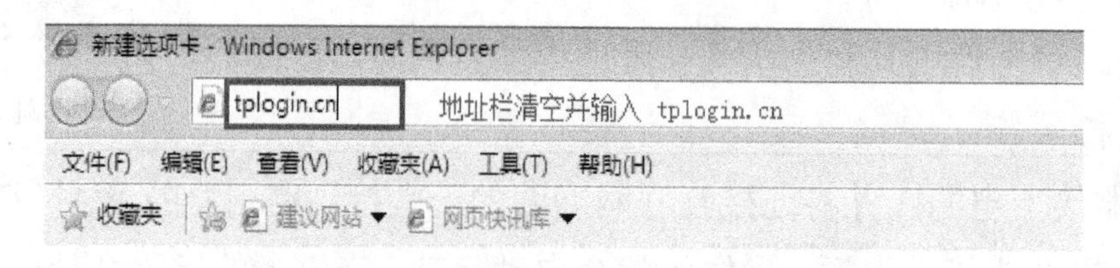

图 2-8　输入路由器的域名（或 IP 地址）

③ 设置登录密码：第一次登录路由器时，用户需手动设置一个登录密码；分别在“设置密码”和“确认密码”文本框中输入密码，单击“确认”按钮，如图 2-9 所示。

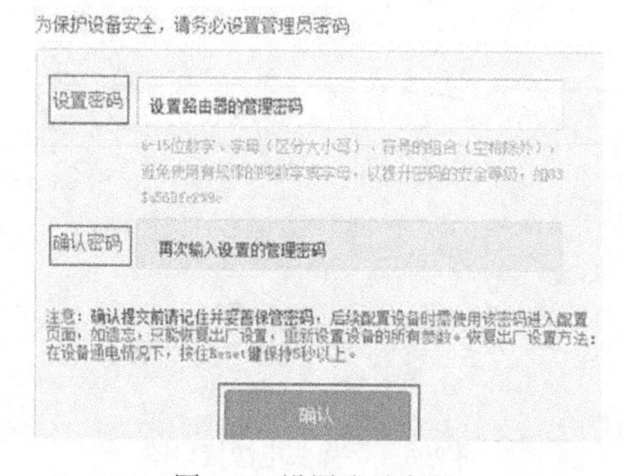

图 2-9　设置登录密码

※注意：

如果已经设置好管理密码，则会直接弹出一个输入密码的对话框，用户只需要输入之前设置好的密码即可登录。

④ 运行设置向导：输入密码进行登录后，路由器会自动进入设置向导界面，如果没有弹

出，则可以选择左侧菜单中的“设置向导”选项来运行，如图 2-10 所示。

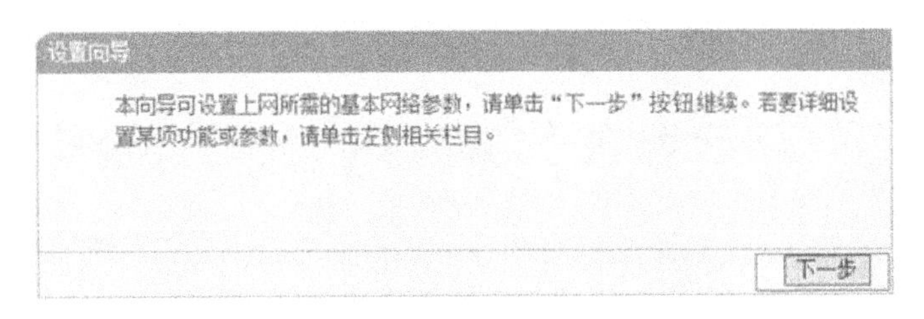

图 2-10　设置向导

⑤ 选择上网方式：如果是拨号宽带接入，则可选中“PPPoE（ADSL 虚拟拨号）”单选按钮，如图 2-11 所示，然后单击“下一步”按钮。

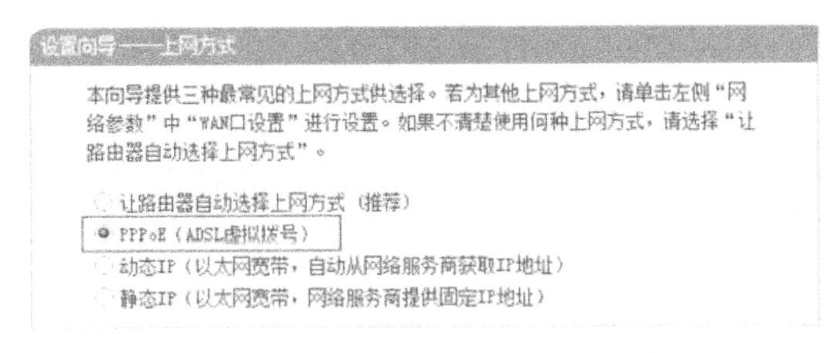

图 2-11　设置向导——上网方式

⑥ 配置上网账号和密码：输入上网账号和密码，单击“下一步”按钮，如图 2-12 所示。

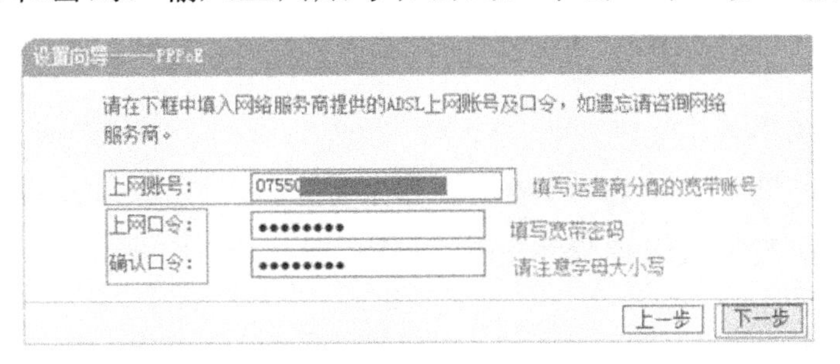

图 2-12　设置向导——上网账号和密码

⑦ 配置无线网络：在“SSID”文本框中输入无线网络名称，若要设置无线网络密码，可选中“WPA-PSK/WPA2-PSK”单选按钮，并设置“PSK 密码”，如图 2-13 所示，单击“下一步”按钮。

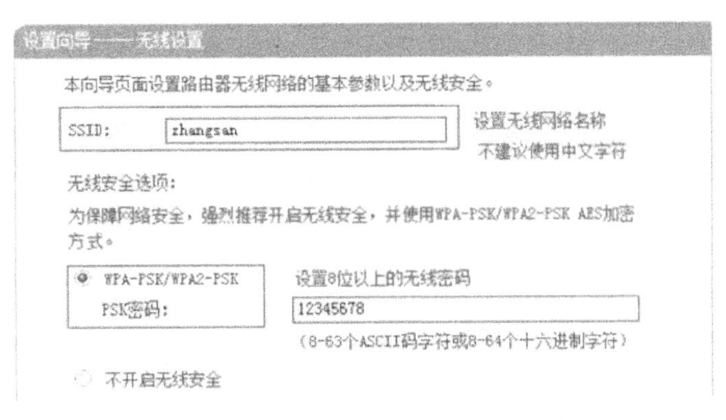

图 2-13　设置向导——无线设置

⑧ 重启路由器：单击“重启”按钮，在弹出的对话框中单击“确定”按钮，如图 2-14 所示。

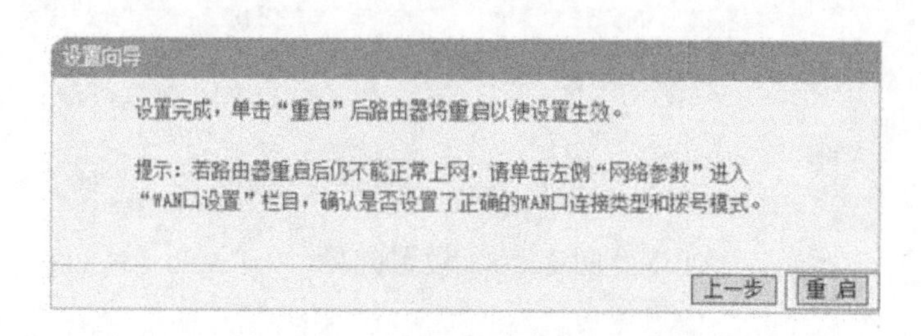
设置向导

设置完成，单击“重启”后路由器将重启以使设置生效。

提示：若路由器重启后仍不能正常上网，请单击左侧“网络参数”进入“WAN口设置”栏目，确认是否设置了正确的WAN口连接类型和拨号模式。

上一步 重启

图 2-14　设置向导——重启

⑨ 重启完成后，重新进入 TP-Link 无线路由器的设置界面，单击“运行状态”按钮，查看“WAN 口状态”，如果显示已经获取 IP 地址等信息，则表示设置成功，如图 2-15 所示。

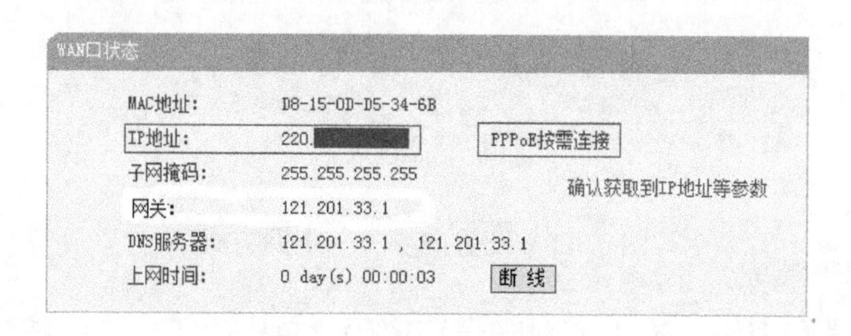
WAN口状态

MAC地址：	D8-15-0D-D5-34-6B	
IP地址：	220.	PPPoE按需连接
子网掩码：	255.255.255.255	确认获取到IP地址等参数
网关：	121.201.33.1	
DNS服务器：	121.201.33.1 , 121.201.33.1	
上网时间：	0 day(s) 00:00:03	断线

图 2-15　WAN 口状态

（4）C2W 摄像头的设置

① 用户注册：将手机连入 WiFi 网络，扫描包装盒上的“萤石云视频”客户端的二维码，如图 2-16 所示，下载并安装后根据提示完成用户注册。

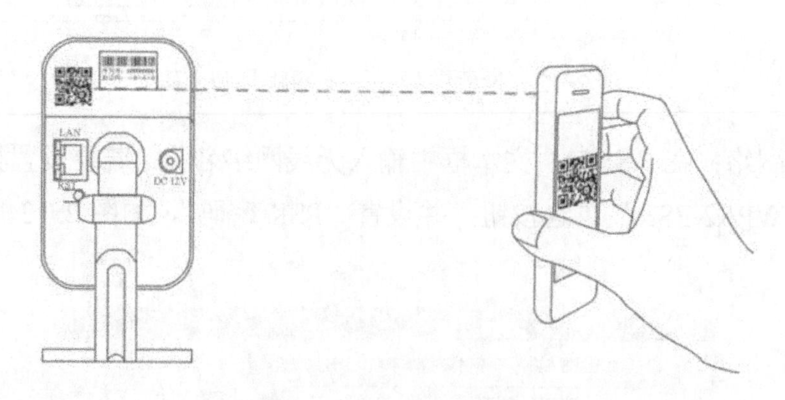

图 2-16　扫描二维码

② 添加设备：登录“萤石云视频”客户端，在设备添加过程中通过扫描设备机身的二维码，根据提示完成 WiFi 的连接和设备的添加（配置时请将设备靠近路由器），添加设备的过程如图 2-17 所示。

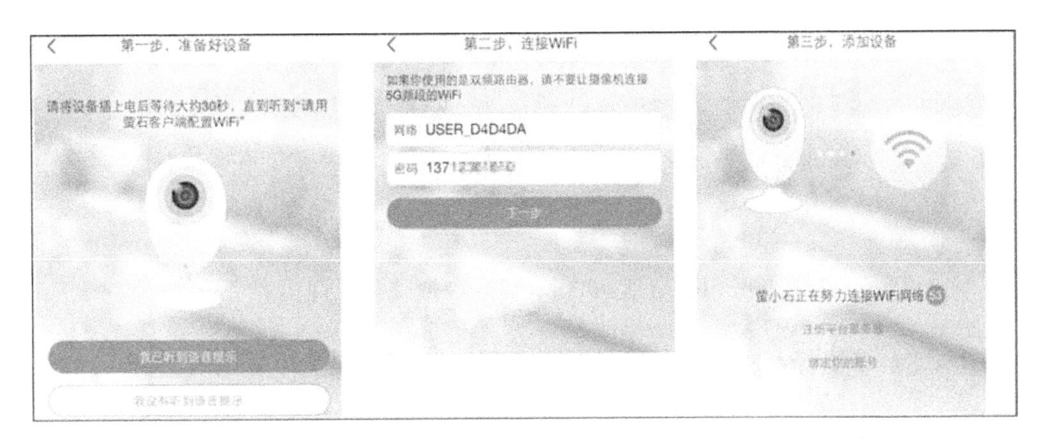

图 2-17　添加设备的过程

※注意：

如果需要重新选择 WiFi 网络，请长按 RST 键 3 秒，设备会重新启动，指示灯处于红色、蓝色交替闪烁状态时即可再次连接 WiFi。用户还可以用网线连接路由器和设备，连接有线网络。

（5）C2W 摄像头的应用

将摄像头添加到“萤石云”后，可以通过“萤石云”进行实时视频预览、历史录像回放、语音对讲、智能活动检测和设备管理等操作。

① 查看实时视频或回放历史录像。可通过手机、Pad 等移动终端设备对摄像机进行远程实时浏览和查看历史录像记录，随时随地远程观看。观看实时视频的同时，还可以方便地开启双向语音对讲功能，并进行可视化交流。

② 启用活动检测提醒功能。当启用摄像头“活动检测提醒”功能后，利用被动红外探测技术，加上视频移动侦察技术，若有人体异常闯入情况，移动终端设备会收到相应的报警信息，同时摄像机会触发拍照和录像功能，及时查看和了解监控范围内的动态。

③ 存储服务。监控视频的存储方面，萤石 C2W 支持本地和云存储两种方式。本地存储由机身上内置的 micro SD 卡进行存储，萤石 C2W 最大支持 64GB 的存储卡。

具体的 C2W 摄像头应用可通过手机等移动设备对“萤石云视频”客户端进行操作。

2.1.2　任务：搭建 DVR 家庭室内视频监控系统

1. 设备、工具、材料的准备

（1）设备：模拟硬盘录像机、模拟摄像机、支架、显示器、键盘、USB 鼠标。

（2）工具：十字螺钉旋具、剪刀、线缆剥线钳等。

（3）材料：电源线、同轴电缆等。

2. 认识主要设备

（1）DS-7900HW-E4 模拟硬盘录像机

设备图样如图 2-18 所示。

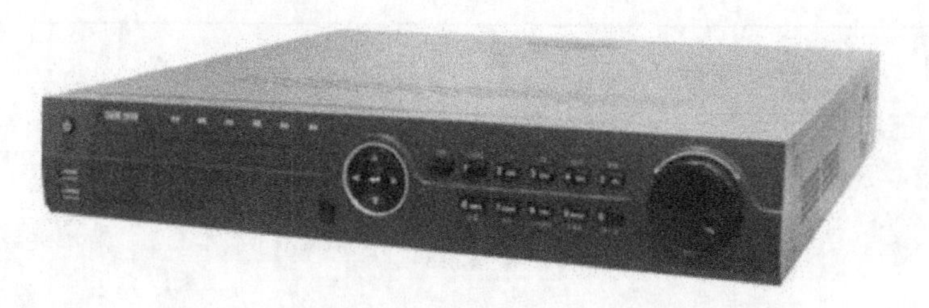

图 2-18　DS-7900HW-E4 模拟硬盘录像机

DS-7900HW-E4 模拟硬盘录像机的主要技术参数如表 2-3 所示。

表 2-3　DS-7900HW-E4 模拟硬盘录像机的主要技术参数

参　数	说　明
输入	8 路模拟视频输入，4 路音频输入
输出	视音频输出（HDMI、VGA、CVBS），2 路音频输出
硬盘驱动器	4 个 SATA 接口（每个接口支持最大容量 4TB 的硬盘）
接口	1 个 RJ-45 网络接口，3 个 USB 接口，1 个串行接口

背板接口如图 2-19 所示。

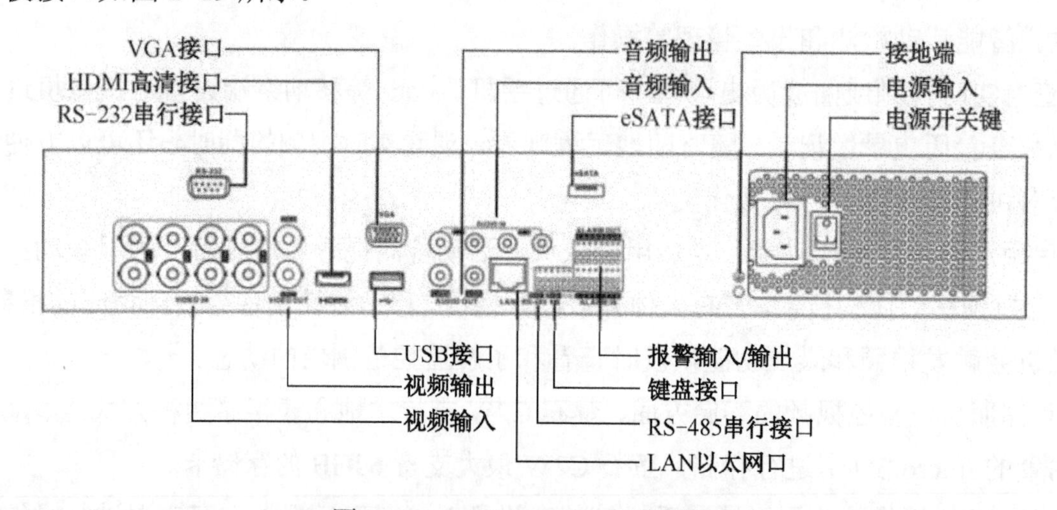

图 2-19　DS-7900HW-E4 背板接口

（2）DS-2CE16D9T-IT3 模拟摄像机

设备图样如图 2-20 所示。

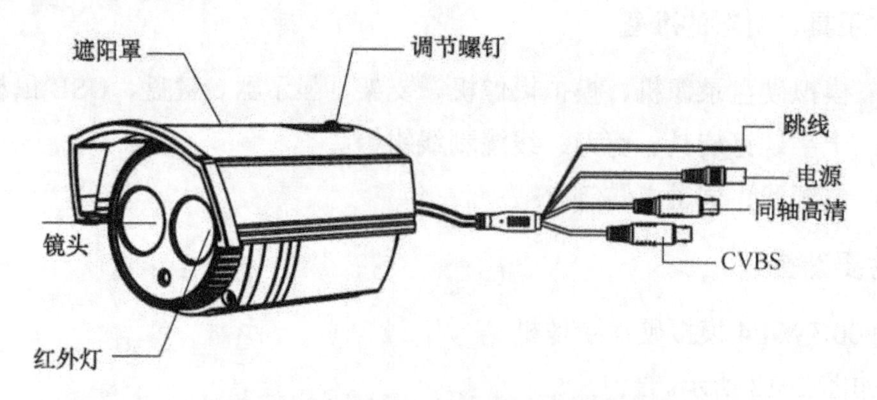

图 2-20　DS-2CE16D9T-IT3 模拟摄像机

DS-2CE16D9T-IT3 模拟摄像机的主要技术参数如表 2-4 所示。

表 2-4　DS-2CE16D9T-IT3 模拟摄像机的主要技术参数

参　　数	说　　明
传感器类型	2.0 Mega Progressive Scan CMOS
总像素	1956（水平）×1266（垂直）
最低照度	0.01Lux @（F1.2，AGC ON），0 Lux 和 IR
镜头	3.6mm（2.8mm、6mm、8mm、12mm、16mm 可选）

3．系统结构图

模拟室内摄像机安装点如图 2-21 所示。模拟室内监控系统示意图如图 2-22 所示。

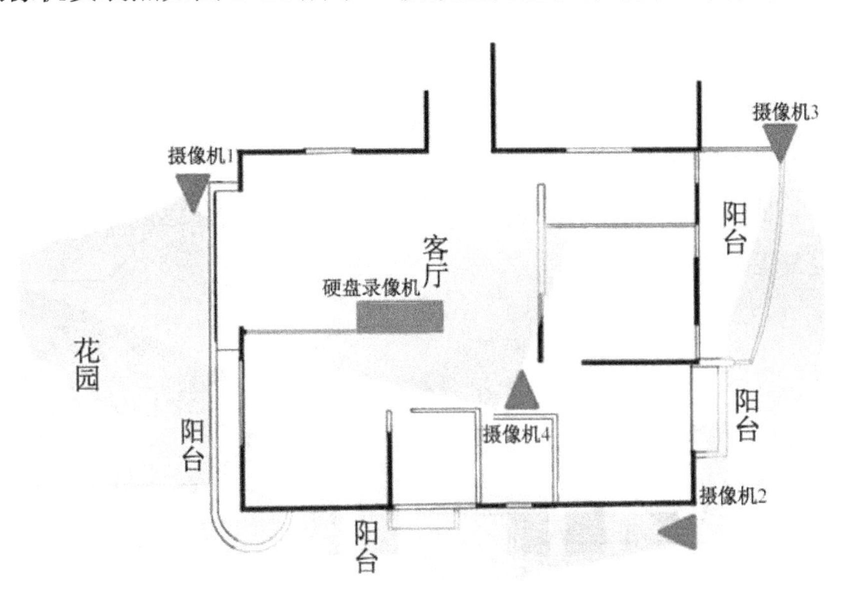

图 2-21　模拟室内摄像机安装点

图 2-22　模拟室内监控系统示意图

4．实施步骤

制作同轴电缆BNC接头

（1）制作同轴电缆 BNC 接头

按照标准和规范制作 4 条长度适中的带有 BNC 接头的同轴电缆视频跳线，用于连接模拟摄像机和硬盘录像机。BNC 接头制作好的效果如图 2-23 所示。

图 2-23　制作好的 BNC 接头

（2）安装摄像机

① 安装摄像机支架：将摄像机支架安装并固定在墙面合适位置上。

② 安装摄像机：使用螺钉将摄像机固定到支架上，调整摄像机至需要监控的方位，然后拧紧支架紧固螺钉，固定摄像机。对照监视器上的视频画面调整遮阳罩位置，避免遮阳罩遮挡视频画面，调整完毕后拧紧遮阳罩的紧固螺钉，完成安装。

安装过程如图 2-24 所示。

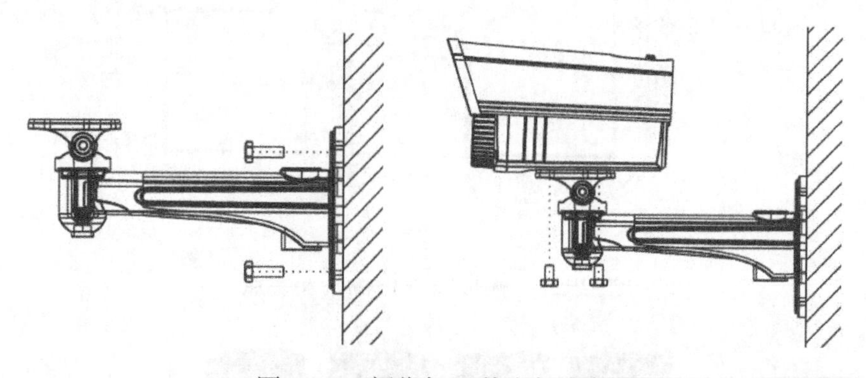

图 2-24　摄像机及其支架安装

（3）布线

根据建筑物或工具特点，安装好线槽（或线管），将同轴电缆、电线放入线盒（或线管）内，最终汇聚于硬盘录像机安放点（工位墙壁正中间）。

（4）安装硬盘录像机

硬盘录像机的安装与连接步骤如图 2-25 所示。

（5）设备连接

① 将摄像机用制作好的同轴电缆跳线连接到硬盘录像机的 BNC 接口上，并接上电源。

② 为硬盘录像机接上显示器、电源、鼠标，如图 2-26 所示。

1．拧开机箱背部的螺钉，取下盖板

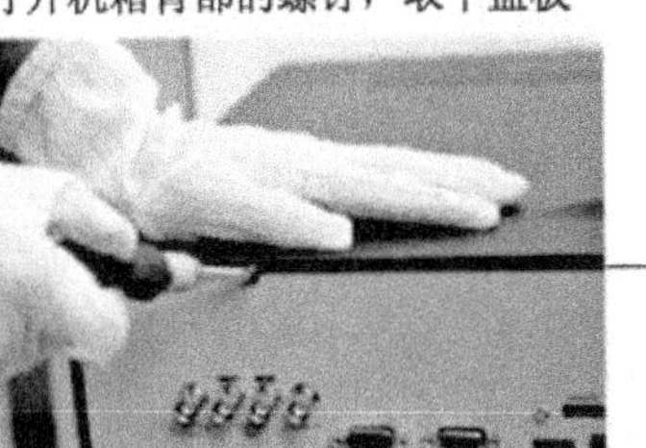

2．用螺钉将硬盘固定在硬盘支架上

3．将硬盘数据线一端连接在主板上

4．将硬盘数据线的另一端连接在硬盘上

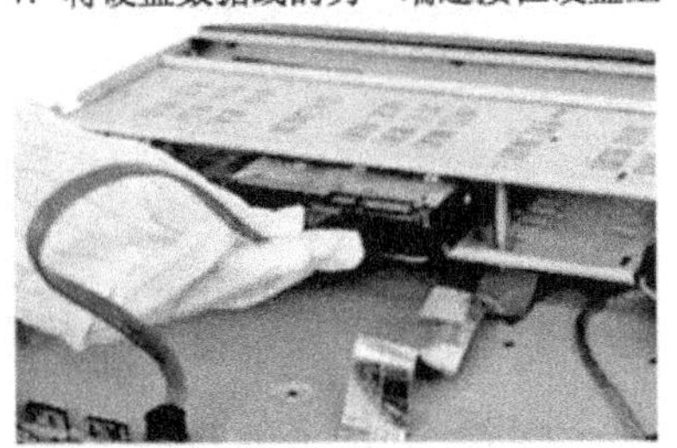

5．将电源线连接在硬盘上

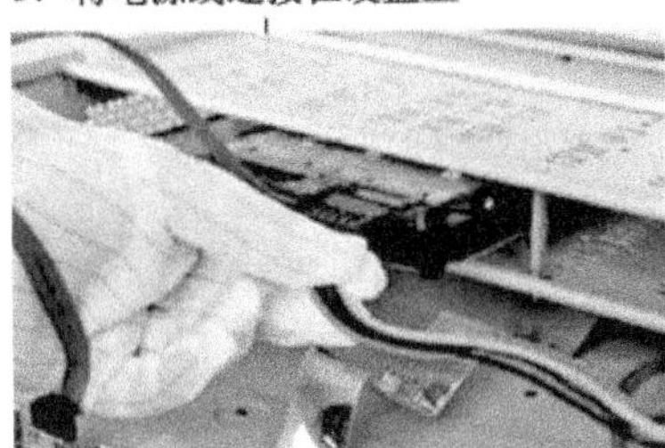

6．盖好机箱盖板，并用螺钉固定

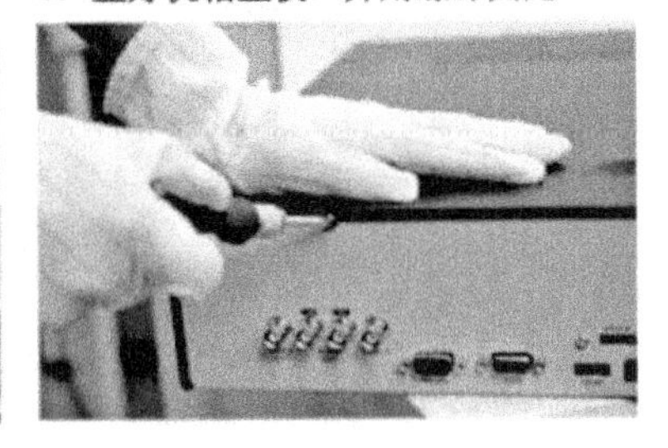

图 2-25　硬盘摄像机的安装与连接步骤

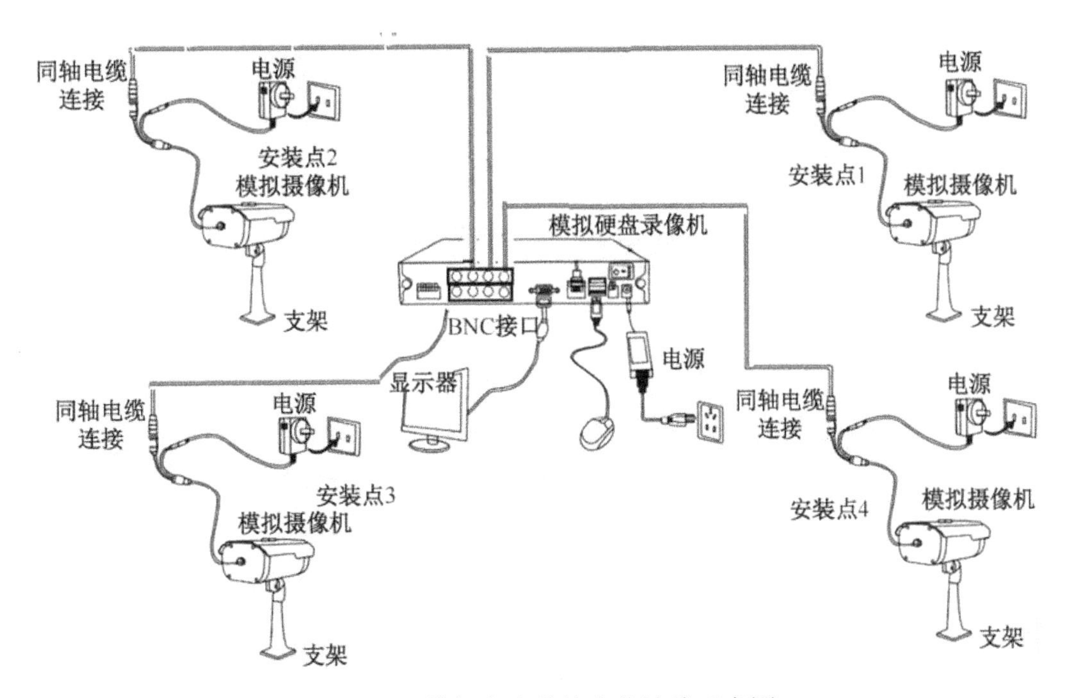

图 2-26　模拟室内监控实物连线示意图

（6）软件配置

DVR 硬盘录像机启动后，可通过开机向导进行简单配置，使设备正常工作。操作步骤如下。

① 用户根据需求选择开机显示分辨率，如图 2-27 所示，单击“应用”按钮。

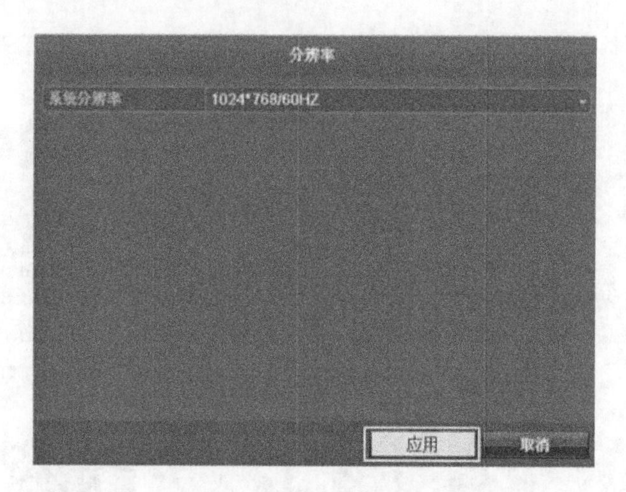

图 2-27　开机分辨率设置界面

② 用户根据需求选择下次开机时是否启用开机向导，如图 2-28 所示，单击“下一步”按钮。

图 2-28　启用向导界面

③ 权限认证：输入管理员密码和修改管理员密码，如图 2-29 所示。若不勾选“修改管理员密码”复选框，则输入管理员密码后直接单击“下一步”按钮。

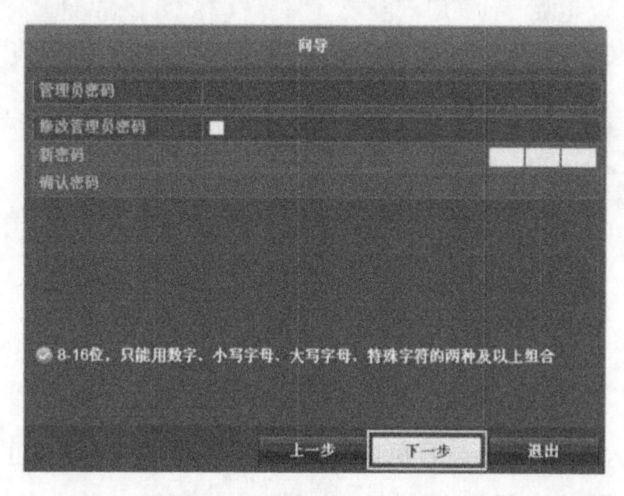

图 2-29　修改密码界面

④ 系统时间配置：设置所在“时区”“日期显示格式”“系统日期”和“系统时间”，如图 2-30 所示。完成系统时间配置后，单击“下一步”按钮。

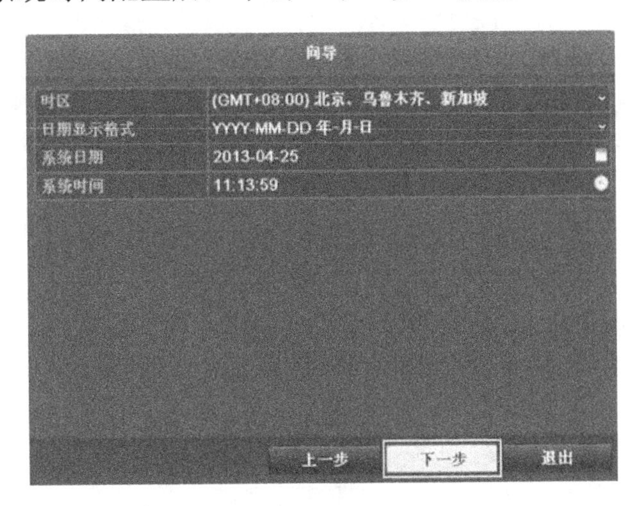

图 2-30　系统时间配置界面

⑤ 网络配置：根据实际情况设置好“网卡类型”“IPv4 地址”“IPv4 默认网关”等网络参数，如图 2-31 所示。完成网络配置后，单击“下一步”按钮。

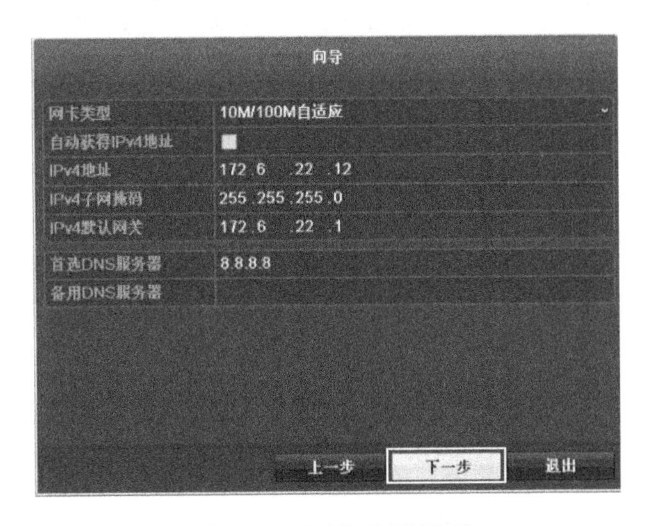

图 2-31　网络配置界面

⑥ 快捷上网配置：根据需要设置“服务端口”“启用 UPnP”“启用萤石云”等参数，如图 2-32 所示。完成快捷上网配置后，单击“下一步”按钮。

⑦ 硬盘初始化：选择需要初始化的硬盘，单击“初始化”按钮，进入硬盘初始化界面，如图 2-33 所示。完成硬盘初始化操作后，单击“下一步”按钮。

⑧ 录像配置：选择需要录像的通道，勾选“开启录像”复选框，根据用户需求，选中“定时录像”或“移动侦测录像”单选按钮，如图 2-34 所示。

如果其他通道设置相同，可以单击“复制”按钮，进入“复制通道”界面，选择需要复制录像的通道，如图 2-35 所示。复制完毕，单击“确定”按钮，保存并返回向导界面。

⑨ 单击“确定”按钮，完成开机向导设置。

图 2-32　快捷上网配置界面

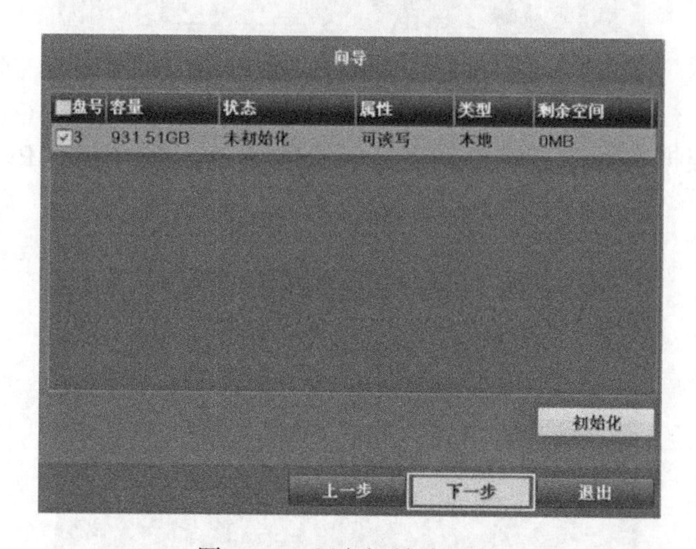

图 2-33　硬盘初始化界面

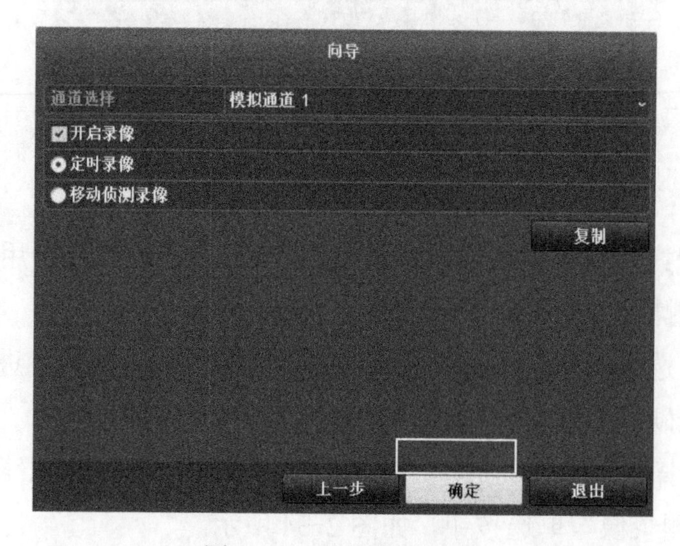

图 2-34　录像配置界面

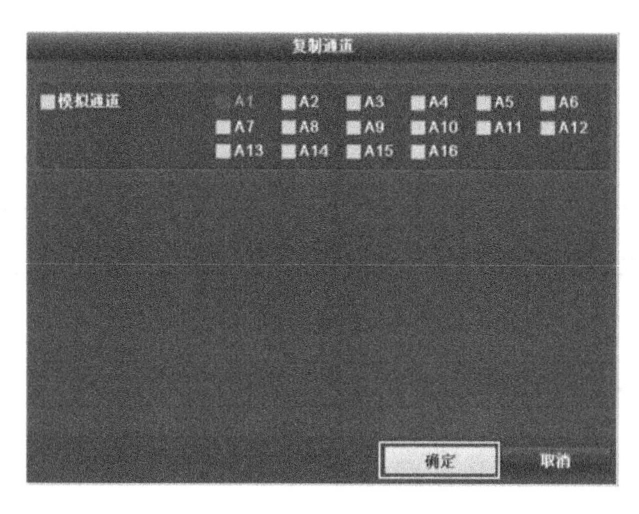

图 2-35　复制通道界面

（7）预览

① 完成开机向导设置后，进入预览界面，可以观察到各个通道的实时监控状态。

② 在预览界面中，各个通道的录像、报警状态、设备的报警/异常信息可以通过各通道右上方与预览画面左下角的图标显示区分，预览状态说明见表 2-5。

表 2-5　预览状态说明

图　标	状 态 说 明	显 示 位 置
	异常报警（包括视频丢失报警、视频遮挡报警、视频移动侦测报警、开关量报警）	通道右上方
	录像（包括手动、定时、移动侦测、报警、动测且报警、动测或报警录像）	通道右上方
	异常报警和录像	通道右上方
	报警或异常提示信息	预览画面左下角

（8）应用

设置好软件的相应参数后，就可以通过软件平台对视频监控系统进行应用管理了，以实现预览画面切换、预览模式调整、轮巡、全天回放等操作。

在管理平台中右击，弹出如图 2-36 所示的快捷菜单，各项功能说明见表 2-6。

图 2-36　快捷菜单

表2-6　管理平台的快捷菜单的功能说明

名　称	说　明	名　称	说　明
主菜单	进入系统主菜单	开启录像	一键配置定时录像或者移动侦测录像
单画面	通过下拉菜单选项进行单画面切换	快捷配置	一键配置输出模式、快捷上网配置
多画面	通过下拉菜单选项改变预览模式	回放	回放所在通道全天的录像
上一屏	切换上一屏画面	云台控制	进入萤石云台配置界面
下一屏	切换下一屏画面	辅口	进入辅口操作
开始轮巡	预览状态单/多画面开始轮巡		

2.1.3　任务：搭建NVR家庭室内视频监控系统

1．设备、工具、材料的准备

（1）设备：网络硬盘录像机、网络摄像机、4个支架、1台显示器、键盘、USB鼠标。

（2）工具：十字螺钉旋具、剪刀、线缆剥线钳等。

（3）材料：电源线、网线等。

2．认识主要设备

（1）DS-7808N-K1/C NVR

设备图样如图2-37和图2-38所示。

图2-37　DS-7808N-K1/C NVR

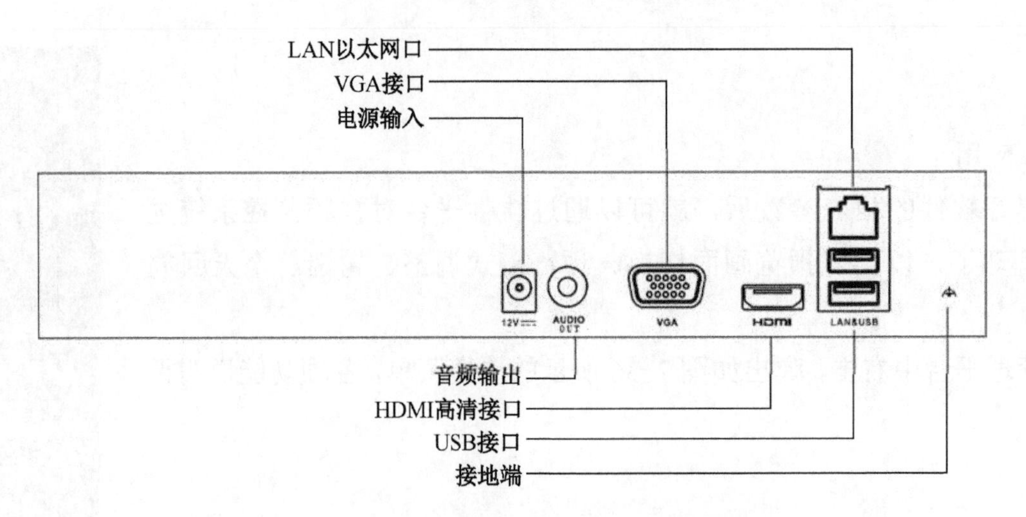

图2-38　DS-7808N-K1/C NVR后面板图

DS-7808N-K1/C NVR的主要技术参数如表2-7所示。

表 2-7　DS-7808N-K1/C NVR 的主要技术参数

参　　数	说　　明
输入、输出	8 路网络视频输入，视音频输出（HDMI、VGA），1 路音频输出
硬盘驱动器	1 个 SATA 接口（每个接口支持最大容量 4TB 的硬盘）
接口	1 个 RJ-45 网络接口，2 个 USB 接口，1 个高清接口

（2）DS-2CD1201D-I3 网络摄像机

设备图样如图 2-39 所示。

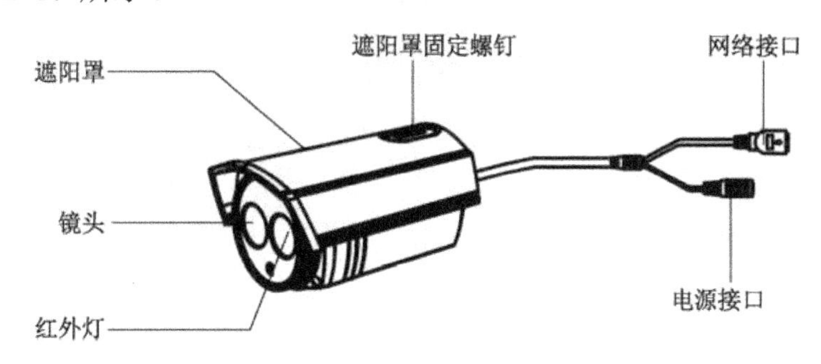

图 2-39　DS-2CD1201D-I3 网络摄像机

DS-2CD1201D-I3 网络摄像机的主要技术参数如表 2-8 所示。

表 2-8　DS-2CD1201D-I3 网络摄像机的主要技术参数

参　　数	说　　明
传感器类型	1/4" Progressive Scan CMOS
帧率	50Hz：25fps @1280×720；60Hz：30fps@1280×720
最低照度	0.01Lux @（F1.2，AGC ON），0 Lux 和 IR
镜头	4mm（6mm、8mm、12mm 可选），水平视场角：73.1°
快门	1/100000s 至 1/3s

3．系统接线图

系统接线图如图 2-40 和图 2-41 所示。

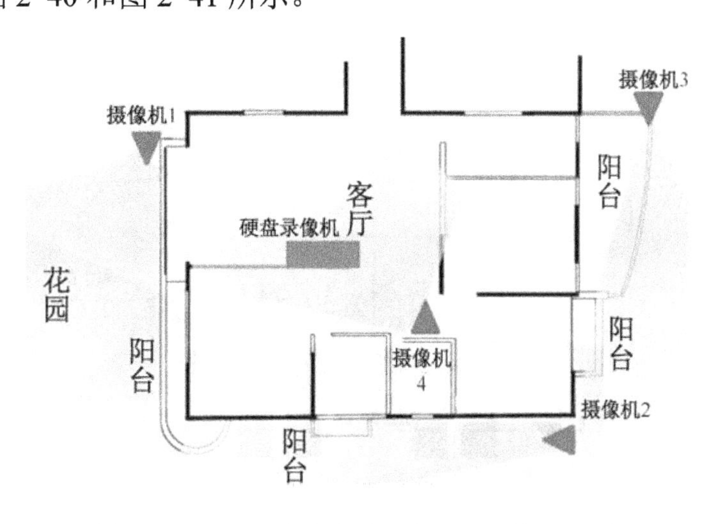

图 2-40　NVR 家庭室内视频监控系统安装点

图 2-41　NVR 家庭室内视频监控系统示意图

4．实施步骤

（1）制作网线

利用双绞线跳线制作工具制作 5 条长度适中的直通双绞线跳线。

（2）设备的安装与连接

① 吸顶式摄像机安装。

第一步：定位钻孔。取出随机附带的安装贴纸，将其贴在需要安装摄像机的天花板部位上，然后根据安装贴纸上标识的孔位钻孔，如图 2-42 所示。

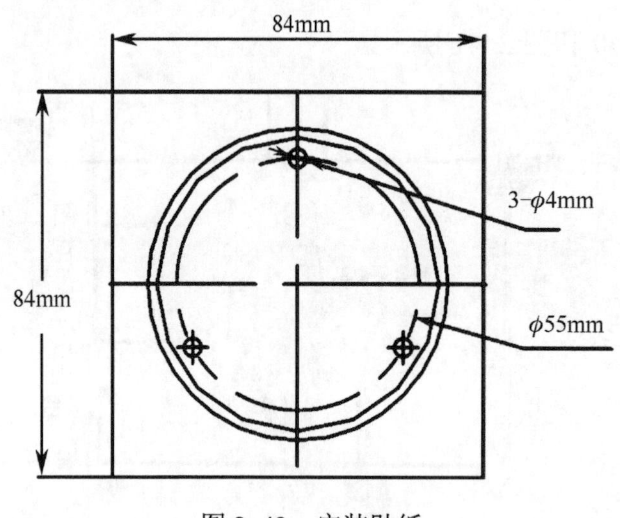

图 2-42　安装贴纸

第二步：安装摄像机。连接好线路，用随机附带的螺钉将摄像机支架连机身一起固定到安装墙面上，如图 2-43 所示。

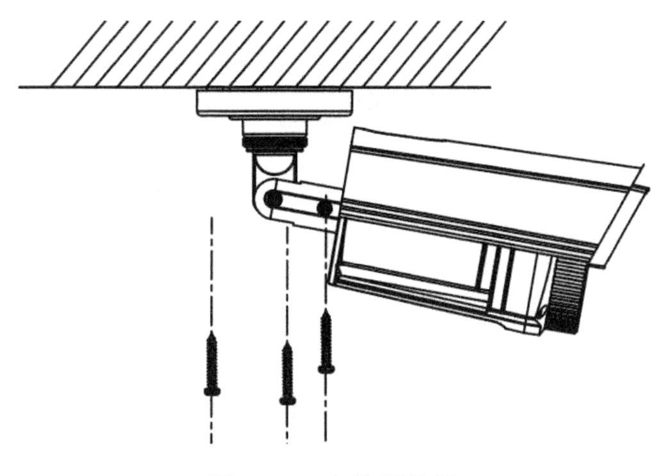

图 2-43　安装摄像机

第三步：调整视角。通过三轴调节螺钉调整摄像机至需要监控的方位，然后拧紧固定环和调节螺钉，固定摄像机，如图 2-44 所示。

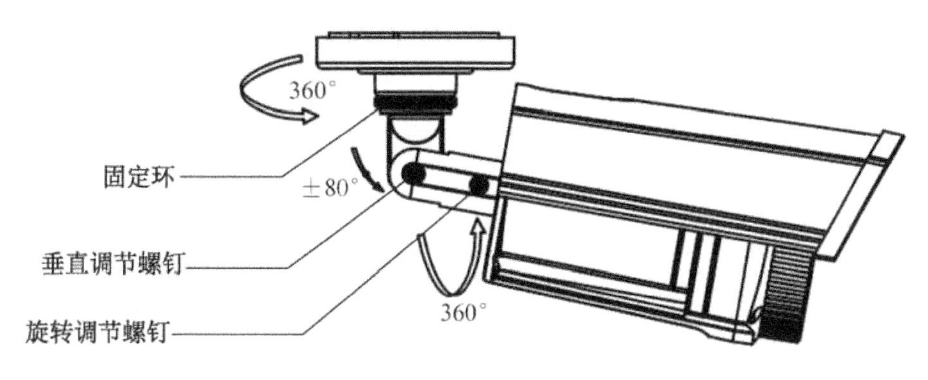

图 2-44　调整视角

② 布线安装。根据监控点的位置与线缆走向，并排敷设好两条线槽（管），并将网线、电源线分别放入线槽（管）内，最终汇聚于网络录像机安放点。

③ 设备连接。将各个网络摄像机接通电源，并分别通过网线与交换机连接；NVR 连接显示器、电源、鼠标，并通过网线与交换机连接，如图 2-45 所示。

（3）激活与配置网络摄像机

网络摄像机首次使用时需进行激活并设置登录密码，才能正常使用。其可通过 SADP 软件、客户端软件和浏览器三种方式进行激活。下面介绍使用 SADP 软件激活的方式。

① 安装运行随机光盘的 SADP 软件，SADP 软件会自动搜索局域网内的所有在线设备，列表中会显示设备类型、IP 地址、安全状态、设备序列号等信息，如图 2-46 所示。

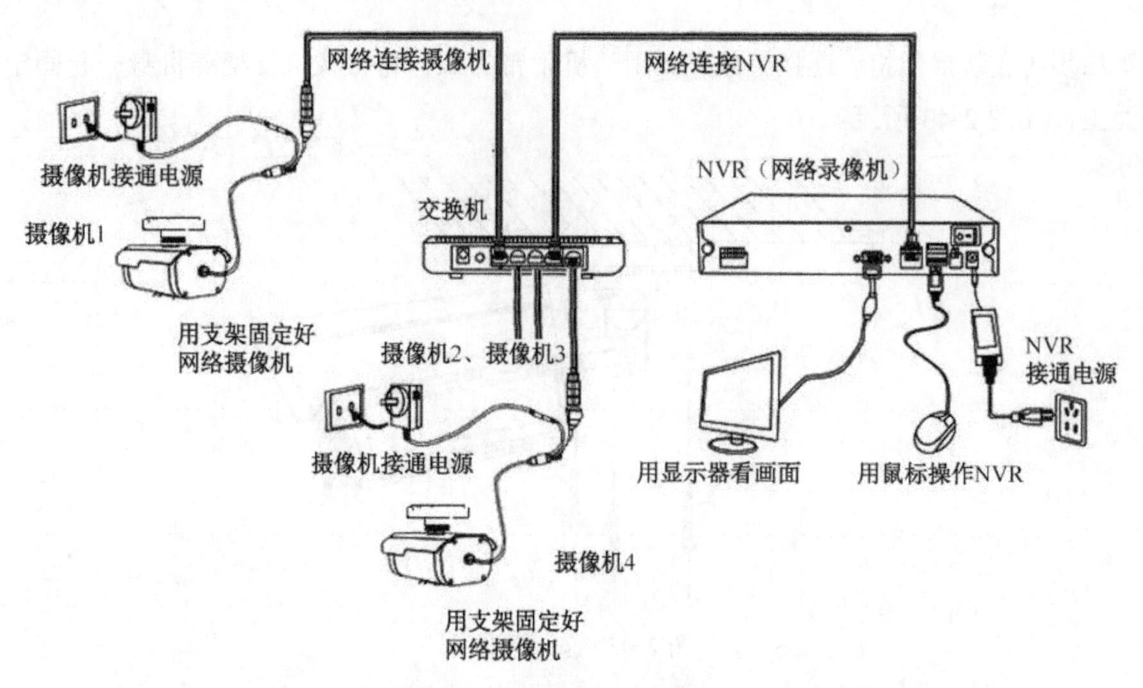

图 2-45　模拟 NVR 家庭室内监控系统连线示意图

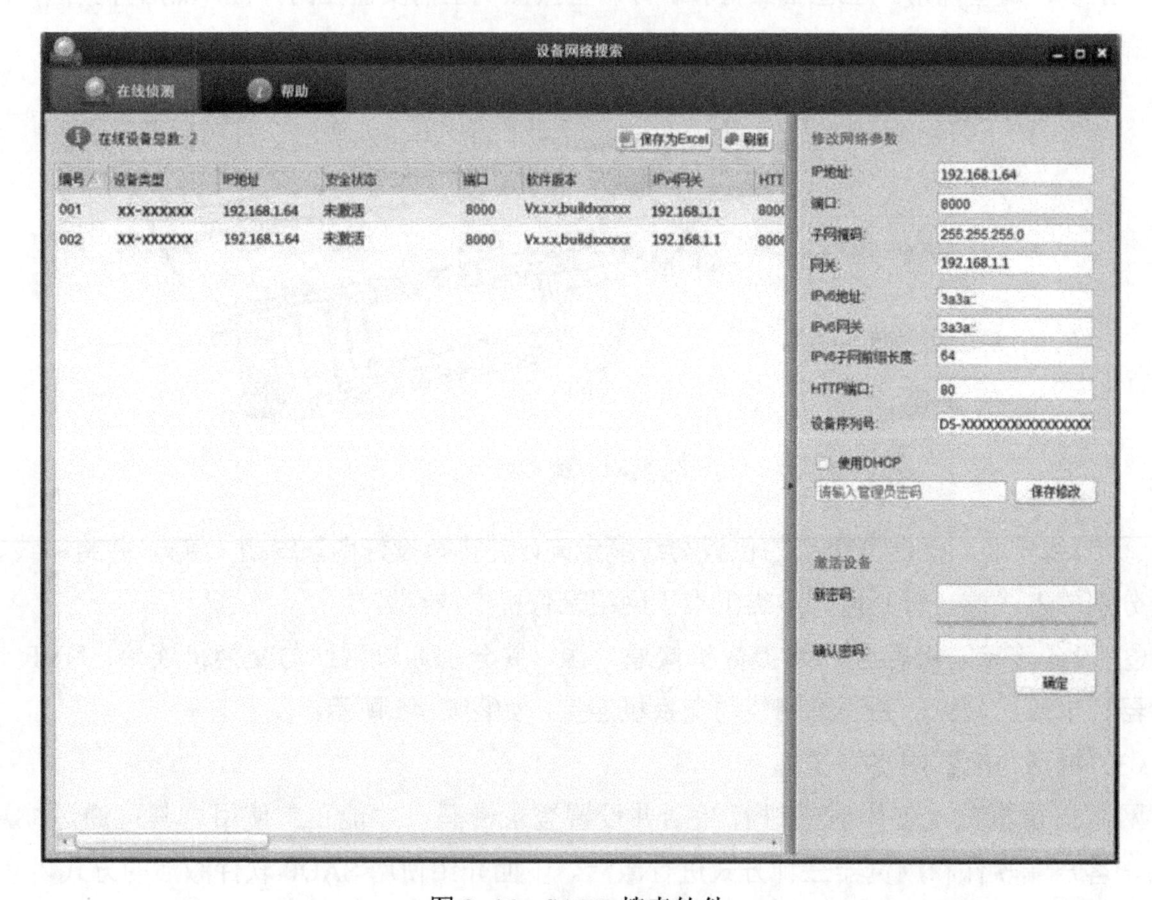

图 2-46　SADP 搜索软件

② 选中需要激活的网络摄像机，界面右侧列表中会自动显示该设备的设备信息。在“激活设备”栏处设置网络摄像机密码，单击“确定”按钮完成激活。成功激活网络摄像机后，列表中“安全状态”会更新为“已激活”，如图 2-47 所示。

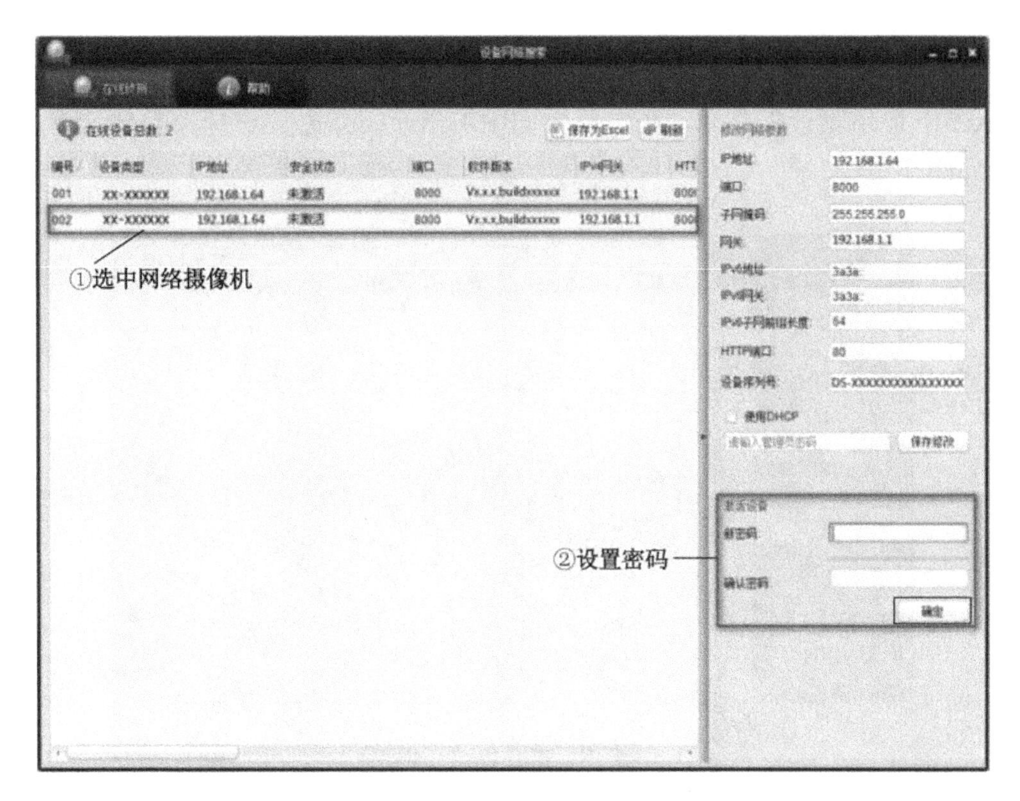

图 2-47　激活网络摄像机

③ 选中已激活的网络摄像机，在右侧设置网络摄像机的 IP 地址、子网掩码、网关等信息，修改完毕后输入激活设备时设置的密码，单击“保存修改”按钮，如图 2-48 所示。

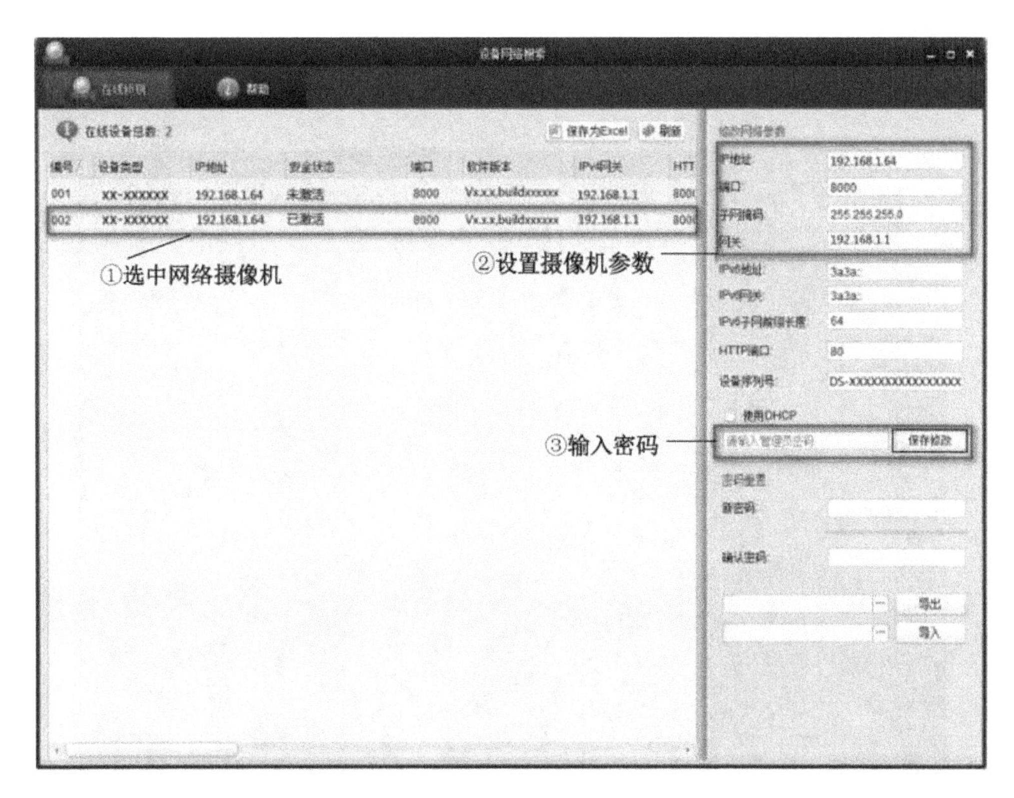

图 2-48　修改网络摄像机信息

（4）在 NVR 中添加 IP 通道

① 进入“IP 通道管理”界面，在预览界面中右击，在弹出的快捷菜单中选择“添加 IP 通道”选项，如图 2-49 所示。

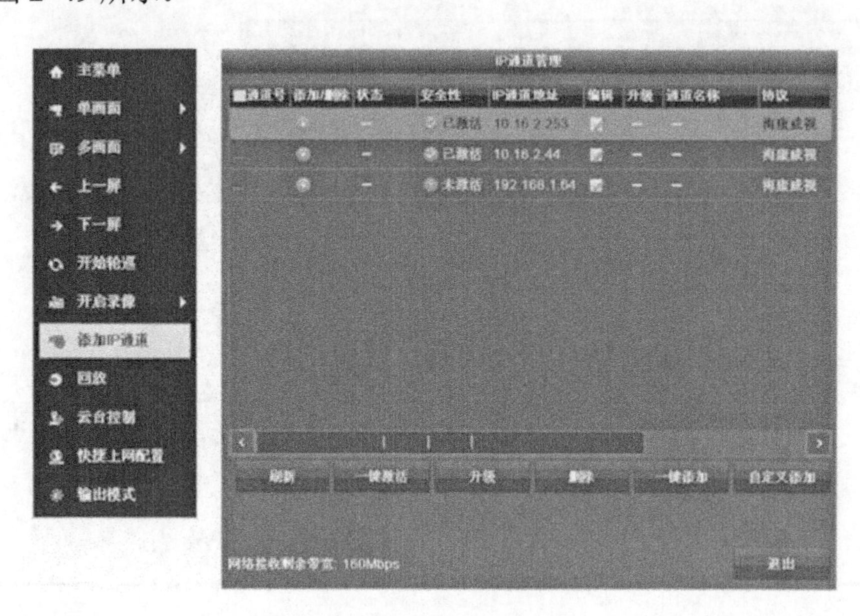

图 2-49　IP 通道管理

② 激活 IP 设备。

③ 选中需要添加的 IP 设备，NVR 以默认用户名“admin”、激活密码去添加 IP 设备。重复以上操作，完成多个 IP 通道添加。

④ 查看连接状态，如图 2-50 所示。

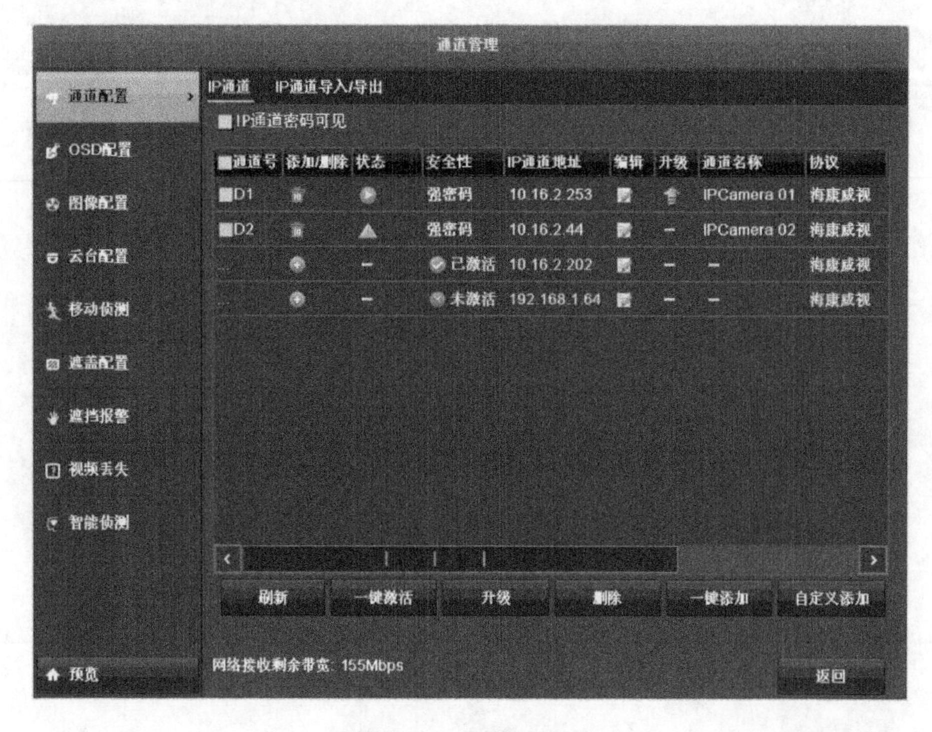

图 2-50　连接状态

2.2　搭建单元视频监控系统（基于 POE 交换机）

【任务描述】

根据“项目背景”的描述，小区内每栋住宅楼的内部走廊和四周均需要安装视频监控系统，以便能够随时对每栋住宅楼的内部走廊和四周进行监控，对突发事件进行及时监控和记录，确保住户的人身和财产安全。

【任务目标】

1．画出视频监控系统的系统结构图和布线图。

2．了解视频监控系统中各设备的参数、性能指标、工作原理。

3．掌握视频监控系统中各设备的型号选择、安装、调试和应用方法。

【任务实现】

1．设备、工具、材料的准备

（1）设备：NVR 网络摄像机、POE 交换机、吸顶半球摄像机、路由器。

（2）工具：十字螺钉旋具、剪刀、线缆剥线钳、测线器等。

（3）材料：电源线、超五类双绞线、线槽、线管等。

2．认识主要设备

（1）POE11AF 以太网交换机

设备图样如图 2-51 所示。

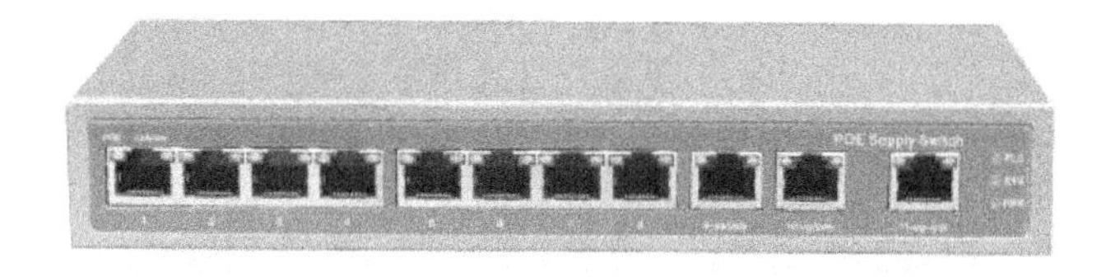

图 2-51　POE11AF 以太网交换机

POE11AF 以太网交换机的主要技术参数如表 2-9 所示。

表 2-9　POE11AF 以太网交换机的主要技术参数

参　数	说　明
端口	8 个 100Mb/s POE，3 个 100Mb/s RJ-45
POE 标准	标准 IEEE 802.3af/at 单口最大功率 30W，整机最大功率 150W
传输速率	快速以太网 100Mb/s 半双工，200Mb/s 全双工

（2）海康威视 C4C WiFi 吸顶半球网络摄像机

设备图样如图 2-52 所示。

图 2-52　海康威视 C4C WiFi 吸顶半球摄像机

海康威视 C4C WiFi 吸顶半球摄像机的主要技术参数如表 2-10 所示。

表 2-10　海康威视 C4C WiFi 吸顶半球摄像机的主要技术参数

参　数	说　明
摄像头像素	100W
传感器类型	1/3" Progressive Scan CMOS
最低照度	0.02Lux @（F2.2，AGC ON），0 Lux 和 IR
快门	1/100000s 至 1/25s
角度	水平视场角 72°，对角 94°
镜头接口类型	M12
夜晚补光模式	红外夜视
日夜转换模式	ICR 红外滤片式
红外照射距离	30m

（3）H3C SMB-S5024PV2-EI 千兆交换机

设备图样如图 2-53 所示。

图 2-53　H3C SMB-S5024PV2-EI 千兆交换机

H3C SMB-S5024PV2-EI 千兆交换机的主要技术参数如表 2-11 所示。

表 2-11　H3C SMB-S5024PV2-EI 千兆交换机的主要技术参数

参　数	说　明
端口	24 个 10/100/1000Base-T 以太网端口，1 个 Console 接口 4 个 100/1000Base-X SFP 端口，4 个 100/1000Base-X SFP 端口
交换容量	240Gb/s

3．系统结构图

系统结构如图 2-54 所示。

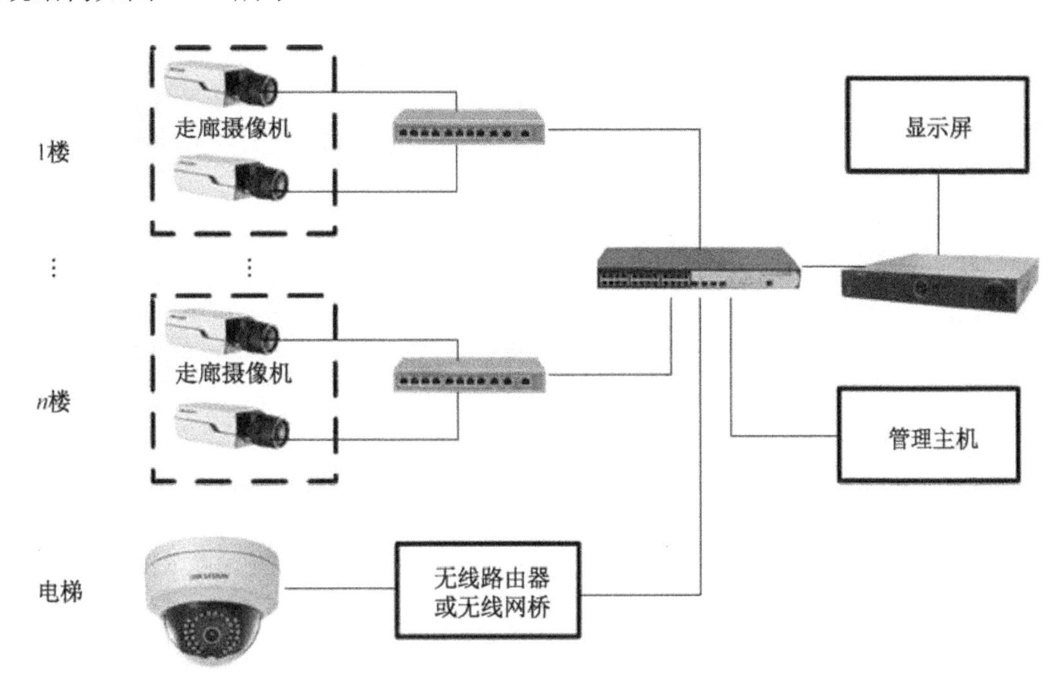

图 2-54　单元视频监控系统组成示意图

4．实施步骤

（1）根据楼层平面图设置布局摄像机

楼层摄像机布局平面如图 2-55 所示。

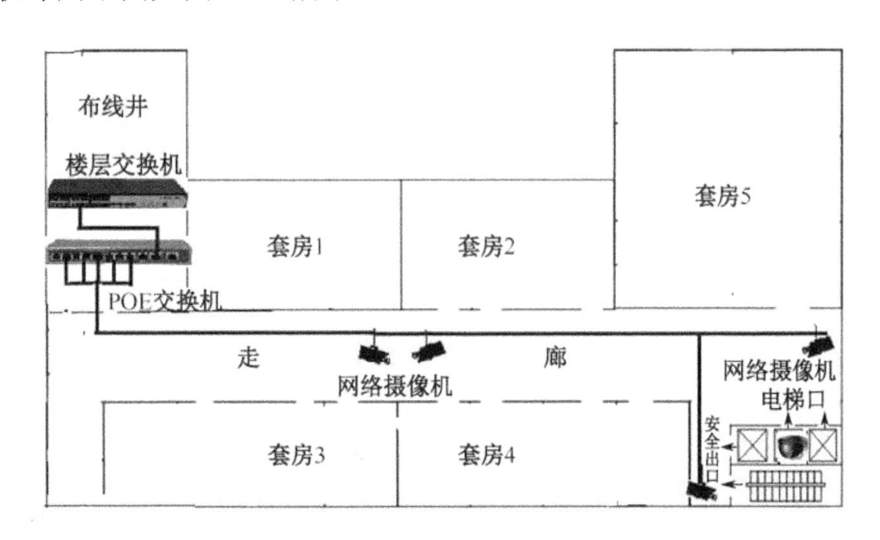

图 2-55　楼层摄像机布局平面图

（2）设备的安装与连接

① 安装网络摄像机监控点，调整摄像机角度和位置，确保监控区域不留死角。在电梯顶端角落安装吸顶式 WiFi 摄像机，在电梯井的中间位置安装 WiFi 路由器，确保其信号强度覆盖电梯运行范围。

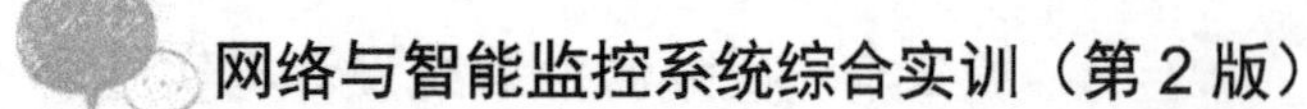

② 通过网线将 POE 交换机、网络摄像机和 WiFi 路由器连接起来。一般情况下，为了保证信号的稳定性，终端设备到交换机的距离不超过 100 m。

③ POE 交换机和 H3C 楼层交换机级联。

④ 各楼层交换机汇聚于机房的中心交换机。

⑤ NVR、管理主机连接中心交换机。

（3）设备的配置调试

① 根据各楼层安装点等规划摄像机和 NVR 的 IP 地址，如表 2-12 所示。

表 2-12　视频监控设备的 IP 地址规划表

安　装　点	设 备 名 称	设 备 型 号	IP 地址
楼层 1 走廊左侧	网络摄像机	海康 DS-2CD1201D-I3	192.168.90.112
楼层 1 走廊右侧	网络摄像机	海康 DS-2CD1201D-I3	192.168.90.113
楼层 1 电梯口	网络摄像机	海康 DS-2CD1201D-I3	192.168.90.114
楼层 1 安全出口	网络摄像机	海康 DS-2CD1201D-I3	192.168.90.115
电梯顶左侧后角	无线吸顶半球摄像机	海康 C4C	192.168.90.188
机房	NVR	海康 DS-7808N-K1/C	192.168.90.100

② 通过设备搜索 SADP 软件，设置密码、激活摄像机并根据摄像机 IP 地址规划表修改每个摄像机的 IP 地址。

③ NVR 中通过 IP 通道添加摄像机。

（4）设备的预览与管理

① 在浏览器地址栏中输入网络录像机的 IP 地址 http://IP 地址（如输入 http://192.168.90.100），进入“登录”界面，如图 2-56 所示。

图 2-56　NVR 登录界面

② 监控预览：输入正确的用户名、密码，单击“登录”按钮，登录成功后默认进入预览界面，如图 2-57 所示。

③ 视频回放：在主界面中单击“回放”按钮，进入录像查询回放界面。回放界面可以对

存储在摄像机 SD 卡内或 NAS 中的录像文件进行查询、回放、抓图、电子放大、音频调节、录像剪切和下载等操作。

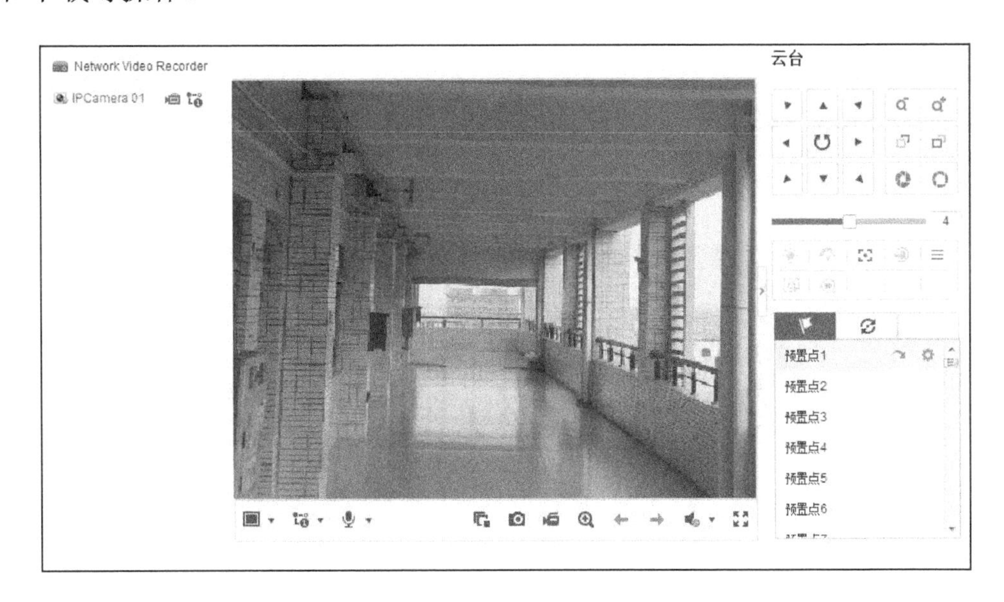

图 2-57　图像预览界面

④ 其他管理：包括移动侦测、遮挡报警、报警输入/输出和异常报警等，可参见设备的使用说明书进行操作。

2.3　搭建小区视频监控系统

【任务描述】

根据“项目背景”的描述，小区内每栋住宅楼的四周都需要安装视频监控系统，以便能够随时对每栋住宅楼的四周进行监控，对突发事件进行及时监控和记录，确保住户的人身安全和财产安全。

【任务目标】

1. 画出视频监控系统的系统结构图和布线图。
2. 了解视频监控系统中各设备的参数、性能指标、工作原理。
3. 掌握视频监控系统中各设备的型号选择、安装、调试和应用方法。

【任务实现】

1. 设备、工具、材料的准备

（1）设备：CVR 网络录像机、中心管理服务器（CMS）、光纤收发器、网络摄像机、解码器、电视墙、键盘、USB 鼠标。

（2）工具：十字螺钉旋具、剪刀、线缆剥线钳等。

（3）材料：电源线、超五类双绞线、光纤、DVI 视频线等。

2. 认识主要设备

（1）DS-A71048R/RTD CVR 网络录像机

设备图样如图 2-58 所示。

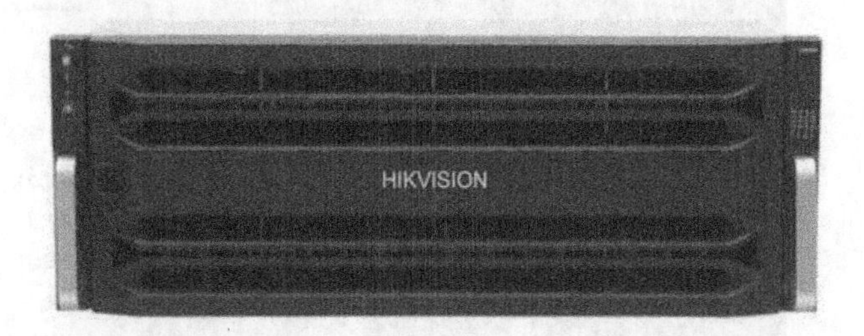

图 2-58　DS-A71048R/RTD CVR 网络录像机

DS-A71048R/RTD CVR 网络录像机的主要技术参数如表 2-13 所示。

表 2-13　DS-A71048R/RTD CVR 网络录像机的主要技术参数

参　数	说　明
高密机箱设计	4U 机箱支持 24/36 块硬盘，8U 机箱支持 48/72 块硬盘
易扩展接口	配置 2～6 个千兆网口及高速缓存，同时支持 SAS 级联扩展，可增配万兆以太网口和缓存，满足不同性能容量的使用需求
RAID 优化技术	支持 RAID 0、RAID 1、RAID 3、RAID 5、RAID 6、RAID 10、RAID 50 等多种模式，多重保护数据安全

（2）IS-VSE2326X-CDA/8 管理中心服务器

设备图样如图 2-59 所示。

图 2-59　IS-VSE2326X-CDA/8 管理中心服务器

IS-VSE2326X-CDA/8 管理中心服务器的主要技术参数如表 2-14 所示。

表 2-14　IS-VSE2326X-CDA/8 管理中心服务器的主要技术参数

参　数	说　明
CPU	支持 Intel Xeon E5-2620 V2 多核处理器
内存	支持 DDR3 1600 ECC 内存，支持 32GB 内存

续表

参　　数	说　　明
硬盘控制器	支持 RAID 0、1、10 可选八口 SAS RAID 卡，支持 RAID 0/1/5/6，系统最大支持 3 个热插拔 600GB、1500 转硬盘
网络控制器	集成 Intel I350 双千兆网卡，支持网络唤醒、网络冗余、负载均衡

（3）BT-950MM-2 百兆多模光纤收发器

设备图样如图 2-60 所示。

图 2-60　BT-950MM-2 百兆多模光纤收发器

BT-950MM-2 百兆多模光纤收发器的主要技术参数如表 2-15 所示。

表 2-15　BT-950MM-2 百兆多模光纤收发器的主要技术参数

参　　数	说　　明
协议	IEEE 802.3 以太网标准、IEEE 802.3u 快速以太网标准、IEEE 802.3d Spanning Tree 标准
接口	RJ-45 以太网接口、SC（或 FC、ST）光接口
波长	850nm，1310nm
转换方式	介质转换、存储转发、直通

（4）DS-6404HD-T 解码器

DS-6404HD-T 解码器支持高清 800W 及以下分辨率网络视频的解码；支持 DVI、VGA、HDMI、BNC 接口解码输出；支持多种网络传输协议、多种码流的传输方式，为大型电视墙解码服务提供强有力的支持。

设备图样如图 2-61 和图 2-62 所示。

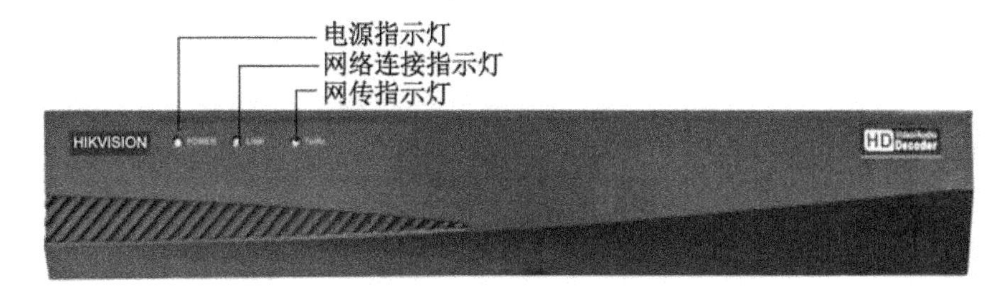

图 2-61　DS-6404HD-T 解码器前面板

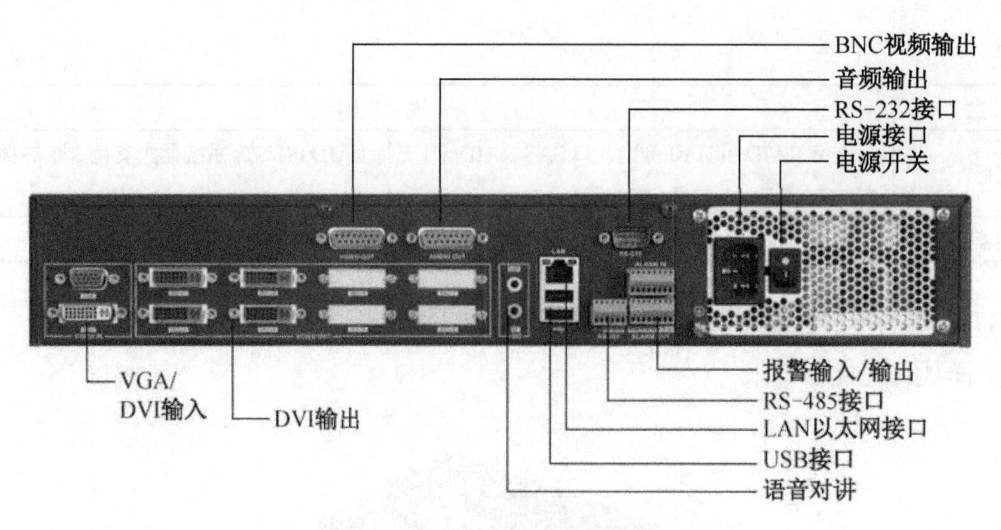

图 2-62　DS-6404HD-T 解码器后面板

DS-6404HD-T 解码器的主要功能特征如表 2-16 所示。

表 2-16　DS-6404HD-T 解码器的主要功能特征

参　数	说　明
拼接屏	支持 1×2、1×3、1×4、2×1、2×2 的大屏拼接
解码显示能力	支持 DVI、BNC 两种输出接口，分辨率最高达 1920×1080； 支持 H.264、MPEG4、MPEG2 等主流的编码格式
解码控制模式	支持接入 VGA、DVI 信号实现上墙显示，支持主动解码和被动解码两种解码模式；支持直连前端设备解码上墙和通过流媒体转发的方式解码上墙
运维管理	支持 Web 方式访问、配置和管理

3. CVR 视频监控系统图

CVR 视频监控系统如图 2-63 所示。

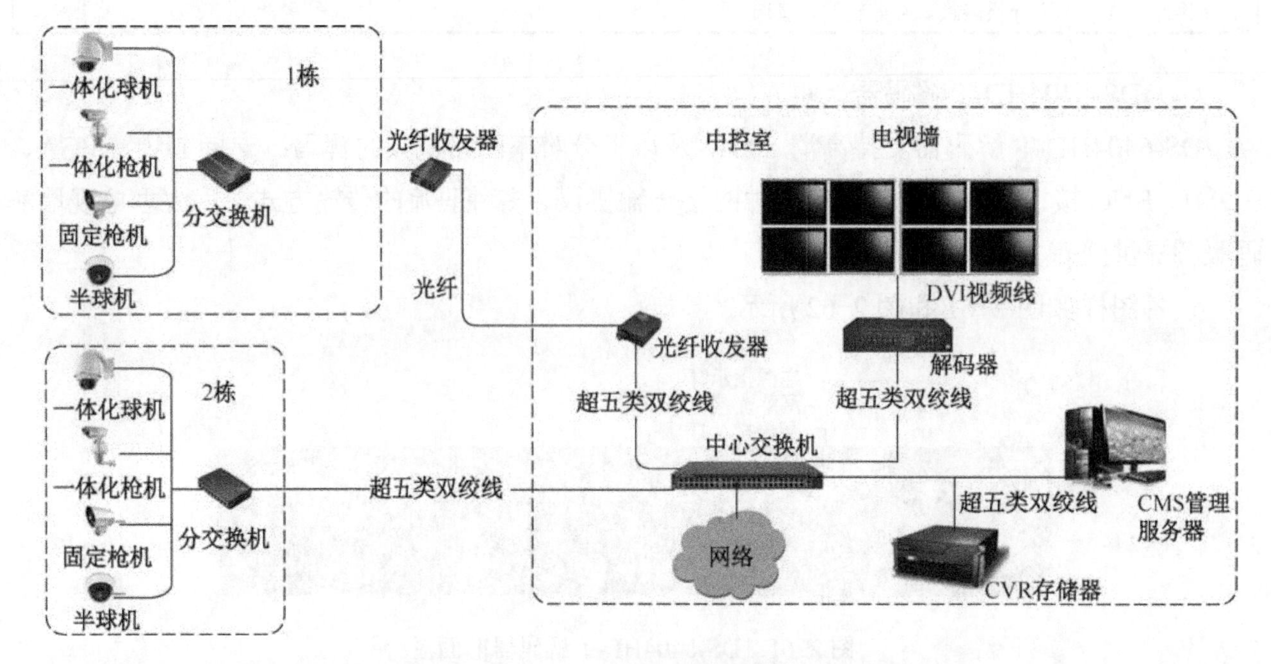

图 2-63　CVR 视频监控系统组成示意图

4. 实施步骤

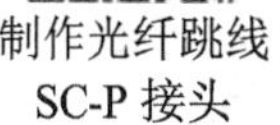
制作光纤跳线 SC-P 接头

室内光纤热熔

（1）制作光纤跳线 SC-P 接头

利用光纤跳线制作工具制作光纤跳线 SC-P 接头，效果如图 2-64 所示。

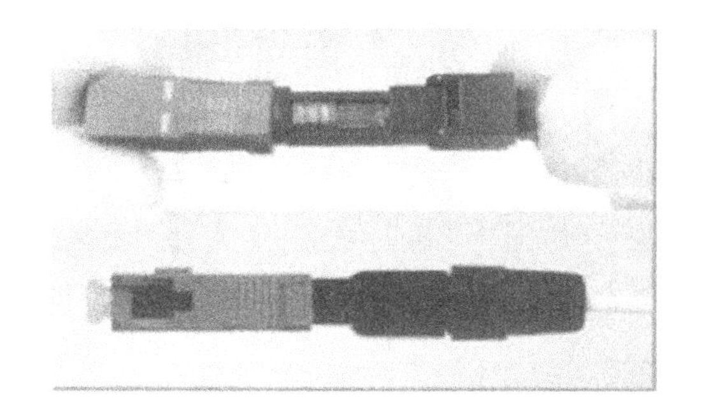

图 2-64　SC-P 接头

（2）设备的安装与连接

① 安装设备：在各监控点安装好网络摄像机，并调整摄像机角度。

② 连接线缆：将各单元的网络摄像机通过网线连接汇集到各单元分交换机处，并给各摄像机接通电源。

③ 主干线缆连接：各单元的分交换机通过多模光纤收发器与中控室的中心交换机相连，实现点对点组网。光纤收发器点对点组网示意如图 2-65 所示。

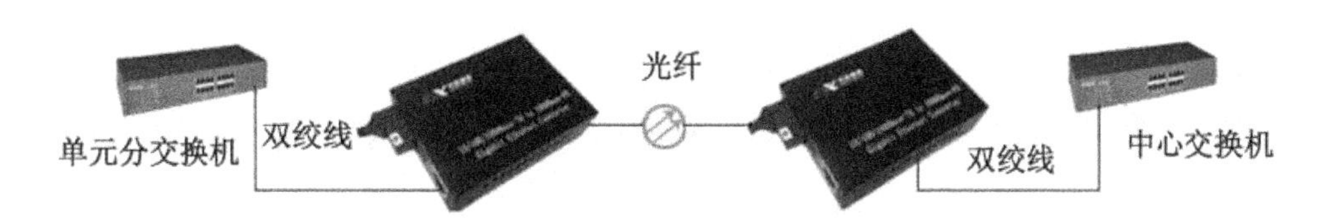

图 2-65　光纤收发器点对点组网示意图

④ 管理设备的连接：将解码器、管理中心服务器、CVR 存储器连接到中心交换机，解码器通过 DVI 数字视频线连接到电视墙显示器。

（3）CVR 存储器的设置

① 登录 CVR 管理系统：用网线连接中心交换机到 CVR 存储器管理接口，在客户机的浏览器中输入 CVR 的出厂设置的 IP 地址 https://10.254.254.254:2004。进入 DS-A71048R 管理系统，如图 2-66 所示。说明：CVR 存储器有三个网卡，一个是管理用网卡，另外两个是常用网卡，使用时其中一个为备用网卡。

② 设置 CVR 相关参数：在“系统管理”项目中的“网络管理”选项中，勾选“系统绑定网口信息”复选框中待设置参数的绑定网口，然后单击“修改”按钮，弹出“修改绑定网口信息”对话框，在该对话框中设置绑定 CVR 存储器的常用网卡 IP 地址、网络掩码、网关地址，如 192.168.90.250，如图 2-67 和图 2-68 所示。

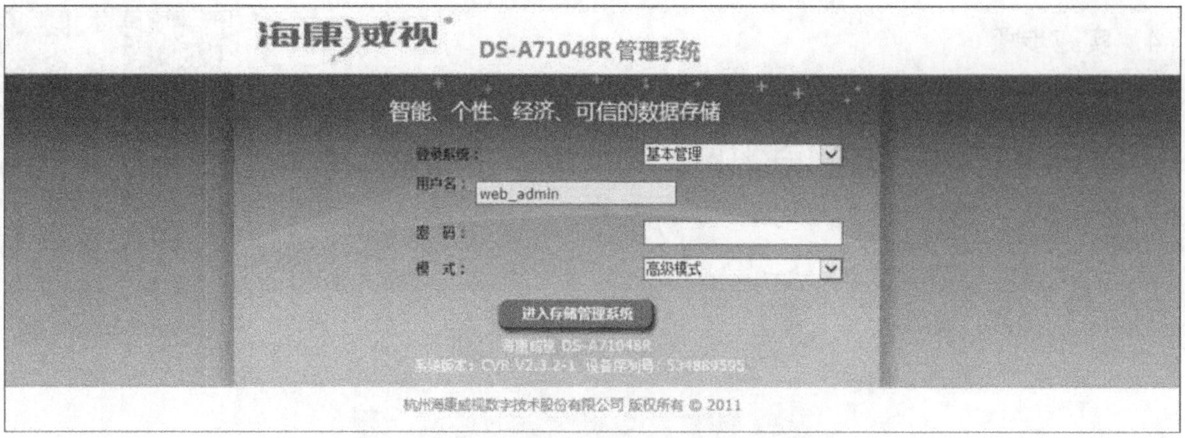

图 2-66　DS-A71048R 管理系统登录界面

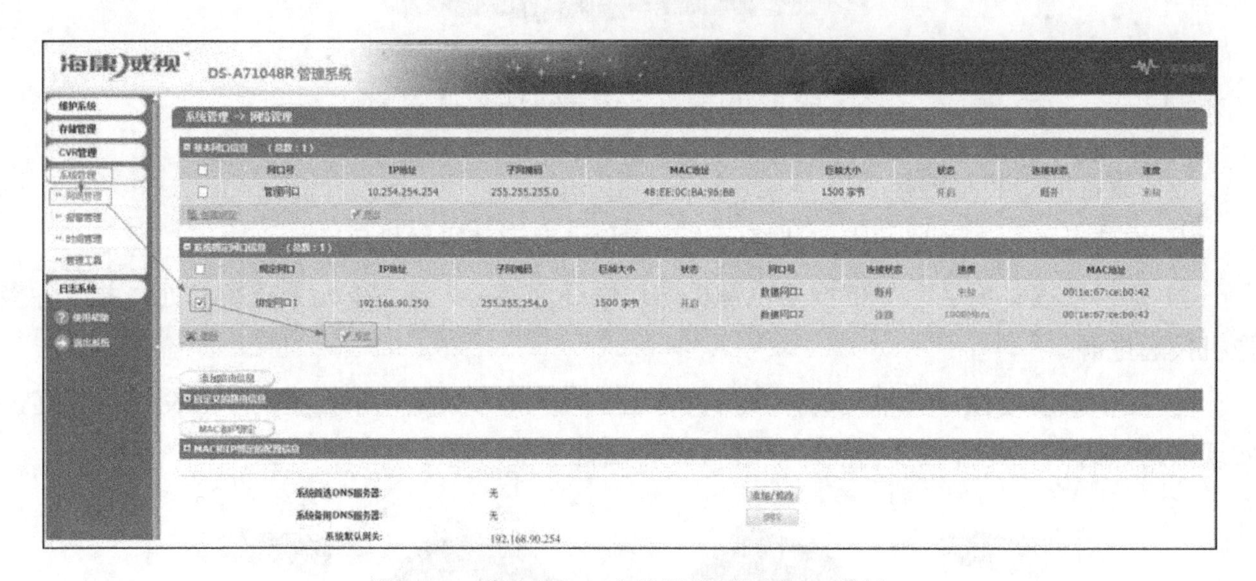

图 2-67　绑定 CVR 存储器常用网卡 IP 地址

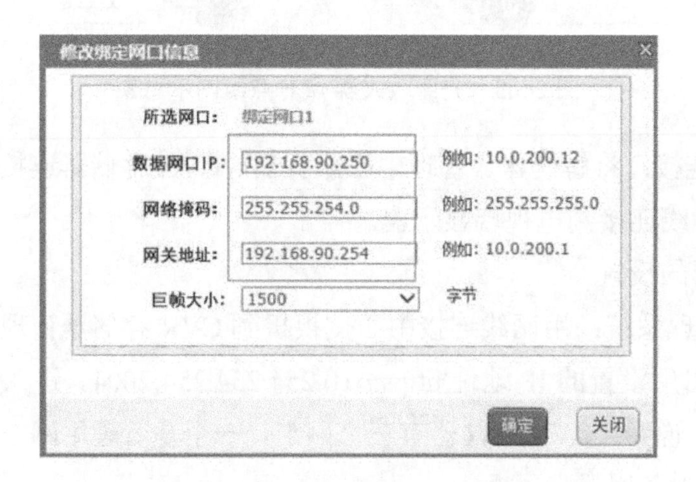

图 2-68　设置绑定 CVR 存储器常用网卡信息

③ 检测存储器：在“存储管理”项目中的“磁盘管理”选项中，勾选“磁盘信息”复选框中的所有位置，单击“检测”按钮，可以检测 CVR 存储器硬盘，如图 2-69 和图 2-70 所示。

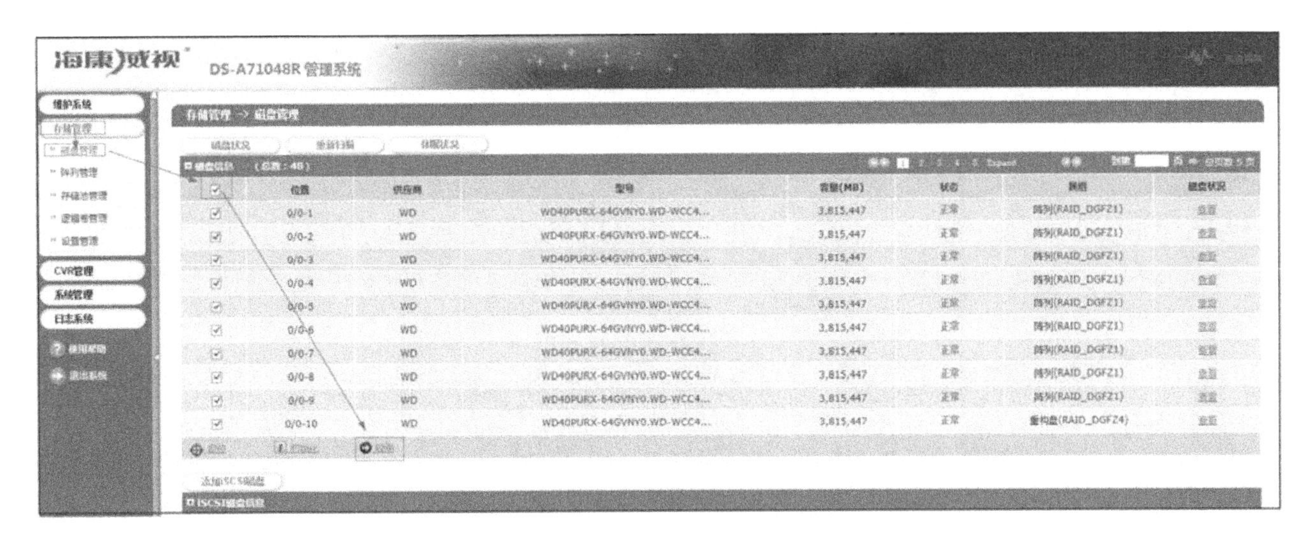

图 2-69　存储管理及检测 CVR 存储器硬盘

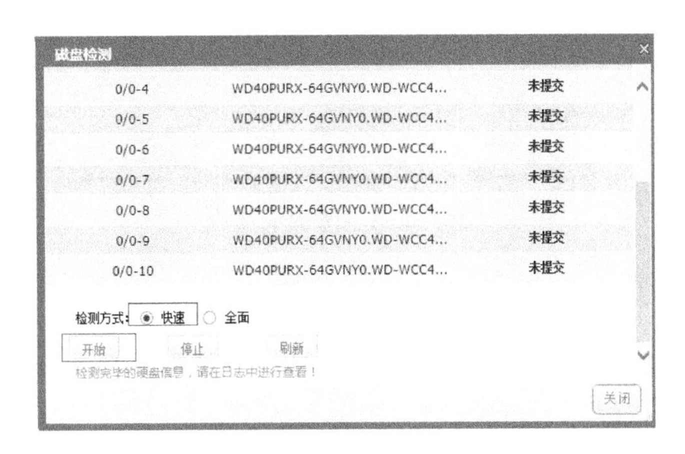

图 2-70　硬盘检测方式选择

④ 阵列管理：选择“存储管理”项目中的“阵列管理”选项，可以显示已经存在的阵列信息，如图 2-71 所示。单击“创建阵列”按钮，弹出“阵列创建”对话框，在该对话框中输入阵列名称，选择阵列类型和阵列块大小，如图 2-72 所示，单击“确定”按钮后即可创建硬盘阵列。

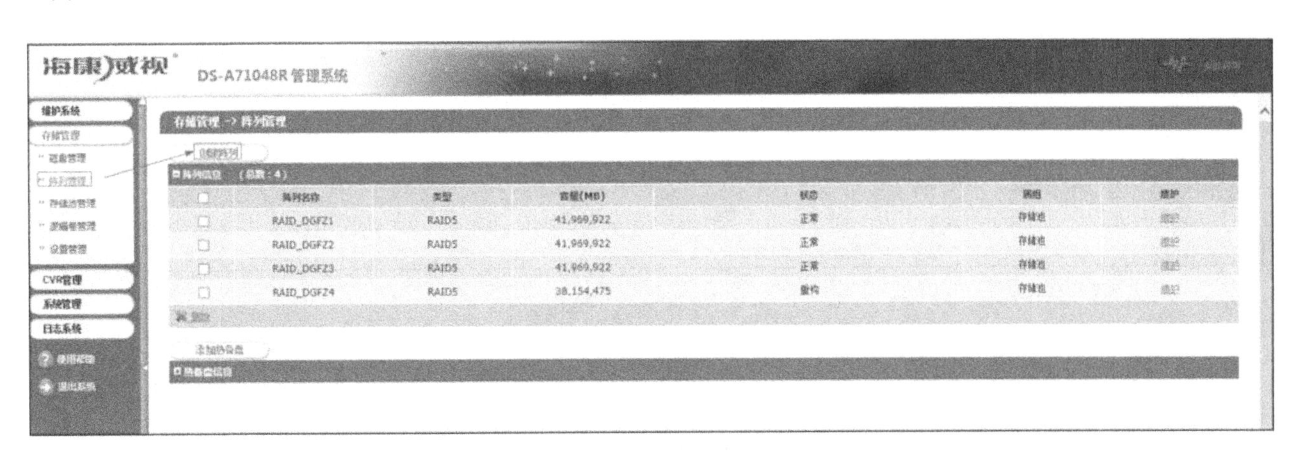

图 2-71　阵列管理

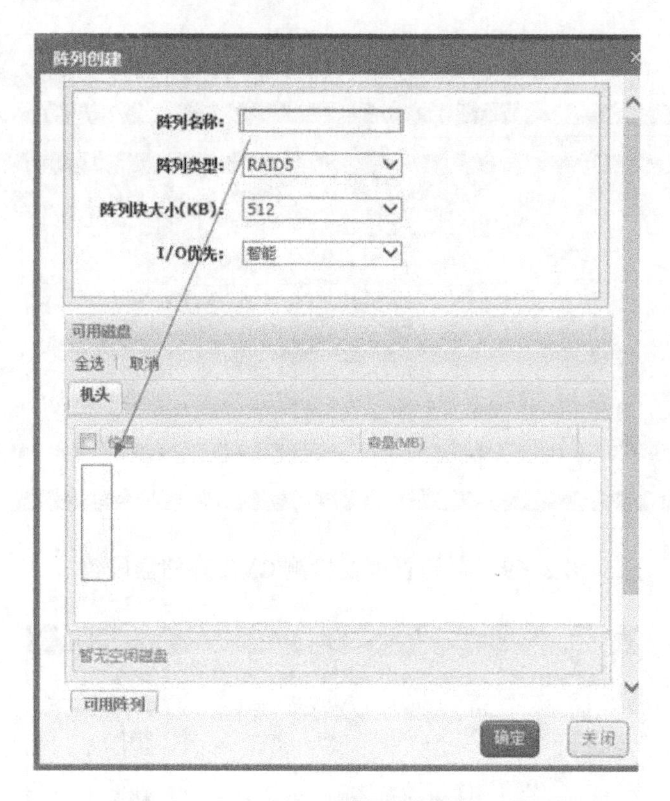

图 2-72　阵列创建

⑤ 存储池管理：选择“存储管理”项目中的“存储池管理”选项，单击“添加存储池”按钮，如图 2-73 所示，弹出“添加存储池”对话框，勾选相应的复选框后单击“确定”按钮，即可把创建的阵列 RAID 添加到存储池中，如图 2-74 所示。

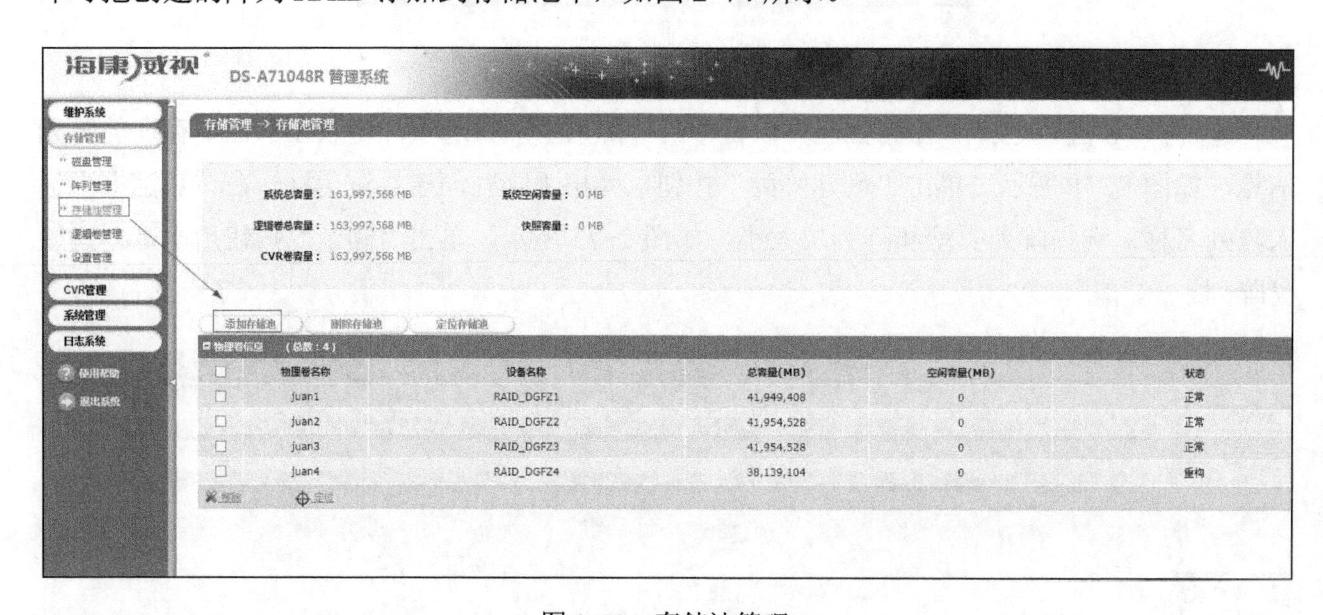

图 2-73　存储池管理

⑥ 逻辑卷管理：如图 2-75 所示，在“存储管理”项目中的“逻辑卷管理”选项中单击“添加逻辑卷”按钮，弹出如图 2-76 所示的“添加逻辑卷”对话框，在该对话框中填写卷名称和卷容量，块大小默认即可，勾选“可用物理卷”复选框，单击“确定”按钮，弹出提示“确定要添加逻辑卷吗？”对话框，单击“确定”按钮即可。重复以上步骤，直到把所有可用物理卷

都划分成逻辑卷。

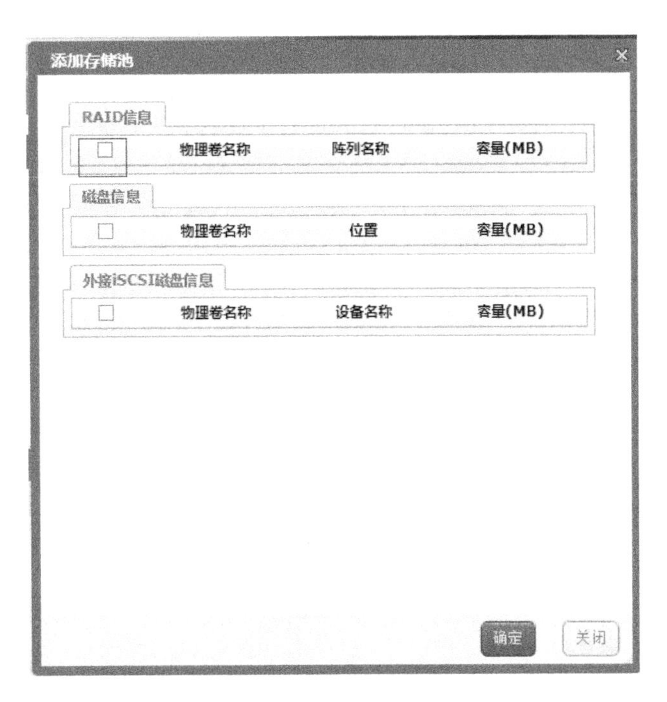

图 2-74　添加存储池

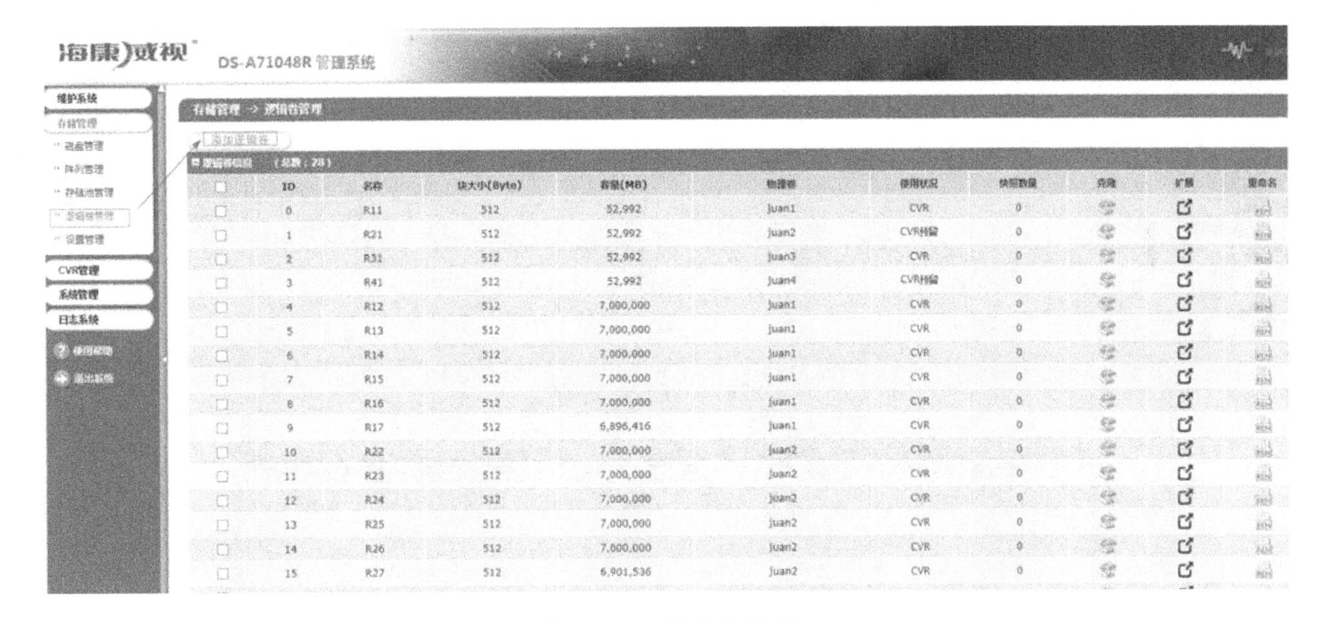

图 2-75　逻辑卷管理

⑦ CVR 管理：选择“CVR 管理”项目中的“CVR”选项，单击“配置 CVR”按钮，如图 2-77 所示，弹出如图 2-78 所示的“配置 CVR”对话框，在该对话框中添加配置私有卷，单击“确定”按钮后弹出“私有卷配置成功”对话框，单击“关闭”按钮即可。用同样的方法创建录像卷，如图 2-79 所示。

图 2-76　添加逻辑卷

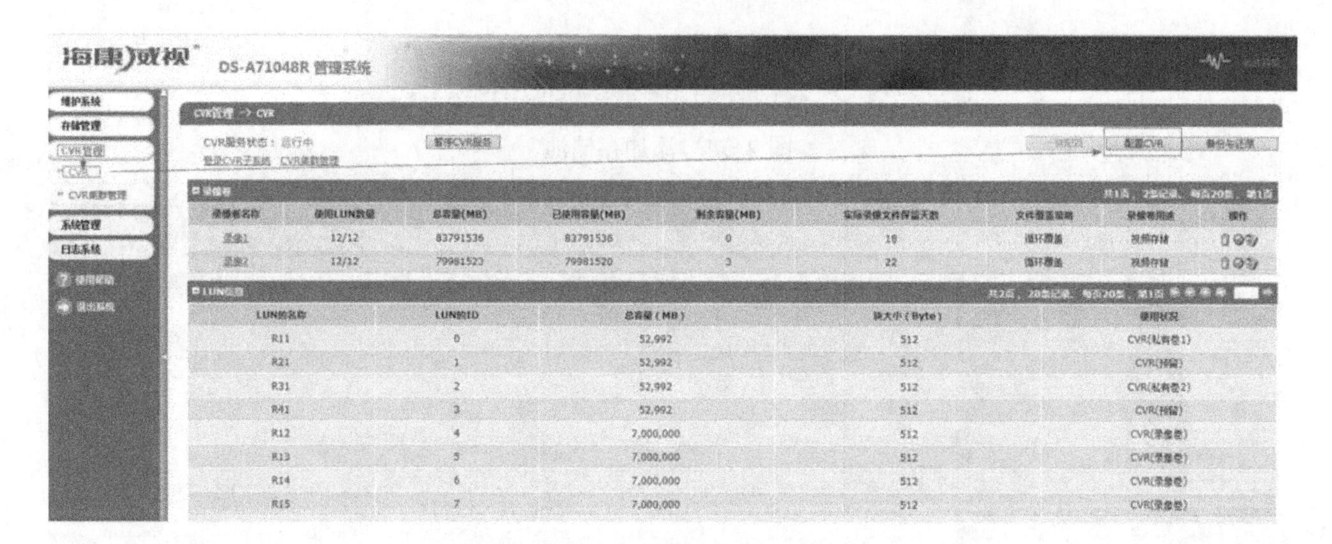

图 2-77　CVR 管理

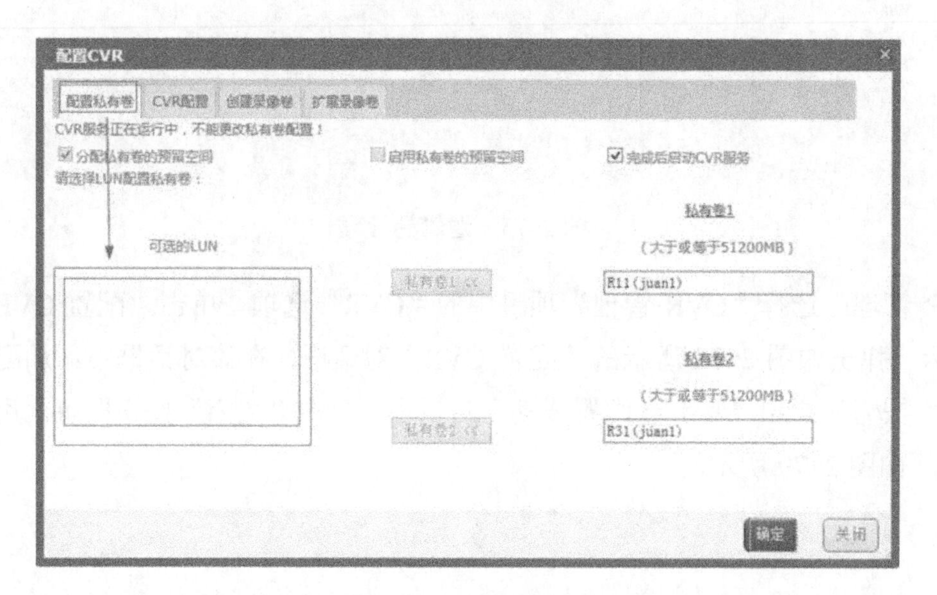

图 2-78　配置 CVR

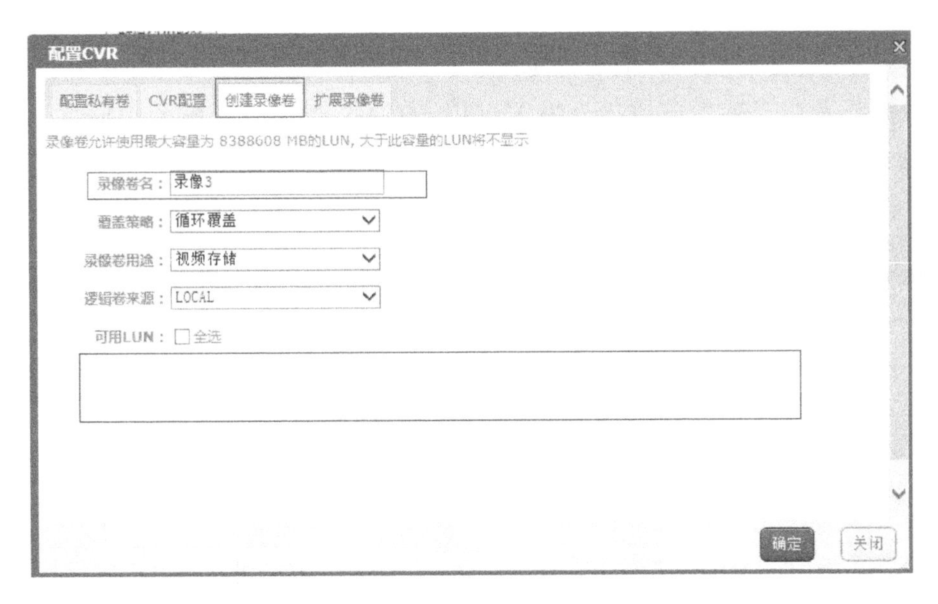

图 2-79　创建录像卷

⑧ 恢复 CVR 服务：当私有卷、录像卷配置成功后，选择“CVR 管理”项目中的“CVR”选项，单击“恢复 CVR 服务”按钮，弹出提示“启动 CVR 服务成功”对话框，如图 2-80 所示。

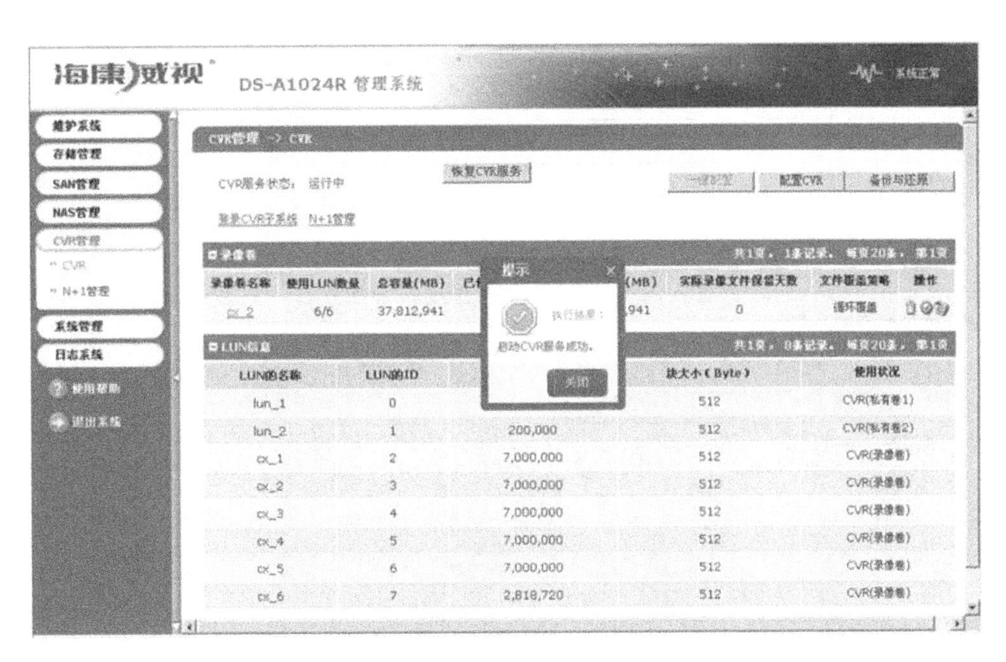

图 2-80　恢复 CVR 服务

（4）系统应用

① 图像实时预览。通过 C/S 客户端和 Web 浏览器，可以单画面或多画面显示实时视频图像；支持不同画面的显示方式；能够实现对前端云台镜头的全功能远程控制；具备图像自动轮巡功能，可用事先设定的触发序列和时间间隔对监控图像进行轮流显示等。

② 录像下载与回放。支持录像的批量下载；支持多种备份方式，选择本地备份则保存在本地文件中，选择刻盘备份则保存在刻录的光盘里，选择 FTP 上传备份则会上传到指定 FTP

服务器的指定目录里；支持动态加载刻录机。

③ 解码拼控显示。支持大屏拼接，最大支持16块屏拼接成一整幅大画面，通过大屏客户端将指定的视频通道投放到指定监视器或大屏上，可以实现图像上墙、回放上墙、报警联动上墙、常规轮巡、计划轮巡、预案轮巡等功能。

【任务评价】

<table>
<tr><th colspan="2">评价内容</th><th colspan="3">完成情况评价</th></tr>
<tr><th colspan="2">分配的工作</th><th>自评</th><th>组评</th><th>师评</th></tr>
<tr><td rowspan="3">完成效果</td><td>能完成各任务的设备安装，说出主要设备名称、功能及用途</td><td></td><td></td><td></td></tr>
<tr><td>能完成各任务的布线与配置，无短路故障</td><td></td><td></td><td></td></tr>
<tr><td>能实现各任务的系统功能</td><td></td><td></td><td></td></tr>
<tr><td rowspan="3">合作意识</td><td>能积极配合小组开展活动，服从安排</td><td></td><td></td><td></td></tr>
<tr><td>能积极地与组内、组间成员交互讨论；能清晰地表达想法，尊重他人的意见</td><td></td><td></td><td></td></tr>
<tr><td>能和大家互相学习和帮助，共同进步</td><td></td><td></td><td></td></tr>
<tr><td rowspan="3">沟通能力</td><td>有强烈的好奇心和探索欲望</td><td></td><td></td><td></td></tr>
<tr><td>在小组遇到问题时，能提出合理的解决方法</td><td></td><td></td><td></td></tr>
<tr><td>能发挥个人特长，施展才能</td><td></td><td></td><td></td></tr>
<tr><td rowspan="3">专业能力</td><td>能运用多种渠道搜集信息</td><td></td><td></td><td></td></tr>
<tr><td>能查阅图纸及说明书</td><td></td><td></td><td></td></tr>
<tr><td>遇到问题不退缩，并能想办法解决</td><td></td><td></td><td></td></tr>
<tr><td rowspan="3">总体体会</td><td colspan="4">我的收获是：</td></tr>
<tr><td colspan="4">我体会最深的是：</td></tr>
<tr><td colspan="4">我还需努力的是：</td></tr>
</table>

第 3 章 入侵报警系统设计与实施

项目背景

某智能小区是有 A 栋、B 栋和 C 栋 3 栋住宅楼的居民小区，每栋住宅楼的底层架空作为停车场。为了保障居民的人身财产安全和加强小区物业的安全管理，小区采用围墙封闭式管理，并配备一套入侵报警系统，当有入侵者以非法手段进入防控区域时，系统立即产生报警信号，并且向控制中心显示报警的区域位置。

现对该小区的入侵报警系统进行安装调试。要求：在四周围墙、大门、门窗、卧室、大厅、厨房、通往顶楼的楼梯走道等位置安装一些入侵报警设备，当有入侵者企图入侵小区作案时，现场能够实现紧急报警，让住户或现场保安能够立即察觉到有非法入侵发生，以采取应对措施。

系统结构

入侵报警系统如图 3-1 所示。

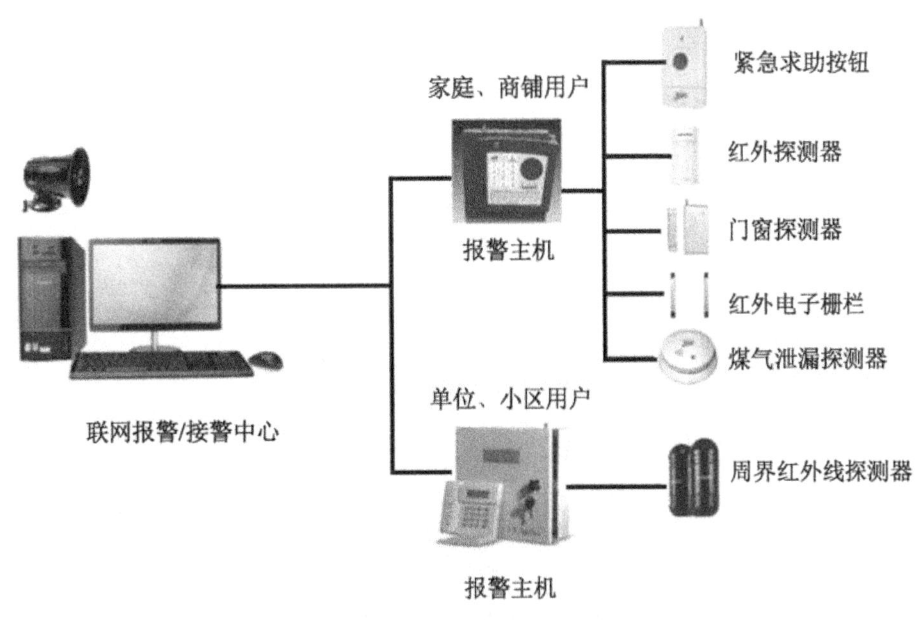

图 3-1　入侵报警系统

能力目标

（1）能够理解入侵报警系统结构及工作原理。

（2）能够熟悉入侵报警系统中主要设备的功能及参数。

（3）能够熟练进行入侵报警系统的安装、布线与配置。

3.1 搭建家庭室内入侵报警系统

【任务描述】

根据“项目背景”的描述，小区中某业主为了安全起见要求安装入侵报警系统，通过各种探测器构成点、线、面、空间警戒区，在室内形成一个多层次、全方位的交叉防范系统，防范不法分子的入侵，保证小区的安全。

【任务目标】

1．能够理解家庭室内入侵报警系统结构及工作原理。

2．能够熟悉家庭室内入侵报警系统中主要设备名称、功能及用途。

3．能够熟练进行家庭室内入侵报警系统的安装、布线与配置。

【任务实现】

1．设备、工具、材料的准备

（1）设备：防盗控制键盘、声光报警器、紧急按钮、门磁开关、烟感探测器、直流 12V 集中供电电源等。

（2）工具：平口螺钉旋具、十字螺钉旋具等。

（3）材料：各种不同规格的导线、螺钉等。

2．认识主要设备

产品型号：DS6MX-CHI。DS6MX-CHI 防盗控制键盘，如图 3-2 所示。

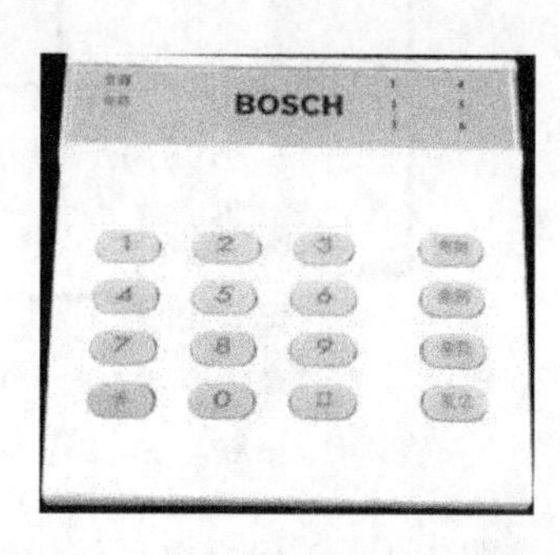

图 3-2　DS6MX-CHI 防盗控制键盘

DS6MX-CHI 防盗控制键盘的主要技术参数如表 3-1 所示。

表 3-1　DS6MX-CHI 防盗控制键盘的主要技术参数

参　数	说　明
工作电压	直流电压 8.5～15V
工作电流	待机 30mA，报警 100mA，用到可编程输出口时为 500mA
防区	6 个常开或常闭防区，可编程为即时、延时、24 小时和跟随防区
线尾电阻	10 kΩ
继电器输出	常开 NO 或常闭 NC，3A、28V 直流
固态输出	2 个直流固态输出，每个最大电流为 250mA，电压不能超过直流 15V
防拆装置	自带外壳/背板防拆开关

DS6MX-CHI 的主要接口描述如图 3-3 和表 3-2 所示。

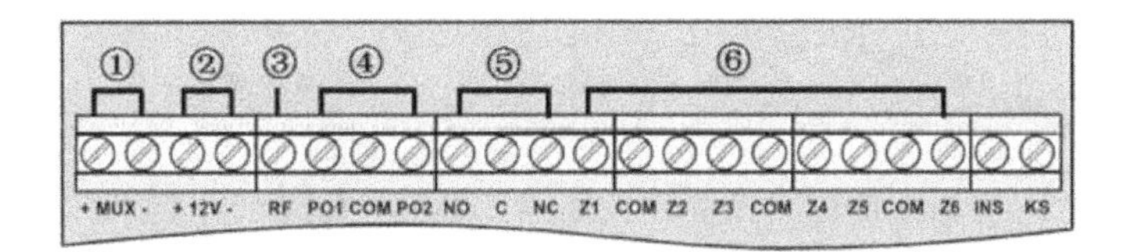

图 3-3　DS6MX-CHI 防盗控制键盘的主要接口

表 3-2　DS6MX-CHI 的主要接口描述

序　号	说　明
①	总线接线柱，连接到大型报警主机的总线
②	电源接线柱，连接 12V 直流电源
③	无线接收，支持无线遥控和无线探测器
④	固态电压输出，能够用来连接每个最大为 250mA 的设备
⑤	继电器，支持 3A、28V DC 的 C 型（NC/C/NO）继电器
⑥	6 个防区，用于连接 6 个防区的探测设备

3．系统结构图

室内入侵报警系统结构图如图 3-4 所示。

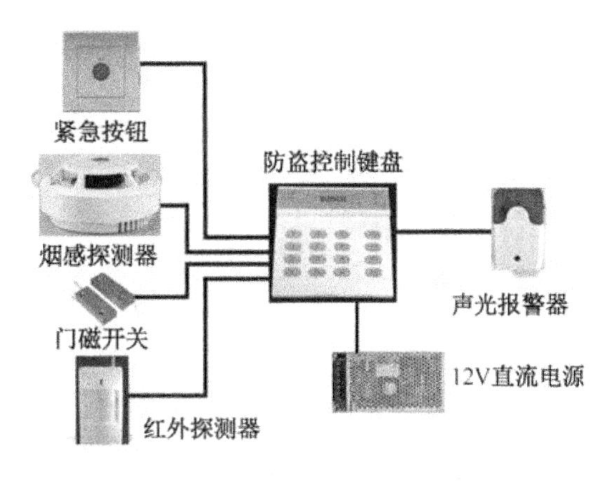

图 3-4　室内入侵报警系统结构图

4．实施步骤

（1）DS6MX-CHI 防盗控制键盘的安装

DS6MX-CHI 防盗控制键盘能够安装在平滑墙面、半嵌入墙面或电气开关盒子上。

① 用平口螺钉旋具在外罩底部的槽口位置向下按，使前面外盖与后面底板分开。

② 将底盖固定在适当的墙面或电气开关盒上。墙面安装时，请选择用螺钉在底板中“S”处将其固定；电气开关盒安装时，请选择用螺钉在底板中“B”或“BT”处将其固定，DS6MX-CHI 防盗控制键盘的安装如图 3-5 所示。

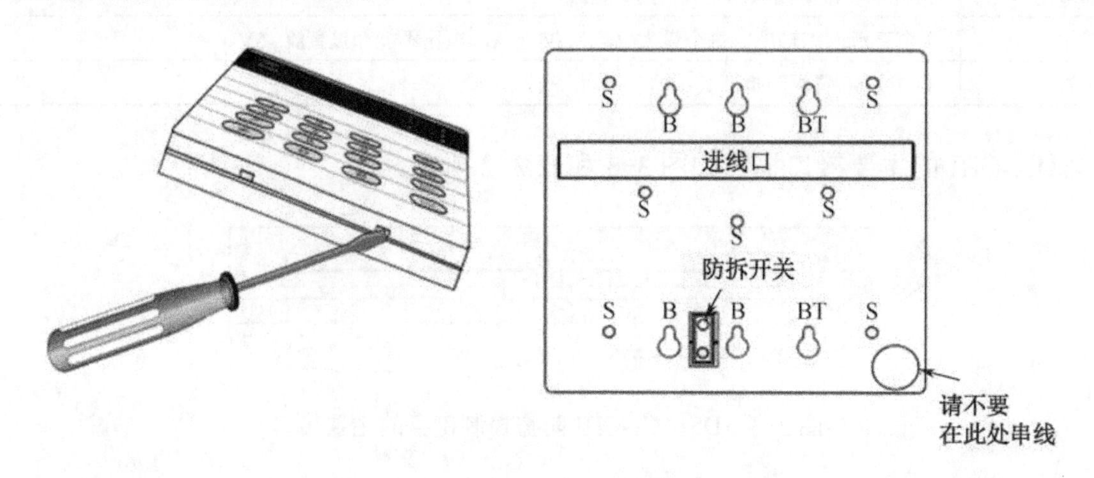

图 3-5　DS6MX-CHI 防盗控制键盘的安装

（2）防区连接尾线电阻

防区可接常开 NO 接点或常闭 NC 接点，每个防区必须接一个 10kΩ 的电阻，防区接线如图 3-6 所示。

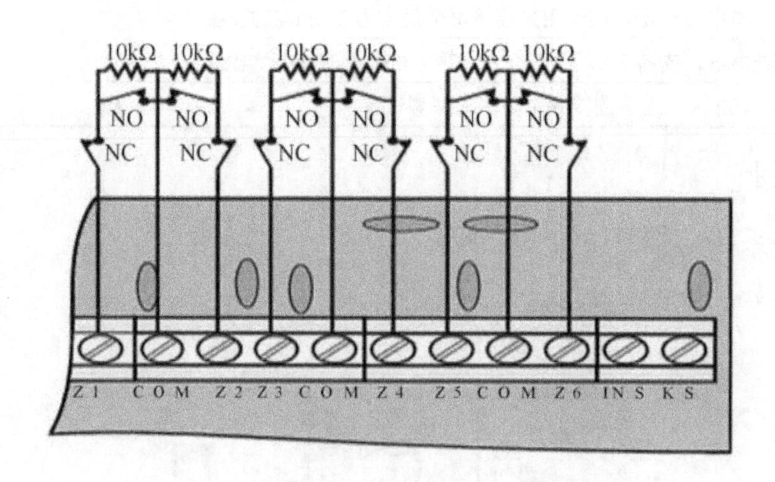

图 3-6　防区接线

（3）连接紧急按钮

将紧急按钮连接到第 1 防区中。由于紧急按钮是一种常开设备，所以，在将紧急按钮接到防区时，要使尾线电阻与紧急按钮呈并联状态，如图 3-7 所示。

（4）连接红外探测器

将红外幕帘探测器连接到第 3 防区中。由于红外幕帘探测器是一种常闭设备，所以在将红外幕帘探测器接到防区时，还要给红外幕帘探测器串联一个 10kΩ 的电阻。同时，将电源线分别接到 12V 的对应极性上，如图 3-8 所示。

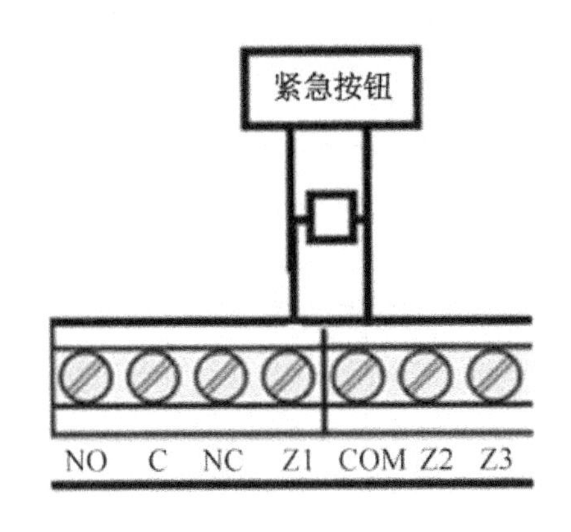

图 3-7　将紧急按钮接到第 1 防区中

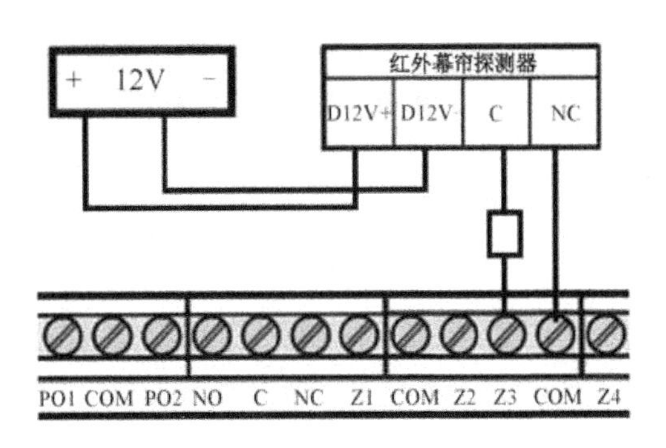

图 3-8　将红外探测器接到第 3 防区中

（5）连接烟感探测器和门磁开关

用同样的方法将烟感探测器和门磁开关分别接到第 4、第 5 防区中，注意尾线电阻的连接方法。

（6）连接声光报警器

由于声光报警器是常开设备，所以声光报警器的电源线一端接到公共端（C），然后通过常开端（NO）接到电源上，另一端则直接接到电源上，构成一个回路，如图 3-9 所示。

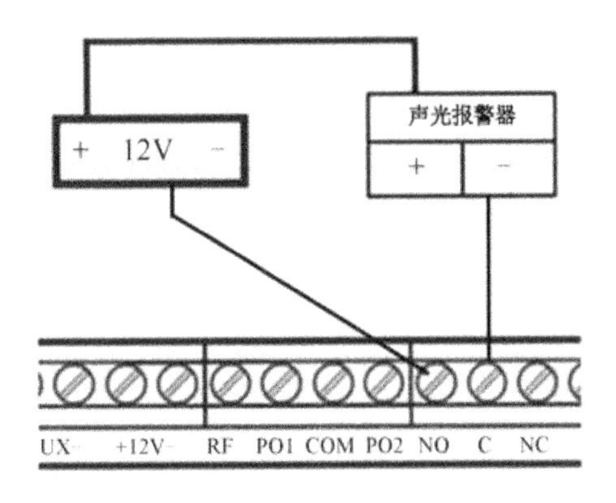

图 3-9　连接声光报警器

（7）安装电源并通电

将 12V 集中供电电源安装到合适位置，将防盗控制键盘、红外探测器等的电源接到 12V 电源的对应极性上，给 12V 集中供电电源接上 220V 电源。

（8）进行布防、测试、撤防

① 布防：在控制键盘上按 1+2+3+4 键，再按“布防”键，进入布防状态。

② 测试：分别按下紧急按钮、遮挡红外幕帘探测器等，观察声光报警器的行为。

③ 撤防：在控制键盘上按 1+2+3+4 键，再按“撤防”键，进入撤防状态。

【任务评价】

评价内容		完成情况评价		
分配的工作		自评	组评	师评
完成效果	能完成室内入侵报警设备的安装，说出主要设备名称、功能及用途			
	能完成室内入侵报警系统的布线与配置，无短路故障			
	能实现室内入侵报警系统的监控、报警提示等功能			
合作意识	能积极配合小组开展活动，服从安排			
	能积极地与组内、组间成员交互讨论；能清晰地表达想法，尊重他人的意见			
	能和大家互相学习和帮助，共同进步			
沟通能力	有强烈的好奇心和探索欲望			
	在小组遇到问题时，能提出合理的解决方法			
	能发挥个人特长，施展才能			
专业能力	能运用多种渠道搜集信息			
	能查阅图纸及说明书			
	遇到问题不退缩，并能想办法解决			
总体体会	我的收获是：			
	我体会最深的是：			
	我还需努力的是：			

3.2 搭建单元入侵报警系统

【任务描述】

根据“项目背景”的描述，小区中某单元的所有业主都要求对自己单元的入侵报警系统进行统一管理，在单元四周、出入口、楼梯走道、一楼门窗等位置进行非法入侵探测，并在合适的位置安装若干个紧急按钮和声光报警器，且将报警主机安装在单元监控室内，通过各种不同类型的探测器构成一个多层次、全方位的交叉防范系统，防范不法分子的入侵，保证本单元的安全。

【任务目标】

1. 能够理解小区单元入侵报警系统结构及工作原理。

2．能够熟悉小区单元入侵报警系统中主要设备名称、功能及用途。

3．能够熟练进行小区单元入侵报警系统的安装、布线与配置。

【任务实现】

1．设备、工具、材料的准备

（1）设备：总线式网络报警主机、报警键盘、单防区总线扩展模块、双防区总线扩展模块、声光报警器、紧急按钮、门磁开关、红外对射探测器、烟感探测器等。

（2）工具：涨塞、螺钉旋具、线缆剥线钳、电钻、锤子等。

（3）材料：各种不同规格的导线、各种不同的支架、螺钉等。

2．认识设备

（1）总线式网络报警主机

产品型号：DS-19A08-01BN。DS-19A08-01BN 总线式网络报警主机如图 3-10 所示。

其主要功能特征如下。

① 支持本地 8 路开关量输入，4 路触发器输出，总线扩展 248 路开关量输入，64 路触发器输出。

② 支持报警联动输出，事件触发输出或关闭。

③ 三种模式传输报警数据：网络传输、电话线传输、GPRS 传输。

④ 支持 32 个 LCD 键盘，包括 1 个全局键盘和 31 个子系统键盘。

（2）报警键盘

产品型号：DS-19K00-B。DS-19K00-B 报警键盘如图 3-11 所示。

图 3-10　DS-19A08-01BN 总线式网络报警主机

图 3-11　DS-19K00-B 报警键盘

其主要功能特征如下。

① 对报警主机进行操作和编程，通过显示屏和报警音提示报警。

② 可通过拨码设定键盘地址。

③ 支持防拆开关。

（3）单防区总线扩展模块

产品型号：DS-19M01-ZS。DS-19M01-ZS 单防区总线扩展模块如图 3-12 所示。

其主要功能特征如下。

① 可连接常开触点或常闭触点的受监测输入防区，使用 8.2 kΩ 终端电阻监测触点。

② 可与兼容的多路复用扩展模块配合使用，并且占用系统上的一个扩展防区。

③ 模块可设定地址为 1～253。

④ 每台主机最多支持 248 个单防区总线扩展模块。

（4）双防区总线扩展模块

产品型号：DS-19M02-ZS。DS-19M02-ZS 双防区总线扩展模块如图 3-13 所示。

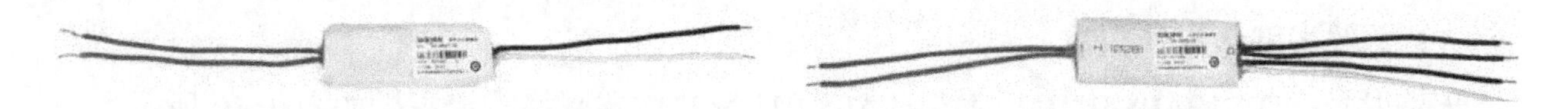

图 3-12　DS-19M01-ZS 单防区总线扩展模块　　图 3-13　DS-19M02-ZS 双防区总线扩展模块

其主要功能特征如下。

① 可连接常开触点或常闭触点的受监测输入防区，使用 8.2 kΩ 终端电阻监测触点。

② 可与兼容的多路复用扩展模块配合使用，并且占用系统上的两个扩展防区。

③ 模块可设定地址为 1～253。

④ 每台主机最多支持 124 个双防区总线扩展模块。

3．系统接线图

简易室内入侵报警系统接线图如图 3-14 所示。

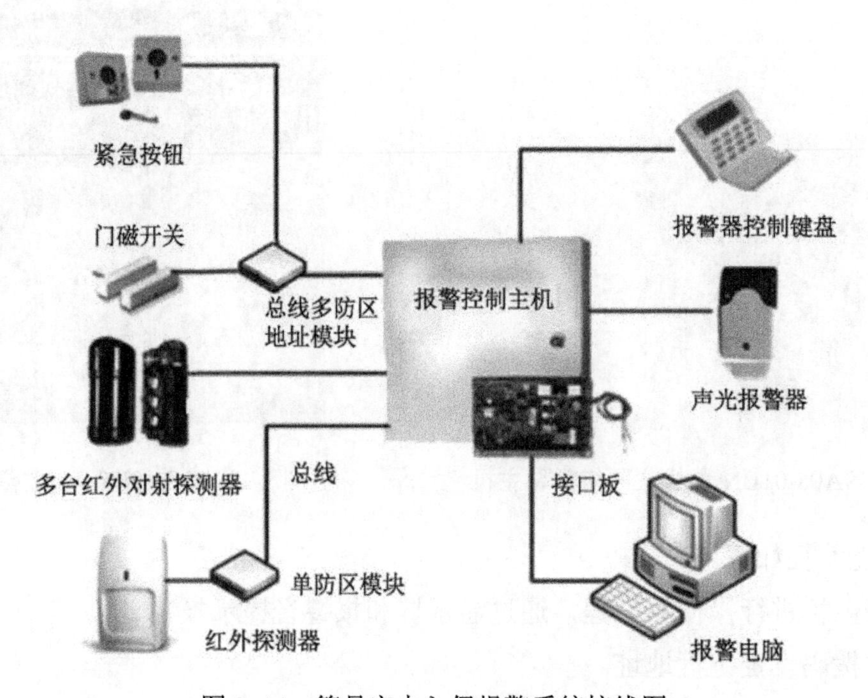

图 3-14　简易室内入侵报警系统接线图

4．实施步骤

（1）总线网络报警主机 DS-19A08-01BN 的安装接线

报警主机的安装。报警主机是入侵报警系统的报警控制器，负责接收前端探测器的电信号，判断分析警情，并控制报警执行装置（如声光报警器）。报警主机一般由主机箱、主机及控制键盘组成，主机箱常安装在较为隐秘、不影响室内美观的地方，而控制主机则安装在大厅或业主容易接触操作的地方。主机箱一般直接安装在墙壁上，主机牢固地安装在主机箱中。

① 主机接口板描述。网络报警主机的接口板的接线如图 3-15 所示。

② 相关设备接线。总线式网络报警主机对应接口模块的功能共有 11 种，如表 3-3 所示。下面根据本项目的需要对部分接口的相关设备接线进行连接。

a. 探测器接线：从图 3-15 所示的网络报警主机接线图中可以观察到，用于接入网络报警主机的探测器输入接口如图 3-16 所示，对应的探测器的接线方式如图 3-17 所示。根据项目的需求，将计划直接安装在网络报警主机的基本防区上的红外对射探测器等探测设备接到网络报警主机对应的某些防区上。

b. 触发器输出接线：从图 3-15 所示的网络报警主机接线图中可以观察到，用于连接触发器的输出接口如图 3-18 所示，对应的触发器输出的接线方式如图 3-19 所示。

c. 电源接线：直流电源和蓄电池的供电方式接线图如图 3-20 所示。

d. 防拆开关接线：为了防止报警主机被非法拆卸，可根据实际需要对报警主机进行防拆设置，防拆开关接线图如图 3-21 所示。

表 3-3　网络报警主机对应接口模块的功能说明

序　号	名　称	功 能 说 明
①	电话接口	接电话线：TIP、RING。接话机：TIP1、RING1
②	电源接口	电源端子：DC_IN、G、BATTERY+/–，分别接电源正负极和蓄电池正负极
③	警号接口	警号（可控）/辅电输出。警号：+12V（1750mA）、G。辅电：+12V（1A）、G
④	RJ-45 接口	接入以太网
⑤	键盘接口	键盘输出口，半双工 485：D+、D–、+12V、G，用于外部通信
⑥	报警输入接口	8 路报警输入，G 为公共端，Z1、Z2、Z3、Z4、Z5、Z6、Z7、Z8 为防区输入
⑦	总线扩展模块接口	接入总线扩展模块
⑧	触发器输出接口	4 路触发器输出（继电器：30V DC，1A）
⑨	SIM 卡接口	SIM 卡座，插 SIM 卡
⑩	信息输出接口	信息输出口，RS-232：TX、RX、G
⑪	GPRS 天线接口	接 GPRS 天线

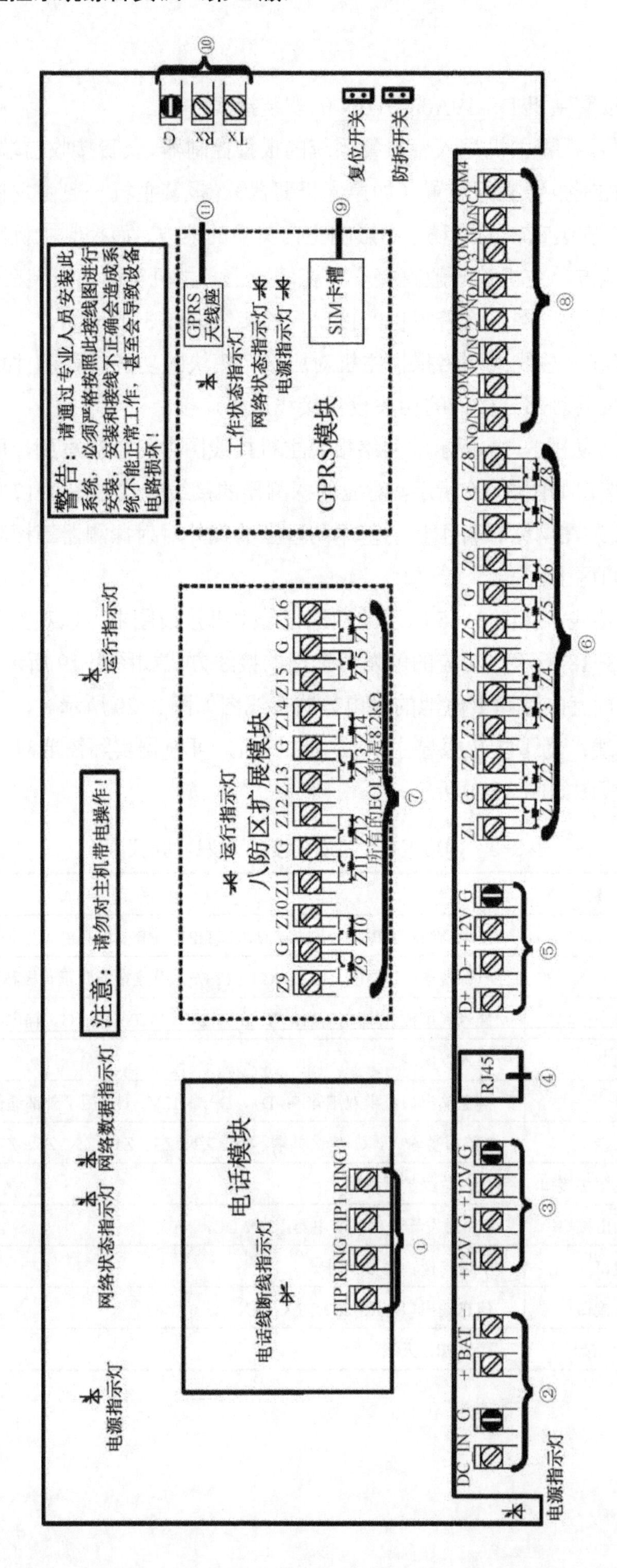

图 3-15　网络报警主机的接口板的接线图

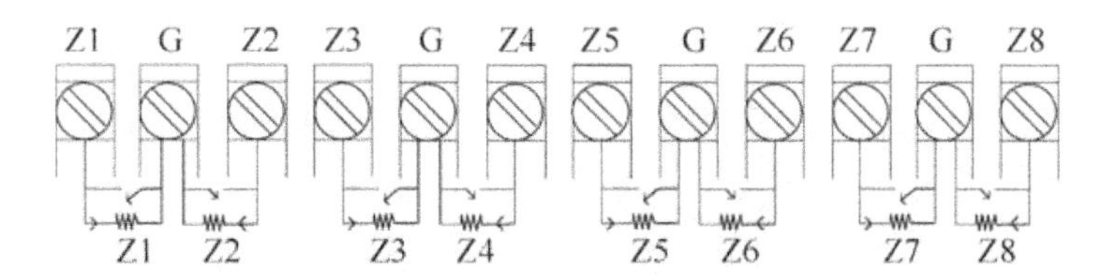

图 3-16　探测器输入接口

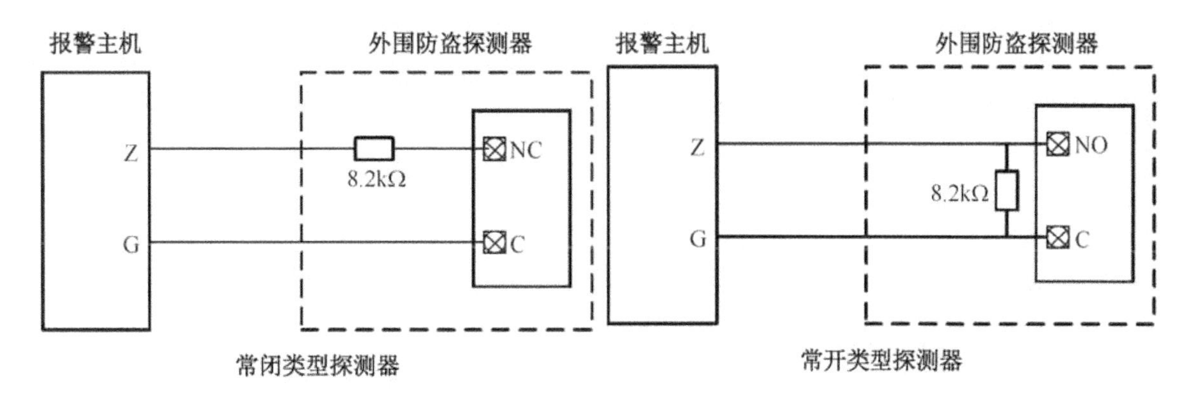

图 3-17　探测器的接线方式

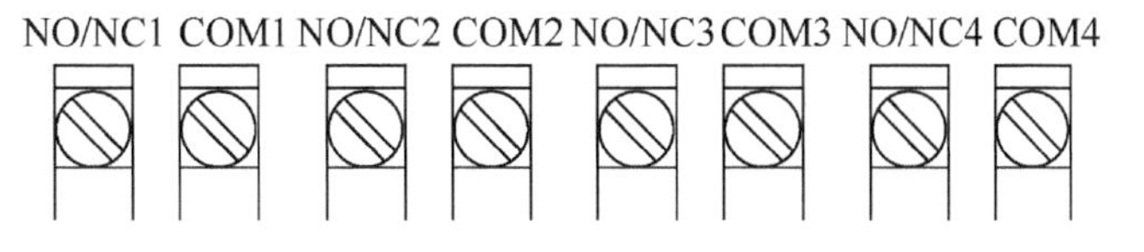

图 3-18　连接触发器的输出接口

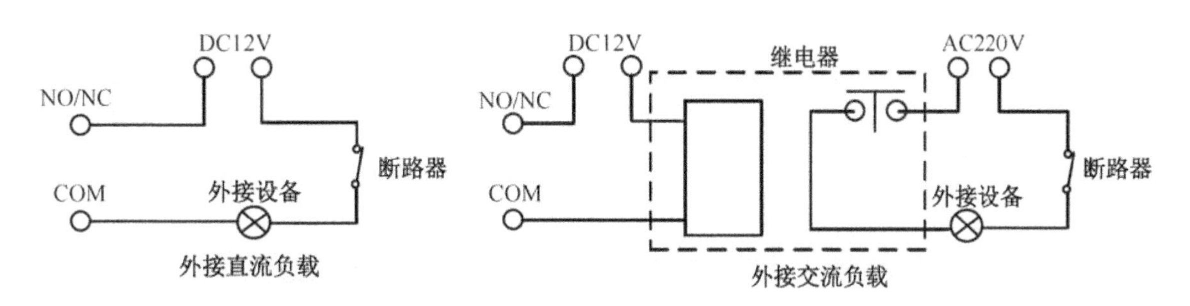

图 3-19　触发器输出的接线方式

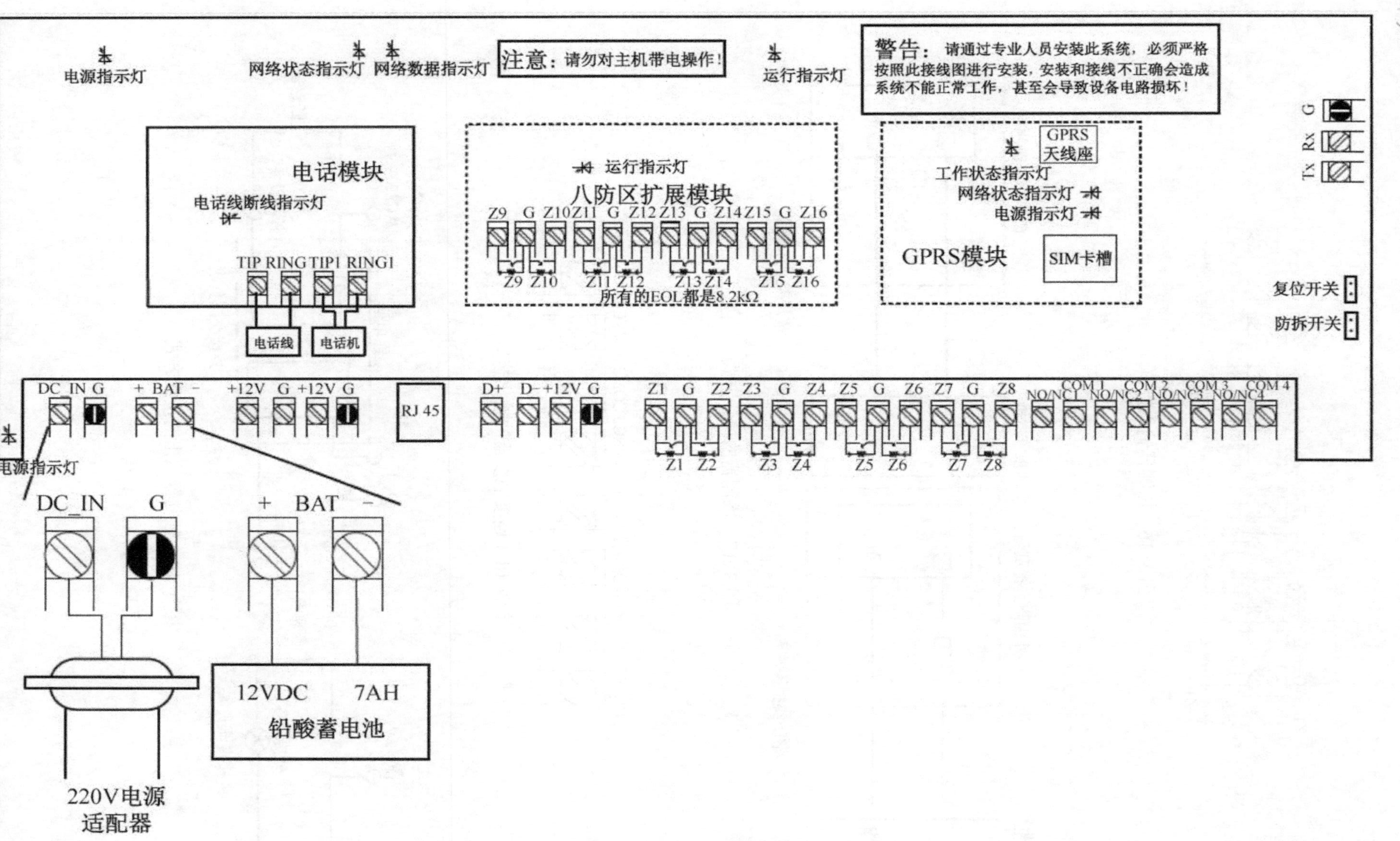

图 3-20　直流电源和蓄电池的供电方式接线图

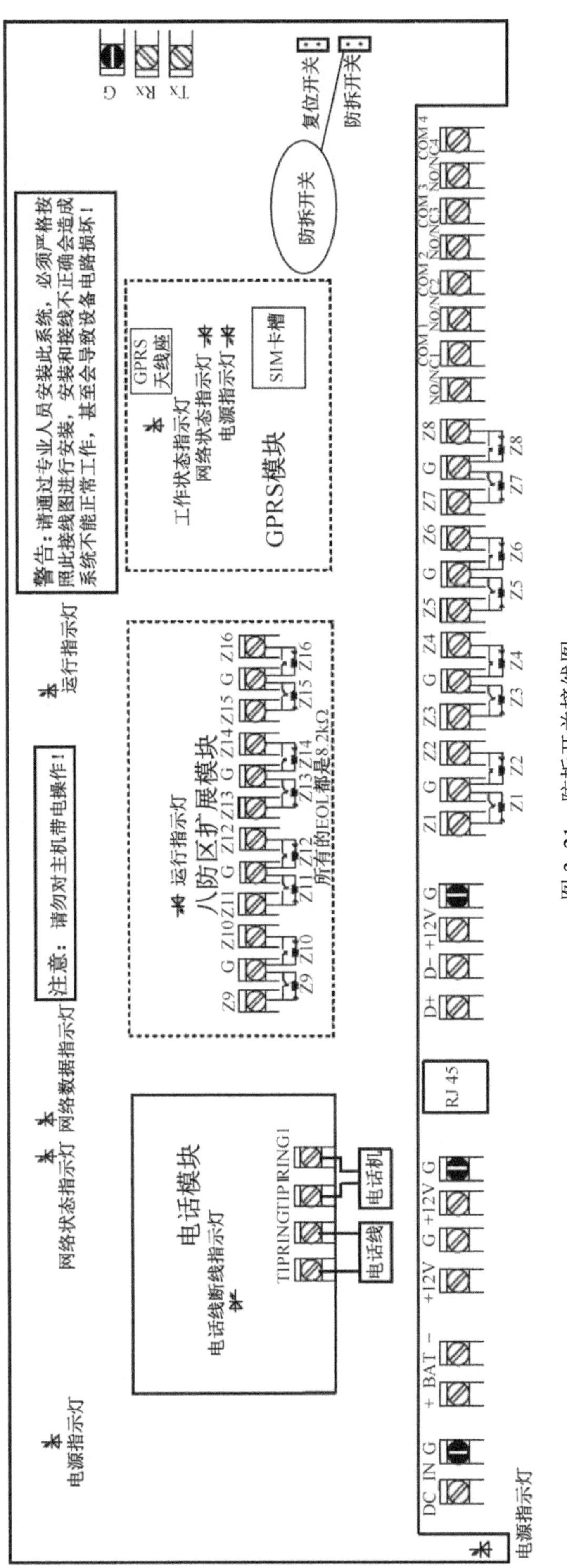

图 3-21　防拆开关接线图

e. 键盘接线：报警主机需要通过控制键盘进行设置与管理，将键盘接线图按图 3-22 所示的接线方式接入报警主机的键盘接线模块处。

f. 警号线接线：将声光报警器等警号设备按图 3-23 所示的接线方式接入报警主机的警号线接线模块处。

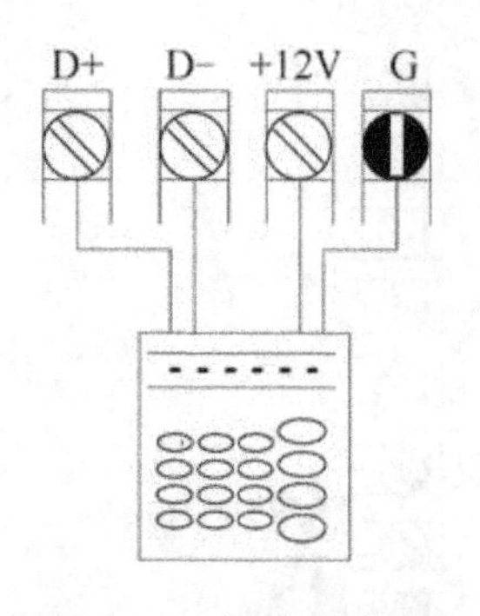

图 3-22　键盘接线图

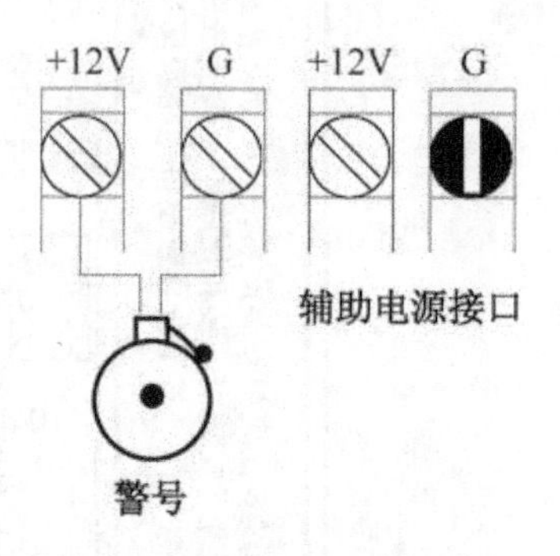

图 3-23　警号线接线图

g. 电话接线：当非法入侵报警行为发生后，需要让报警主机自动拨打指定的报警电话。可将相应的外接电话线或电话机按图 3-24 所示的接线方式接入报警主机的电话模块处，相关的接线位置不能互换。

h. GPRS 接线：GPRS 包括两部分，即天线安装和 SIM 卡安装，GPRS 接线图如图 3-25 所示，根据项目的实际需要连接好 GPRS 的天线并插入相关的 SIM 卡。

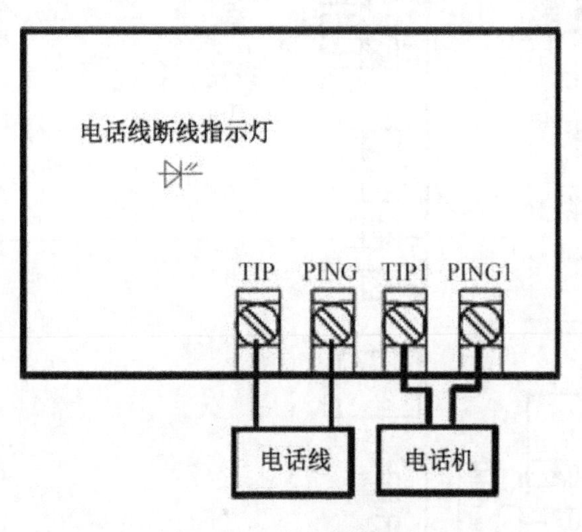

图 3-24　电话接线图

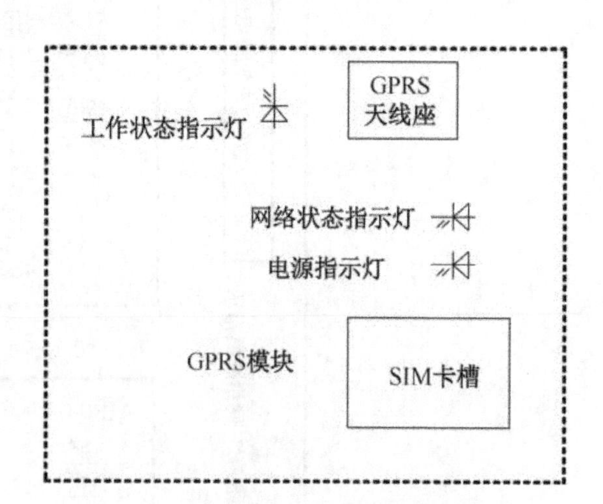

图 3-25　GPRS 接线图

i. 辅电接线：当需要报警主机提供辅助电源时，可通过辅电接线模块连接电源，辅电接线图如图 3-26 所示。

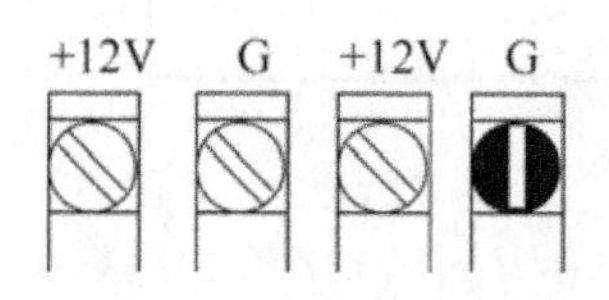

图 3-26　辅电接线图

j. 总线扩展接线：对于小区来说，入侵防区区域和探测设备的数量超出报警主机默认的 6 个防区后，就需要利用总线扩展模块来连接更多的防区和触发器。根据小区各探测器的需求，将相关探测器连接到单防区、多防区总线扩展模块后再通过总线接入总线扩展模块处，连接总线扩展接线如图 3-27 所示。

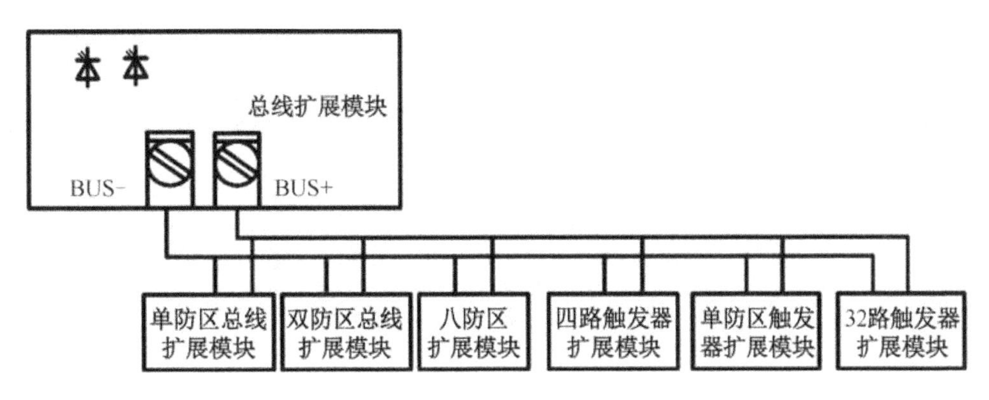

图 3-27　总线扩展接线图

（2）报警键盘 DS-19K00-BL 的安装

LCD 报警键盘连接到报警主机上，可以对报警主机进行操作和编程，通过显示屏和报警音提示报警，其外观如图 3-28 所示。将报警控制键盘的接口与报警主机对应的接口进行连接，报警键盘接口如图 3-29 所示。

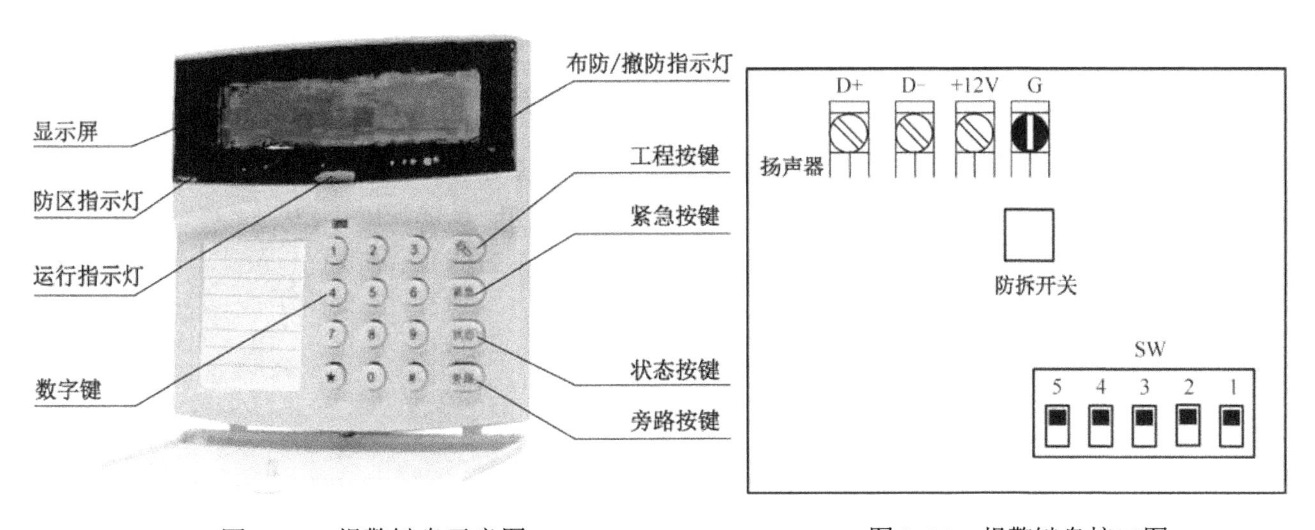

图 3-28　报警键盘示意图　　图 3-29　报警键盘接口图

键盘连接到报警主机之前，主机应断电并通过键盘上的拨码开关给键盘设置地址，每个报警键盘都必须有一个地址，且这些地址不能重复。拨码时，黑色在 ON 的一端表示 1，即▣；黑色在另一端表示零，即□，键盘地址接线图如图 3-30 所示。

（3）总线单防区扩展模块 DS-19M01-ZS 的安装

总线单防区扩展模块可以连接常开（NO）或常闭（NC）触点的受监测输入防区，使用 8.2kΩ 终端电阻监测触点，按图 3-31 所示对各线缆进行连接，连接多个单防区扩展模块时要注意拨码。

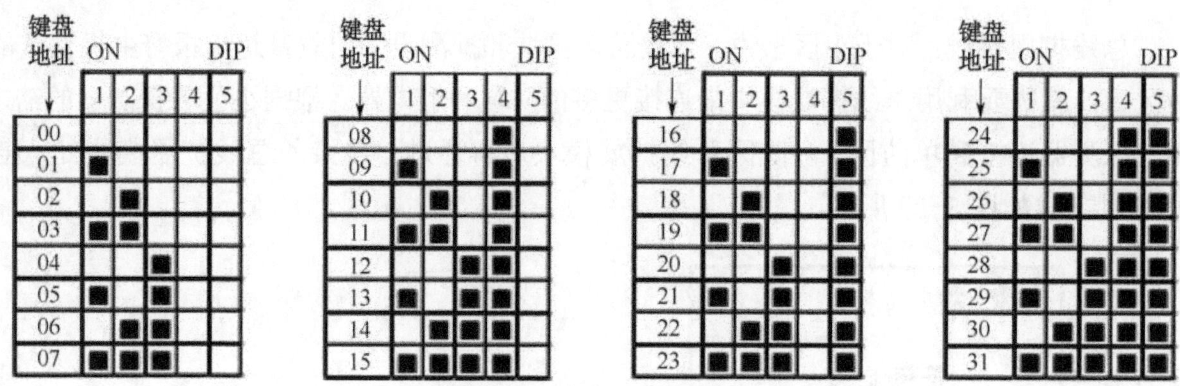

图 3-30　键盘地址接线图

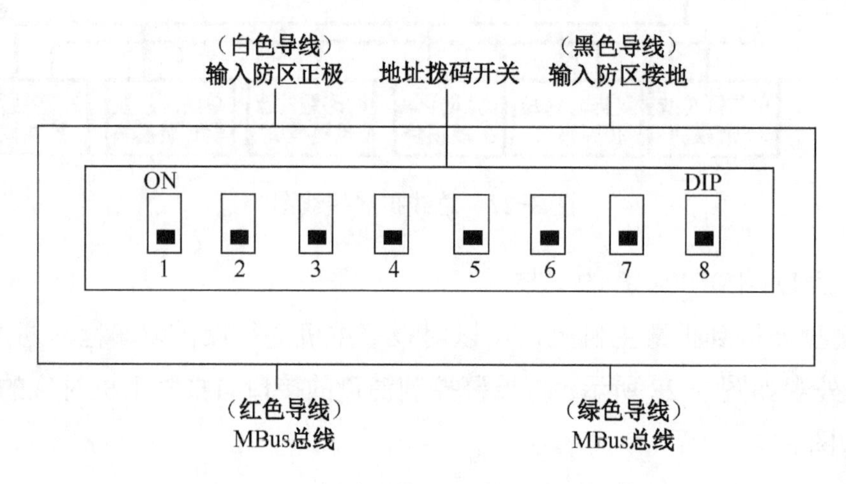

图 3-31　总线单防区扩展模块接口图

（4）总线双防区扩展模块 DS-19M01-ZS 的安装

双防区总线扩展模块可以连接常开或常闭受监测点的输入防区，使用 8.2kΩ 终端电阻检测触点，双防区扩展模块可以与兼容的多路复用模块配合使用，并且占用系统上的两个扩展防区，其接线如图 3-32 所示。

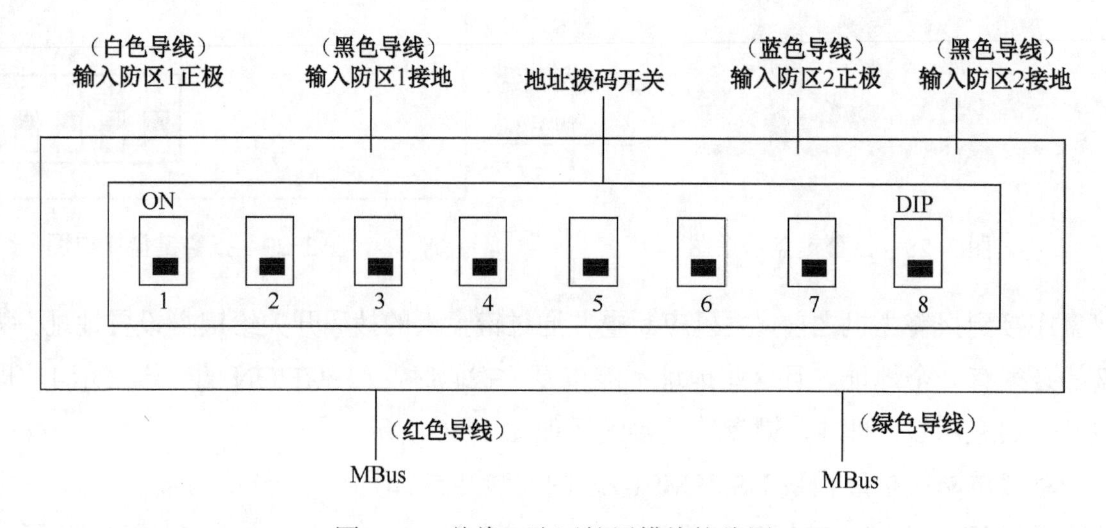

图 3-32　总线双防区扩展模块接线图

（5）入侵探测设备的安装

① 门磁开关探测器的安装。门磁开关探测器的结构较为简单，通常由干簧管（或舌簧管）和永久磁铁（或线圈）构成。门磁开关探测器的安装同样较为简单，如图 3-33 所示，通常将永久磁铁安装在可移动的门或窗上，而将干簧管安装在固定的门框或窗框上，并将探测器的两根导线连接到报警主机或相关电路上。注意，安装时两者相向安装，通常当两者的距离为 10～45mm 时（门、窗关闭时），干簧管处于闭合（或断开）状态；当门、窗被推开时，磁铁和干簧管移开一定距离后，即可引起干簧管开关状态的变化（断开或闭合）。利用这一变化控制相关电路，即可发出报警信号。

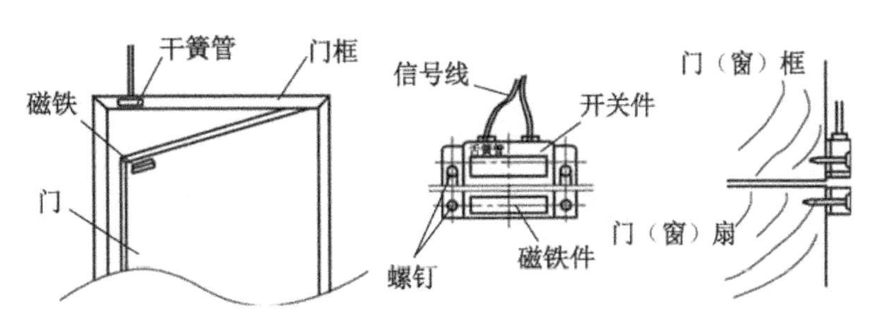

图 3-33　门磁开关探测器的安装

② 主动式红外探测器的安装。主动式红外探测器由红外发射器（主机）与红外接收器（从机）两部分组成，其中主机和从机的结构是相同的，只是本体中的一些电路不同。如图 3-34 所示，主动式红外探测器由固定圈、探测器底板、本体和外罩构成。

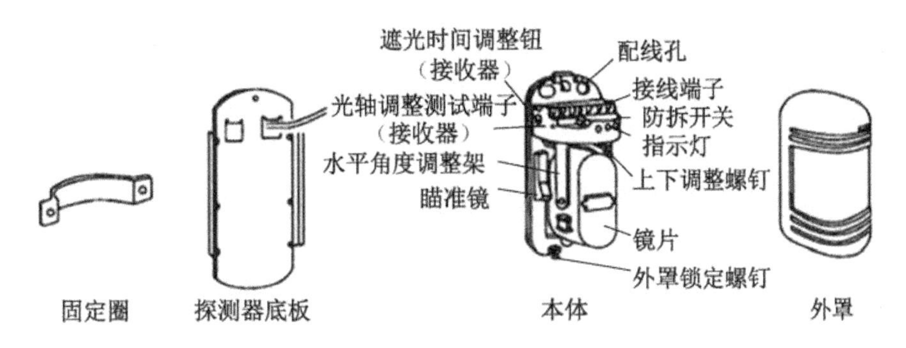

图 3-34　主动式红外探测器的结构

主动式红外探测器安装时要注意它的安装位置、方法，以及主、从机之间的距离，这些都会直接影响报警质量，如图 3-35 所示。

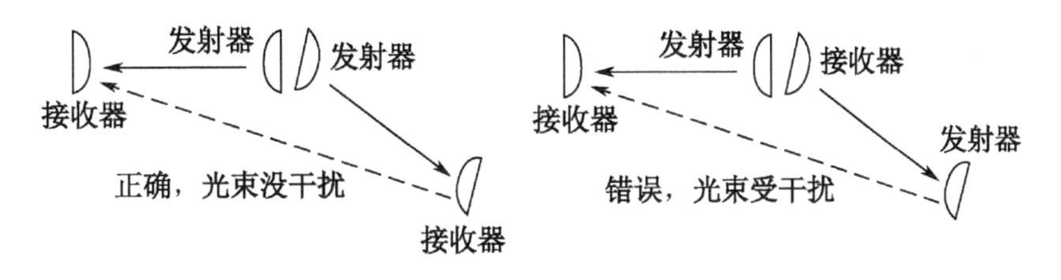

图 3-35　主动式红外探测器的安装位置

③ 紧急按钮与声光报警器的安装。紧急按钮一般安装在隐秘却又容易触及的地方，注意防止复位钥匙丢失（可将其绑挂在探测器边上）。而声光报警器一般安装在显眼且容易引起人们注意的地方，可将其直接安装在墙上。紧急按钮与声光报警器的安装如图 3-36 和图 3-37 所示。

图 3-36　紧急按钮

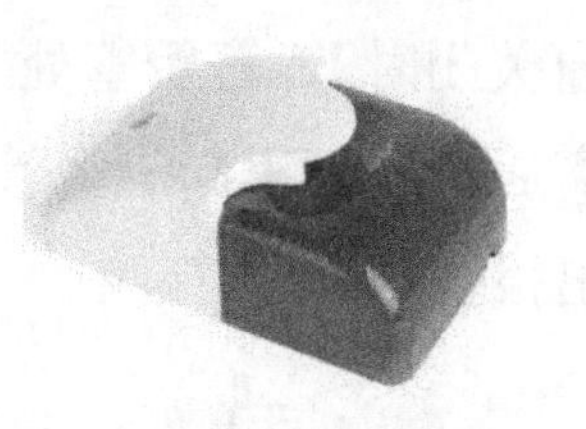

图 3-37　声光报警器

（6）系统调试与应用

① 系统启动。总线式网络报警主机上电后自动进行报警键盘注册，系统启动后进入正常工作状态。

② 报警键盘启动。报警键盘上电后 32s 内如果没有收到主机注册信息，则连续发音提示键盘注册失败。系统启动中，显示“HIKVISION”LOGO，系统启动完成后，若报警键盘注册成功，则 LCD 屏退出 LOGO 界面，切换到系统状态显示界面。

③ 键盘编址。系统配用的每一个报警键盘都必须有一个地址，且这些地址不能重复。当更换报警键盘的时候，须确保更换的报警键盘与前一个报警键盘地址相同。在系统上电前，通过键盘的拨码开关给键盘设置地址，在键盘上设置 0～31 的任一地址值，所选地址值超出规定范围将不被接受。

④ 普通（外出）布防/撤防。

操作方法：[用户密码] + [#]。以用户密码 1234 为例，操作如下：

[1] + [2] + [3] + [4] + [#]

操作完成后如果子系统当前处于布防状态，则会变为撤防状态；如果为撤防状态，则会变为普通布防状态。

⑤ 即时布防。

操作方法：[用户密码] + [*] + [7] + [#]。以用户密码 1234 为例，操作如下：

[1] + [2] + [3] + [4] + [*] + [7] + [#]

操作完成后如果子系统当前为撤防状态，则立即会变为布防状态，子系统退出延时为零。

⑥ 键盘消警。当报警被触发后，可以通过键盘操作来消除报警，其支持在布防/撤防状态消警。

布防/撤防状态消警操作方法：[用户密码] + [*] + [1] + [#]。

⑦ 紧急报警。按报警键盘上的 [紧急] 键上电 3s 以上，听到两声正确应答音和“操作成功”屏显提示，则触发紧急报警。

⑧ 系统状态查询。LCD 键盘进入故障显示界面，当主机检测的系统故障中有故障发生并且键盘已开启该项系统故障显示时，分别显示为交流电断电、蓄电池欠压、主机防拆开、电话线断线、主键盘掉线、网络故障、无线异常、总线异常。

⑨ 报警键盘编程。具体操作参考报警主机的使用说明书。

【任务评价】

评价内容		完成情况评价		
分配的工作		自评	组评	师评
完成效果	能完成小区单元入侵报警设备的安装，说出主要设备名称、功能及用途			
	能完成小区单元入侵报警系统的布线与配置，无短路故障			
	能实现小区单元入侵报警系统的监控、联网、报警提示等功能			
合作意识	能积极配合小组开展活动，服从安排			
	能积极地与组内、组间成员交互讨论，能清晰地表达想法，尊重他人的意见			
	能和大家互相学习和帮助，共同进步			
沟通能力	有强烈的好奇心和探索欲望			
	在小组遇到问题时，能提出合理的解决方法			
	能发挥个人特长，施展才能			
专业能力	能运用多种渠道搜集信息			
	能查阅图纸及说明书			
	遇到问题不退缩，并能想办法解决			
总体体会	我的收获是：			
	我体会最深的是：			
	我还需努力的是：			

3.3 搭建小区入侵报警系统

【任务描述】

根据“项目背景”的描述，对整个小区进行入侵报警系统的搭建，通过各种不同类型的探测器构成点、线、面、空间警戒区，在小区内形成一个多层次、全方位的交叉防范系统，防范不法分子入侵，保证小区的安全。按要求完成设备的安装与连接，然后进行设备的配置使之实现入侵报警功能。

【任务目标】

1．能够理解小区入侵报警系统结构及工作原理。

2．能够熟悉小区入侵报警系统中主要设备名称、功能及用途。

3．能够熟练进行小区入侵报警系统的安装、布线与配置。

【任务实现】

1．设备、工具、材料的准备

（1）设备：总线网络报警主机、报警键盘、单防区扩展模块、双防区扩展模块、八防区扩展模块、报警按钮、声光警号、各种探测器、网络交换机等。

（2）工具：涨塞、螺钉旋具、剥线钳、电钻、锤子等。

（3）材料：各种不同规格的导线、各种不同的支架、双绞线、螺钉等。

2．认识设备

（1）总线式网络报警主机、报警键盘、各总线单（多）防区扩展模块等设备参见任务 2。

（2）八防区扩展模块。

产品型号：DS-19M08-ZS。DS-19M08-ZS 八防区扩展模块如图 3-38 所示。

图 3-38　DS-19M08-ZS 八防区扩展模块

其主要功能特点如下。

（1）可以连接常开或常闭触点的受监测输入防区，使用 8.2kΩ 终端电阻监测触点。

（2）可与兼容的多路复用扩展模块配合使用，并且占用系统上的 8 个扩展防区。

（3）模块可设定地址为 1～253，每台主机最多支持 31 个八防区扩展模块。

（4）MBus 不区分极性。

3．系统结构图

小区入侵报警系统结构图如图 3-39 所示。

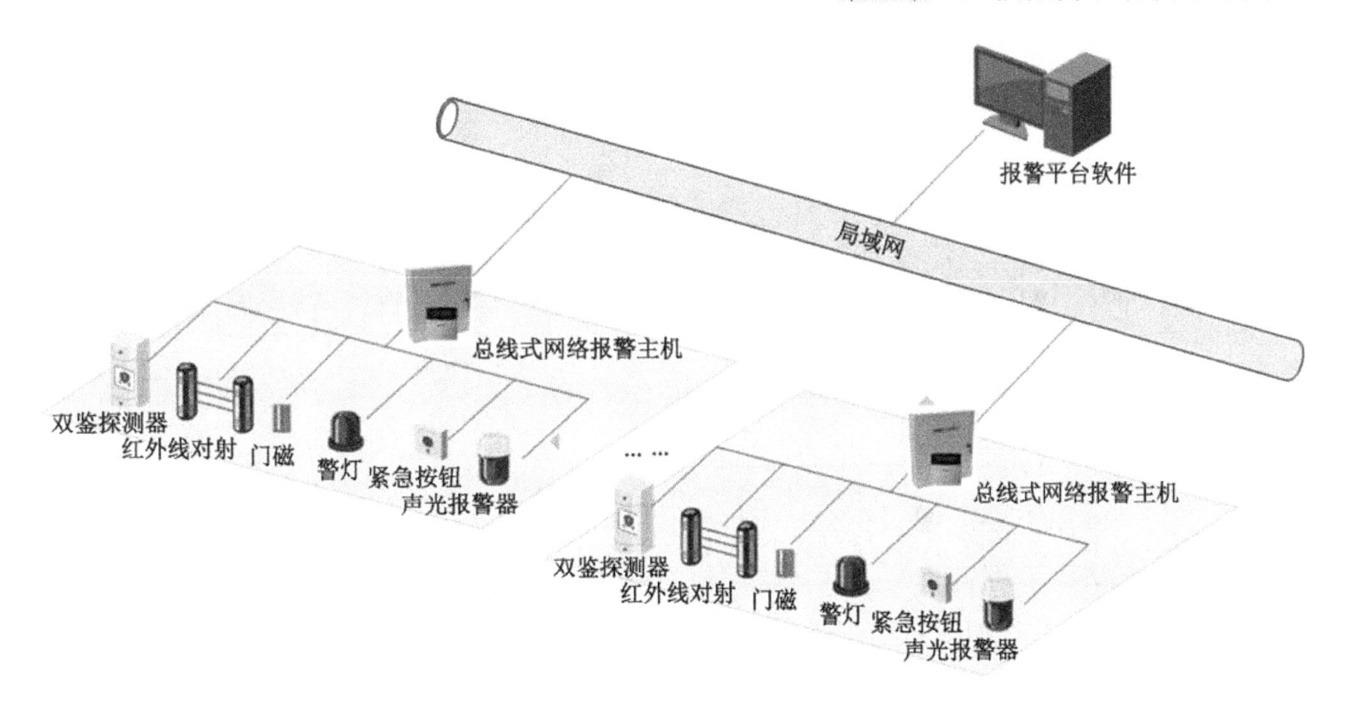

图 3-39　小区入侵报警系统结构图

4．实施步骤

（1）总线式网络报警主机的安装

根据项目的需求选择总线式网络报警主机的数量，并将其安装到相应的位置，具体的安装方法可参照任务 2 中的相关操作。将报警主机通过双绞线跳线接入网络的交换机中，实现报警主机的联网连接。

（2）报警控制键盘的安装

将报警控制键盘连接到总线式网络报警主机的键盘接口处，注意报警控制键盘的地址拨码设置，具体的安装方法可参照任务 2 中的相关操作。

（3）总线单防区扩展模块的安装

将总线单防区扩展模块线缆分别连接到总线网络报警主机的总线扩展模块上，注意单防区的地址拨码设置，具体的安装方法可参照任务 2 中的相关操作。

（4）总线双防区扩展模块的安装

将总线双防区扩展模块线缆分别连接到总线网络报警主机的总线扩展模块上，注意双防区的地址拨码设置，具体的安装方法可参照任务 2 中的相关操作。

（5）总线八防区扩展模块的安装

将总线八防区扩展模块线缆分别连接到总线网络报警主机的总线扩展模块上，注意八防区的地址拨码设置，具体的安装方法可参照单防区或双防区的操作。DS-19M08-ZS 八防区扩展模块的物理接口如图 3-40 所示。

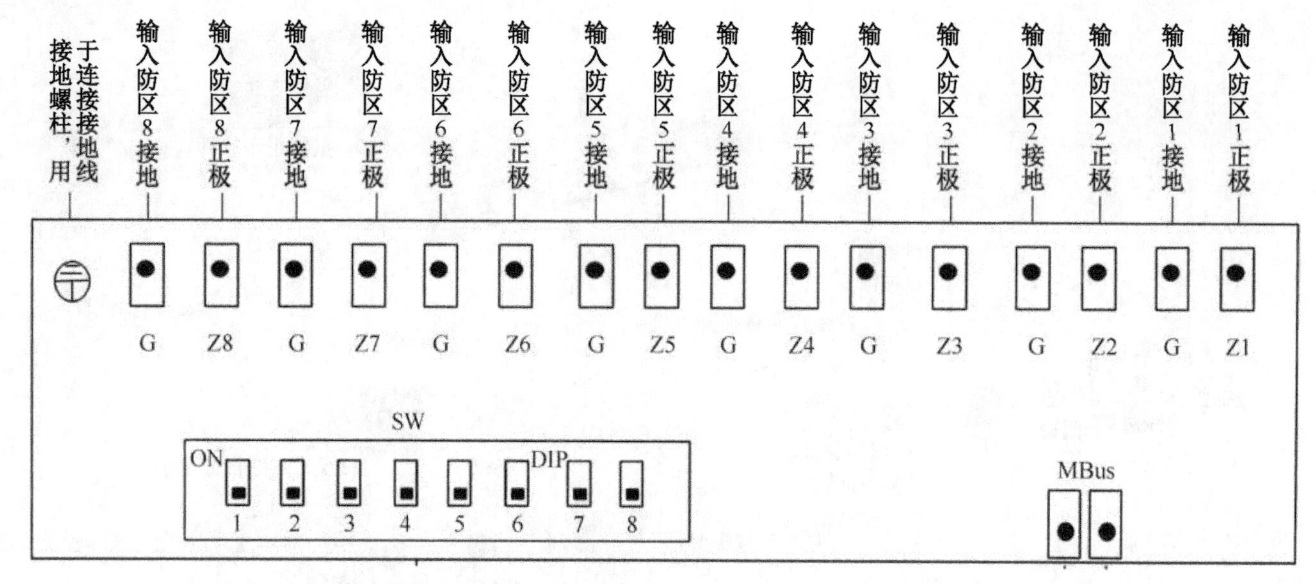

图 3-40　DS-19M08-ZS 八防区扩展模块的物理接口图

（6）入侵探测设备的安装

将各种入侵探测设备根据实际需要连接到总线式网络报警主机的基本防区，或者单防区扩展模块、双防区扩展模块和八防区扩展模块的相应接口上，安装时要注意 8.2kΩ 终端电阻的串（并）联接法。

（7）系统调试

① 已安装设备的规格、型号与项目任务的要求相符。

② 各类入侵报警探测器报警功能的检测：在设防状态下，当探测到有入侵情况发生时，应能发出警报信息，报警控制器上能显示报警信息，声光报警器发出警报，并一直保持到手动复位。

③ 各探测器的防区功能的检测：各探测器的防区功能是否按照设计要求进行设置，在系统布防的状态下，检测各探测器探测防区是否按照要求实现各种报警功能。

④ 系统各设备的防拆及故障报警功能检测：检查各探测器外壳或报警控制器被非法拆下时，或者当系统发生故障时，系统能否发出声光报警信号，并将保持到手动复位。

⑤ 报警后的功能恢复检测：在设防状态下，各种探测器的探测与报警功能正常；当报警发生后，系统能够保持到手动复位，且复位后，系统能够如报警前一样正常工作，并能够查询各报警信息；而撤防状态下，各探测器正常工作，但并不能触发报警。

（8）管理平台的应用

① 登录客户端：运行客户端，首次登录时，系统提示注册超级用户，如图 3-41 所示，输入超级用户和密码，登录客户端。

② 总线式网络报警主机管理界面：成功登录客户端后，进入如图 3-42 所示控制面板。

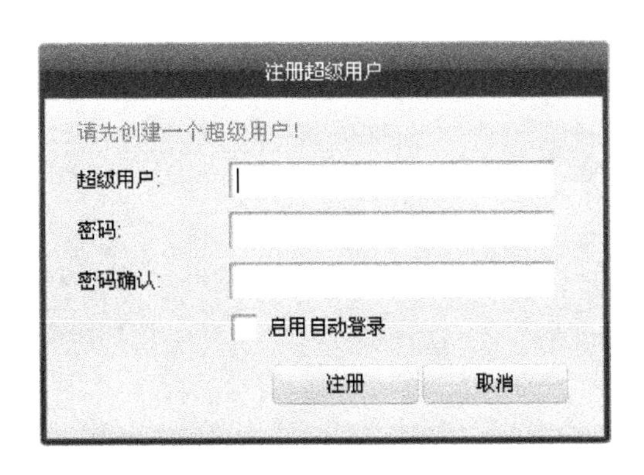

图 3-41　注册超级用户

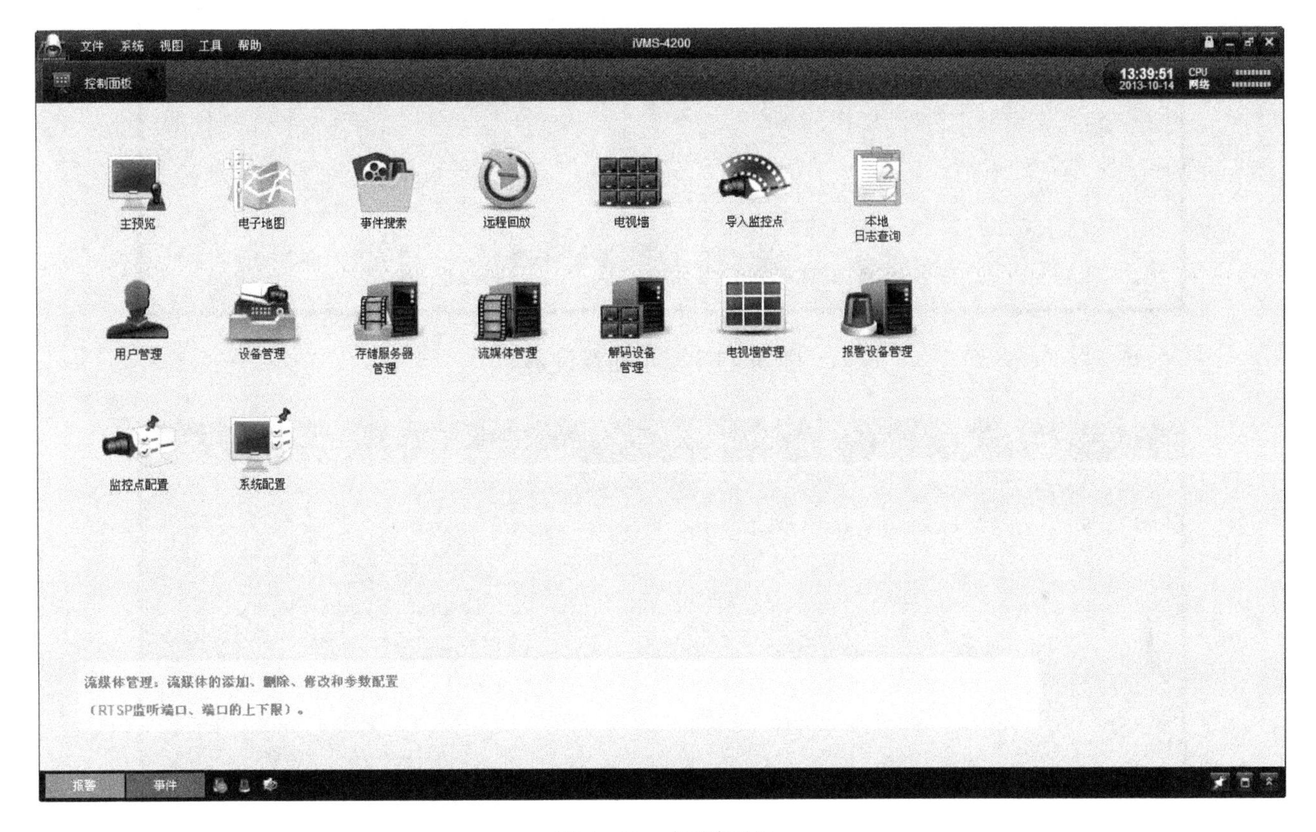

图 3-42　控制面板

③ 网络查找设备：单击“报警设备管理”图标，选择“工具”→“报警设备管理”选项，进入报警设备管理界面，在当前界面中单击“显示在线设备”按钮，查找在线的总线式网络报警主机，显示在线设备如图 3-43 所示。

在左边选择总线式网络报警主机，其相应信息会显示在右边的对应窗口中，单击“修改”按钮可以实现对总线式网络报警主机的 IP 地址、子网掩码信息的修改。

④ 添加设备。

方法一：选择“报警设备管理”→“显示在线设备”选项，选中需要添加的设备，单击右下角的“选择设备”按钮，显示在线设备如图 3-44 所示。此方法只适用于与客户端在同一网段的总线式网络报警主机。

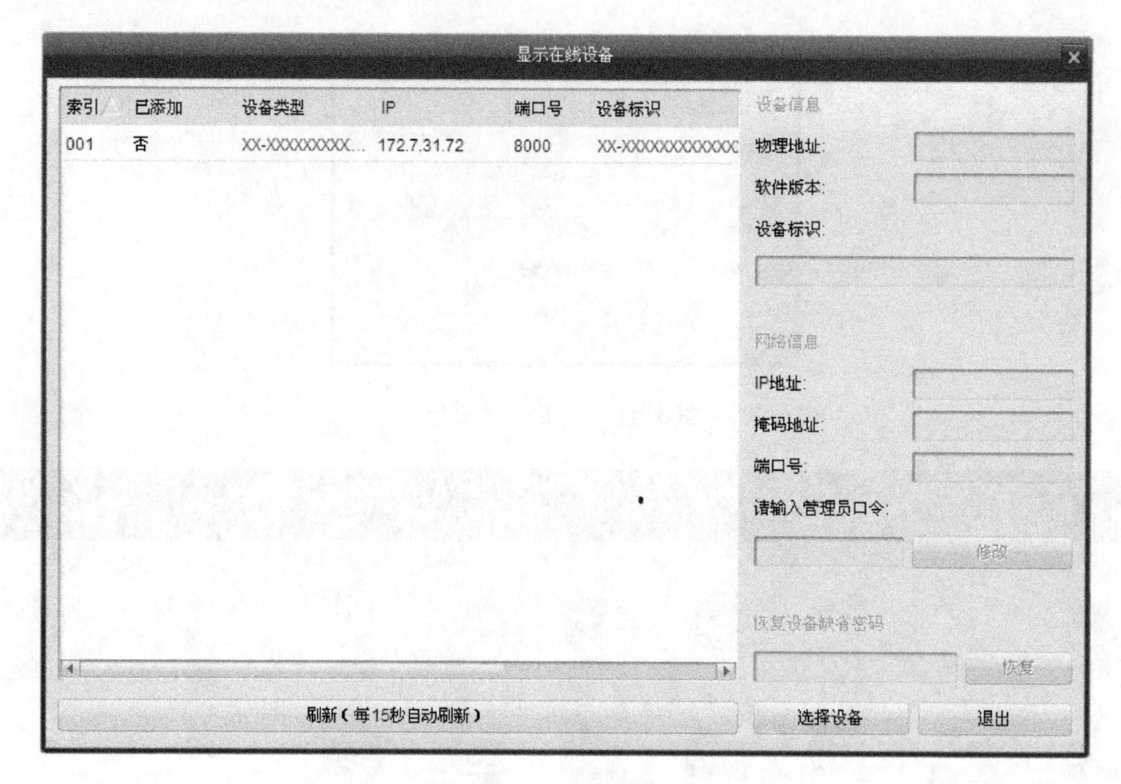

图 3-43　显示在线设备

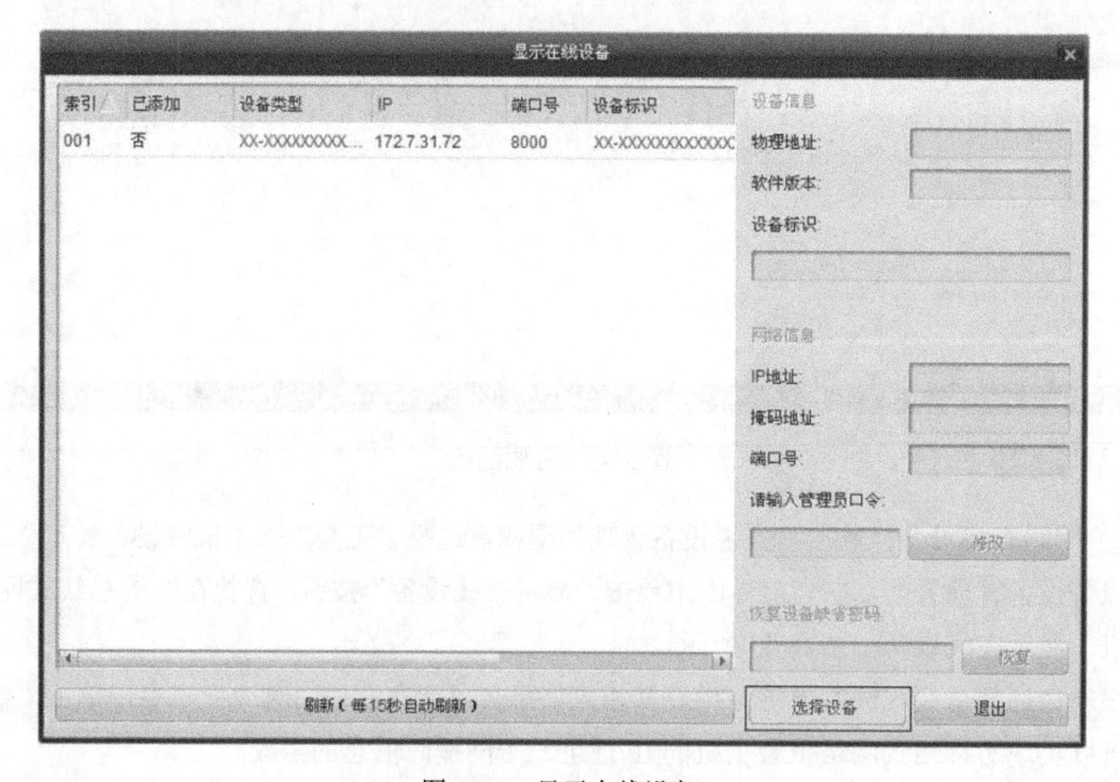

图 3-44　显示在线设备

方法二：选择“报警设备管理”→“添加”选项，在弹出的对话框中输入设备的别名、地址、端口号（默认为“8000”）、用户名（默认为“admin”）和密码（默认为“12345”）等信息，单击“添加”按钮，添加报警设备如图 3-45 所示。

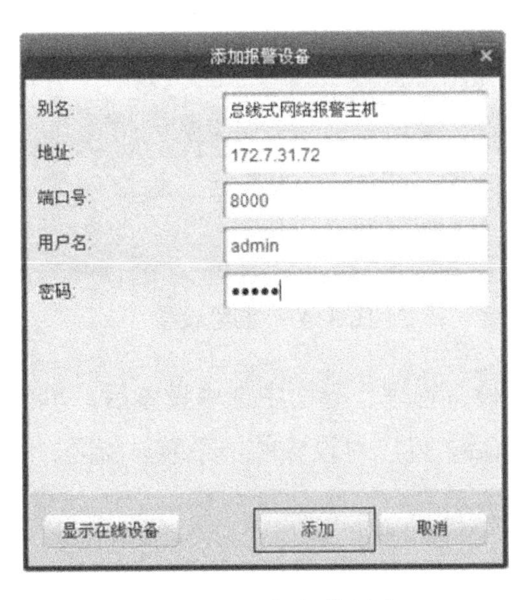

图 3-45 添加报警设备

⑤ 修改设备信息：选择总线式网络报警主机，单击“修改”按钮可以实现对总线式网络报警主机的 IP 地址、子网掩码信息的修改，连接设置如图 3-46 所示。

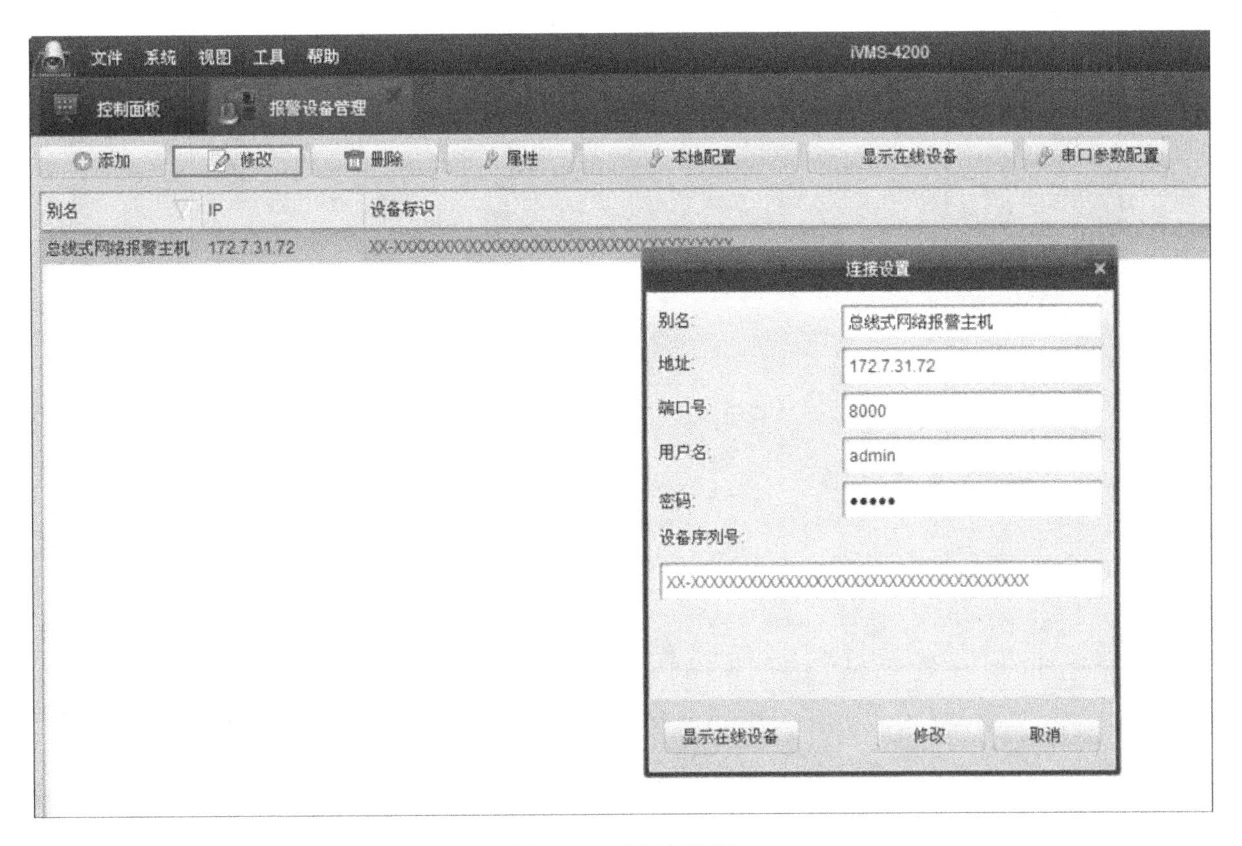

图 3-46 连接设置

⑥ 删除设备：在“报警设备管理”界面中选中设备后，单击“删除”按钮，即可删除设备，如图 3-47 所示。

图 3-47　删除设备

⑦ 设备操作：在“报警设备管理”界面中选中设备后，单击“属性”按钮，再单击“操作”按钮，进入远程操作界面后，可以对设备的子系统、防区、触发器、警号和故障提示音进行操作，远程操作如图 3-48 所示。

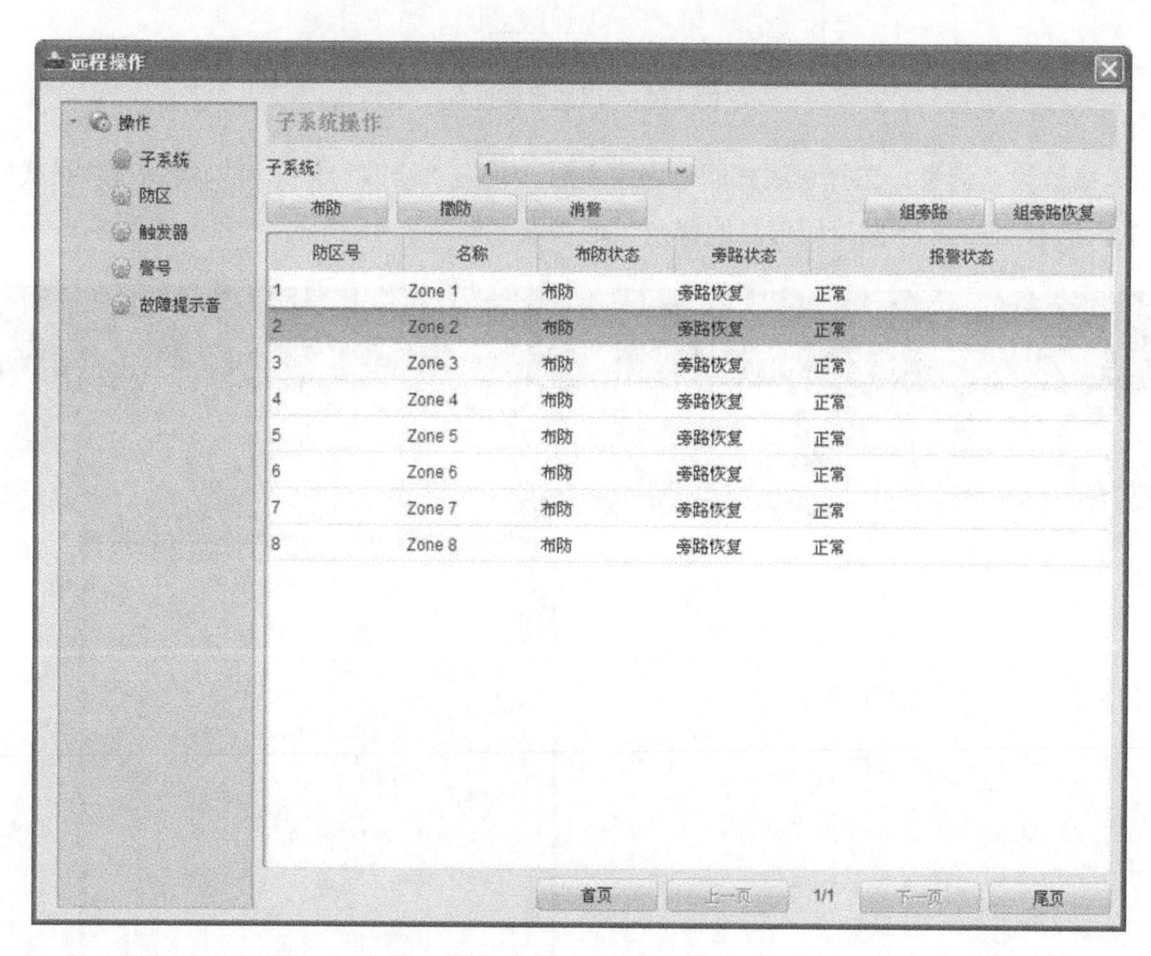

图 3-48　远程操作

⑧ 设备状态：客户端支持对总线式网络报警主机的防区、触发器、警号和蓄电池的状态查询。在“报警设备管理”界面中选中需要进行状态查询的设备，单击“属性”按钮，再单击“状态”按钮，设备状态如图 3-49 所示，即可进行状态查询。

⑨ 设备参数配置：在“报警设备管理”界面中选中设备后，单击“属性”按钮，再单击“远程配置”按钮。选择“系统”→“设备信息”选项卡，可以查看设备相关参数及修改设备名称，如图 3-50 所示。

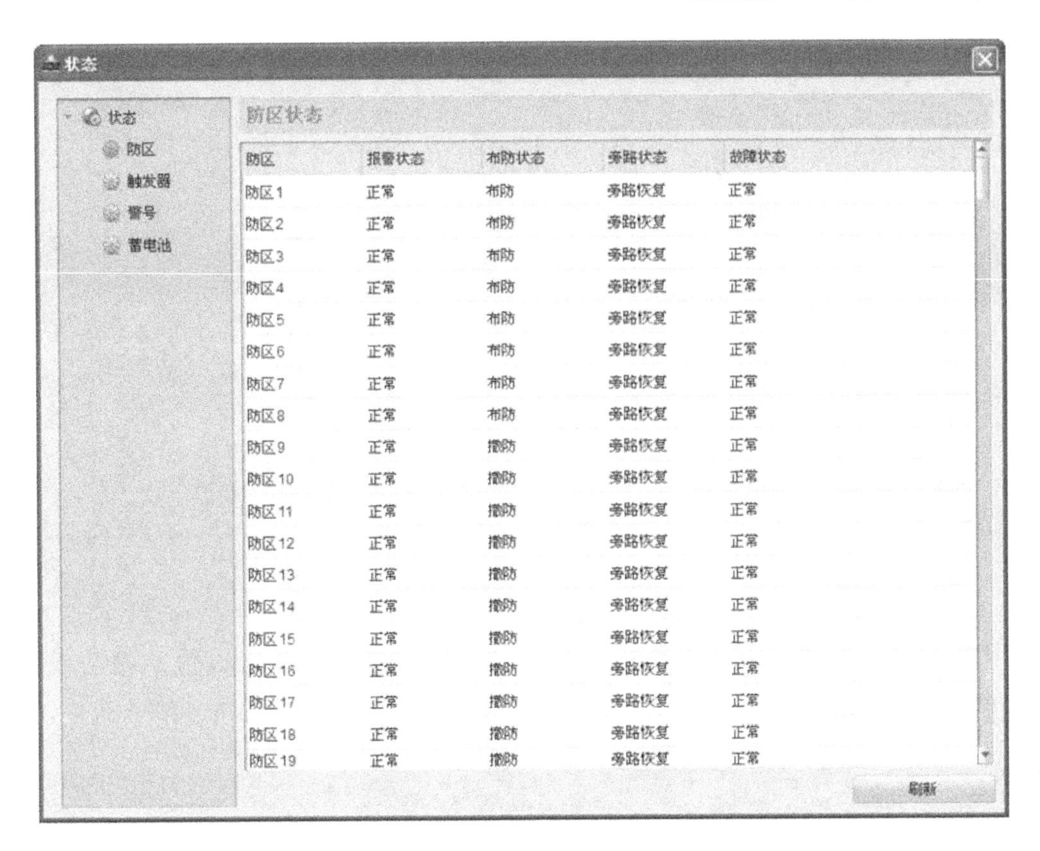

图 3-49　设备状态

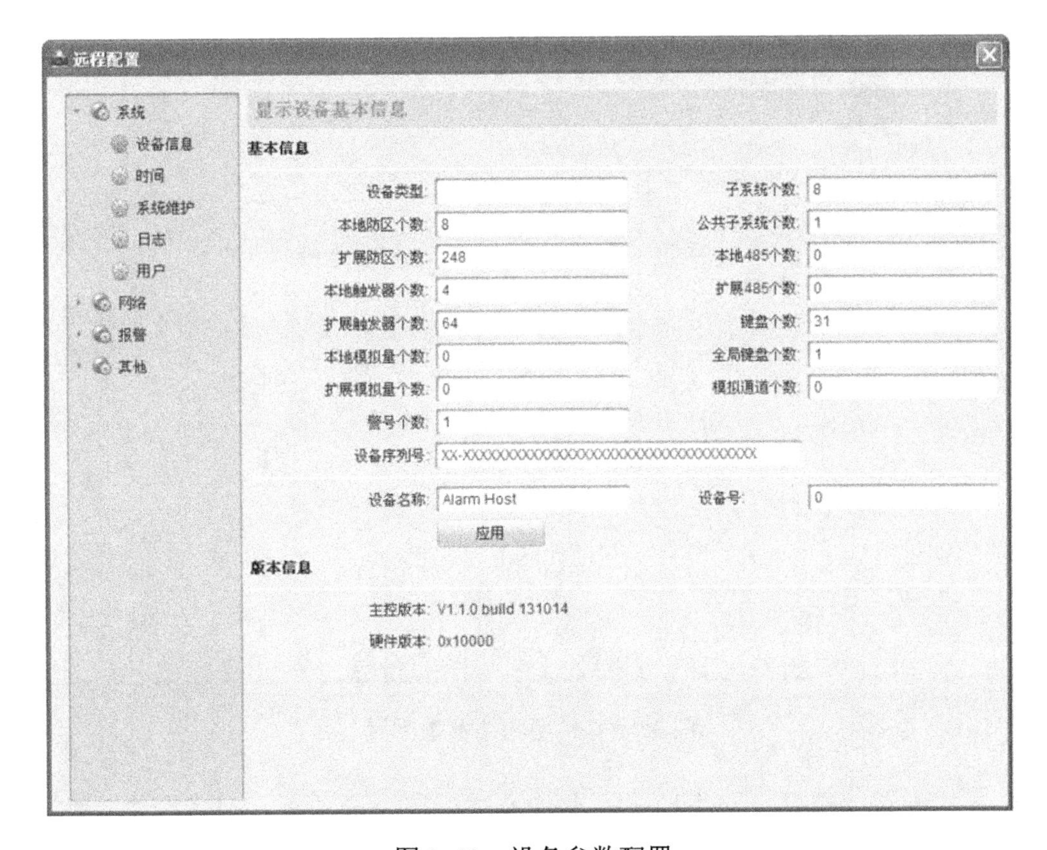

图 3-50　设备参数配置

⑩ 设备校时：总线式网络报警主机首次配置时，必须对设备进行校时。选择“系统”→“时间”选项卡，单击“校时”按钮，如图 3-51 所示。

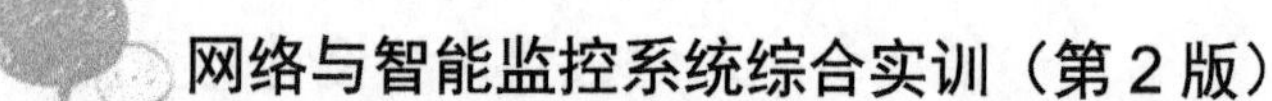

图 3-51　设备校时

⑪ 常用网络参数配置：选择“网络”→“常用”选项卡，可以设置、修改设备的网络参数信息，如图 3-52 所示。

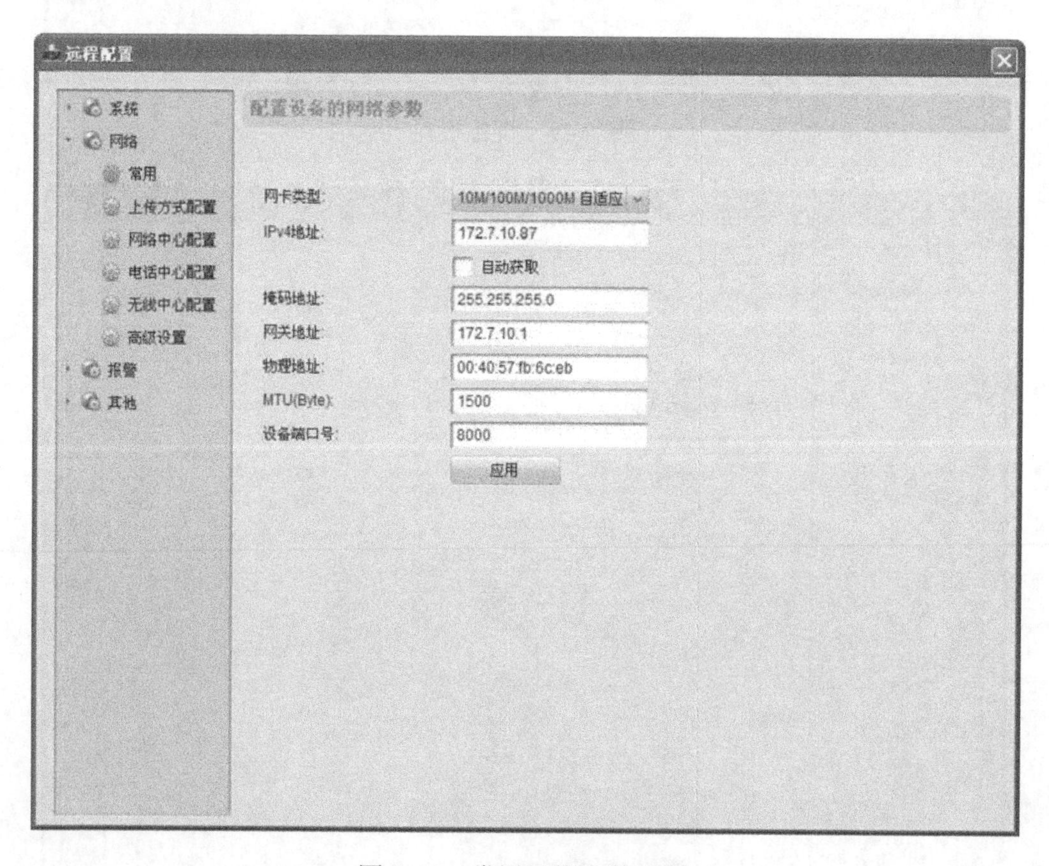

图 3-52　常用网络参数配置

⑫ 上传方式配置：选择“网络”→“上传方式配置”选项卡，对各个中心组进行上传方式的配置，如图 3-53 所示。每个上传通道在所有中心组上传方式配置中最多出现一次，且各中心组进行上传方式配置时必须按主备顺序进行。

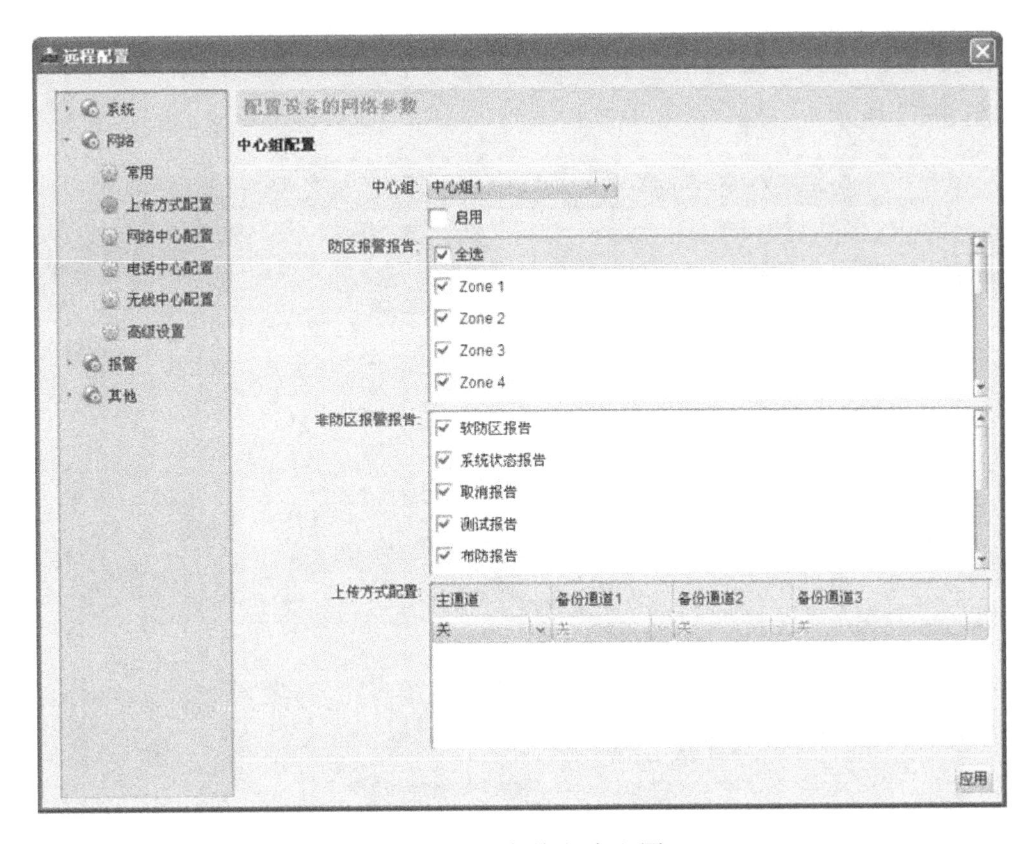

图 3-53　上传方式配置

⑬ 网络中心配置：选择“网络”→“网络中心配置”选项卡，对各个网络中心进行配置，如图 3-54 所示。

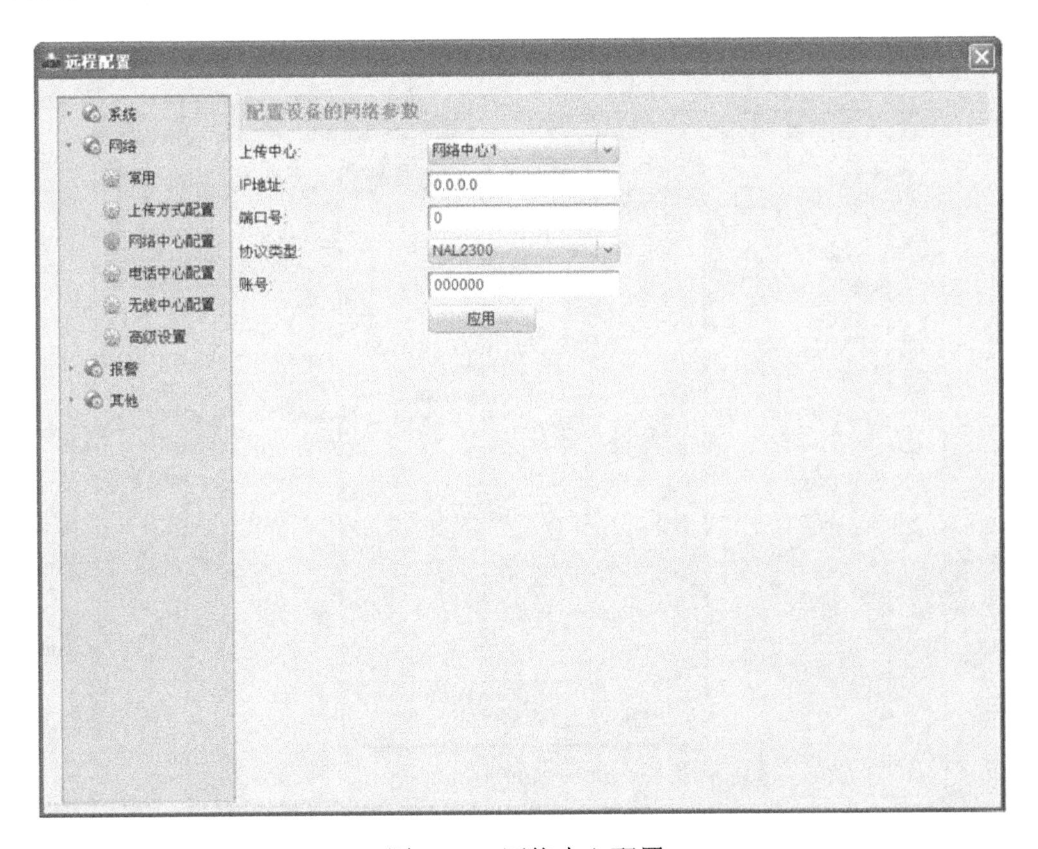

图 3-54　网络中心配置

⑭ 子系统配置：选择“报警”→“子系统”选项卡，对总线式网络报警主机的子系统进行配置，如图 3-55 所示。

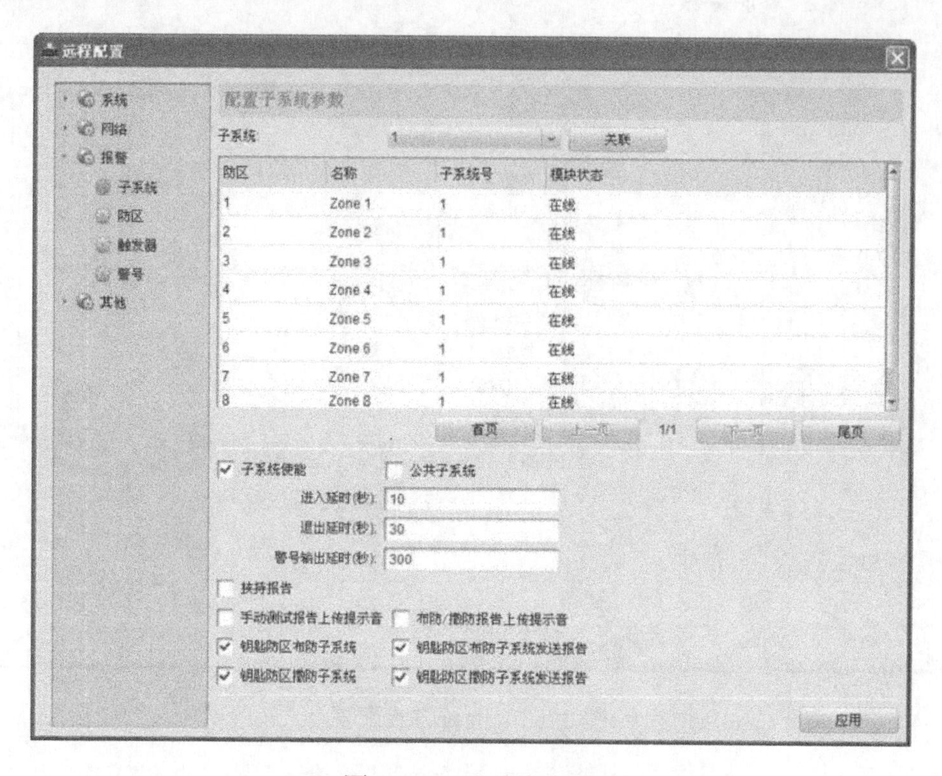

图 3-55　子系统配置

⑮ 防区配置：选择“报警”→“防区”选项卡，单击“设置”按钮，在弹出的对话框中，对总线式网络报警主机的防区进行配置，如图 3-56 所示。

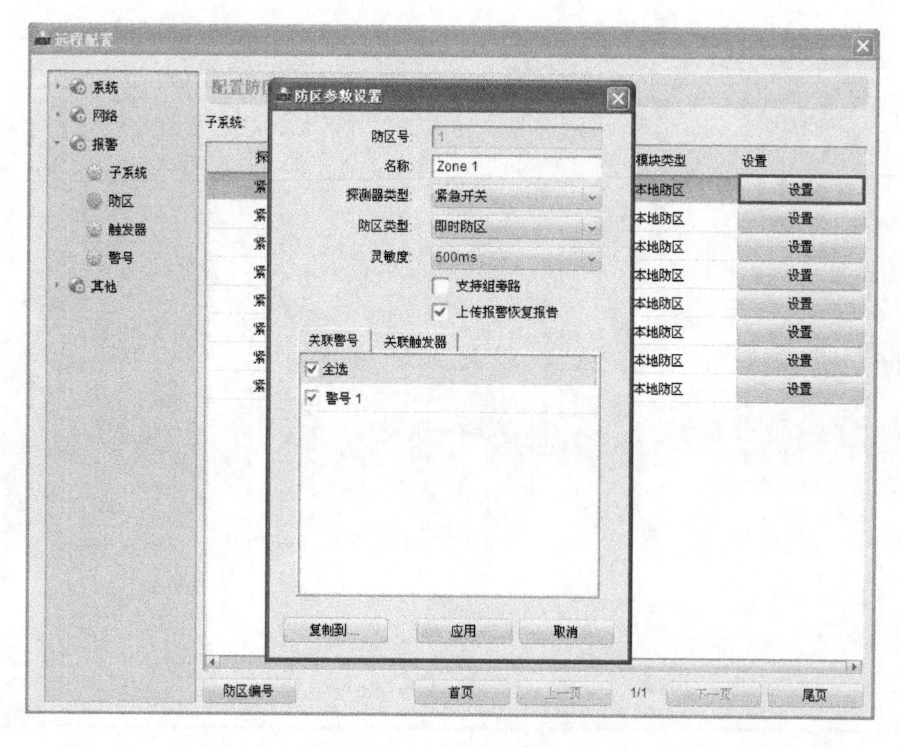

图 3-56　防区配置

⑯ 触发器配置：选择“报警”→“触发器”选项卡，单击“设置”按钮，对总线式网络报警主机的触发器进行配置，如图 3-57 所示。

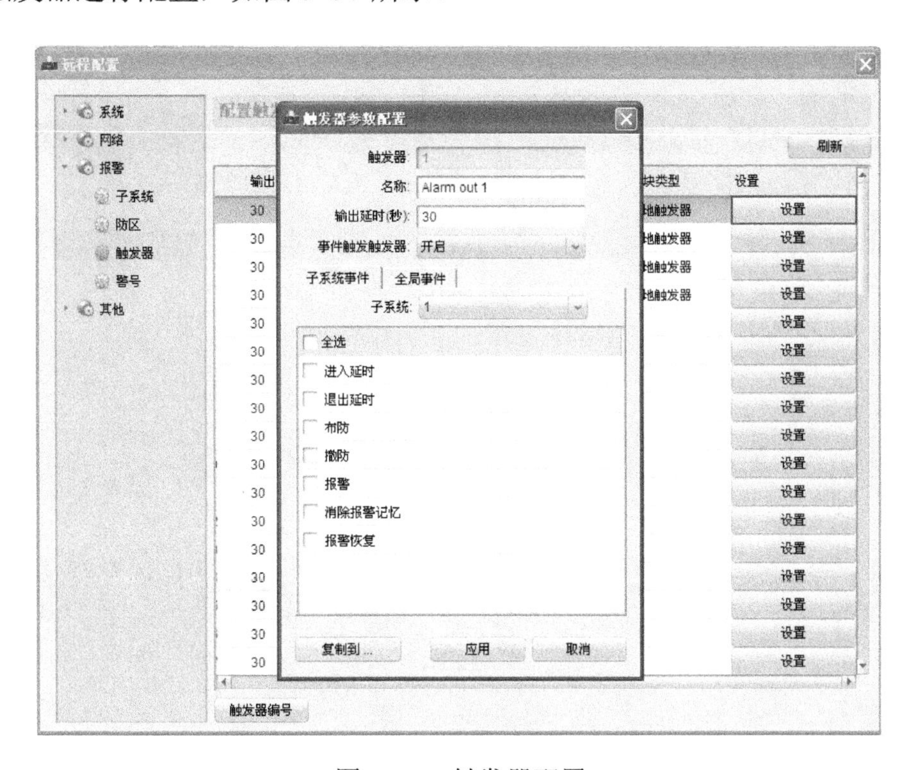

图 3-57　触发器配置

⑰ 警号配置：选择“报警”→“警号”选项卡，对总线式网络报警主机的警号进行配置，如图 3-58 所示。

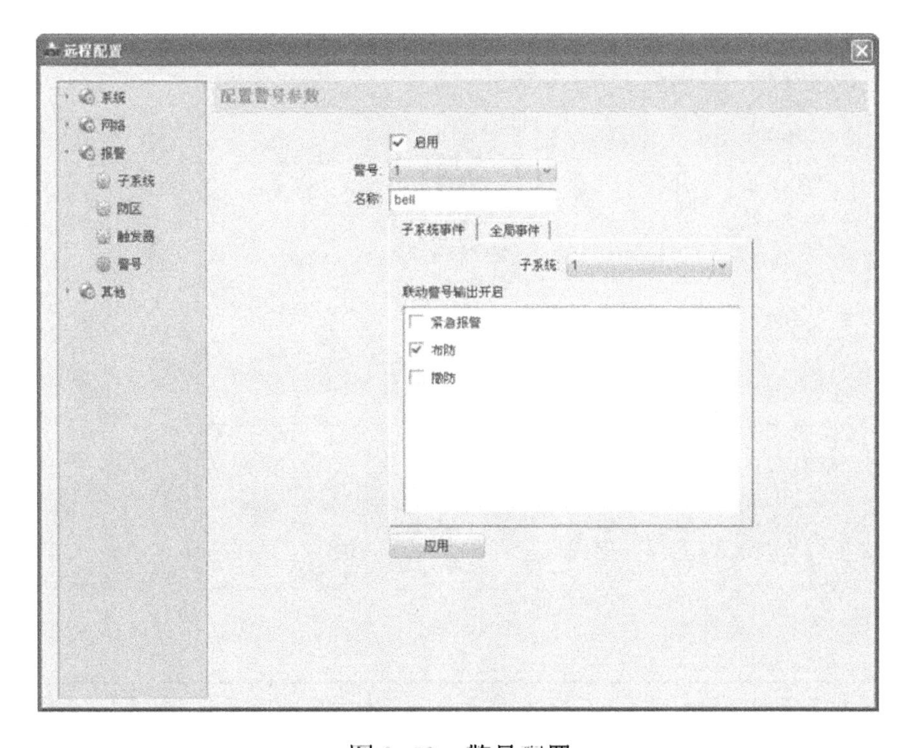

图 3-58　警号配置

⑱ 用户信息：选择“系统”→“用户”选项卡，可以添加、修改、删除网络用户和键盘操作用户，如图 3-59 所示。

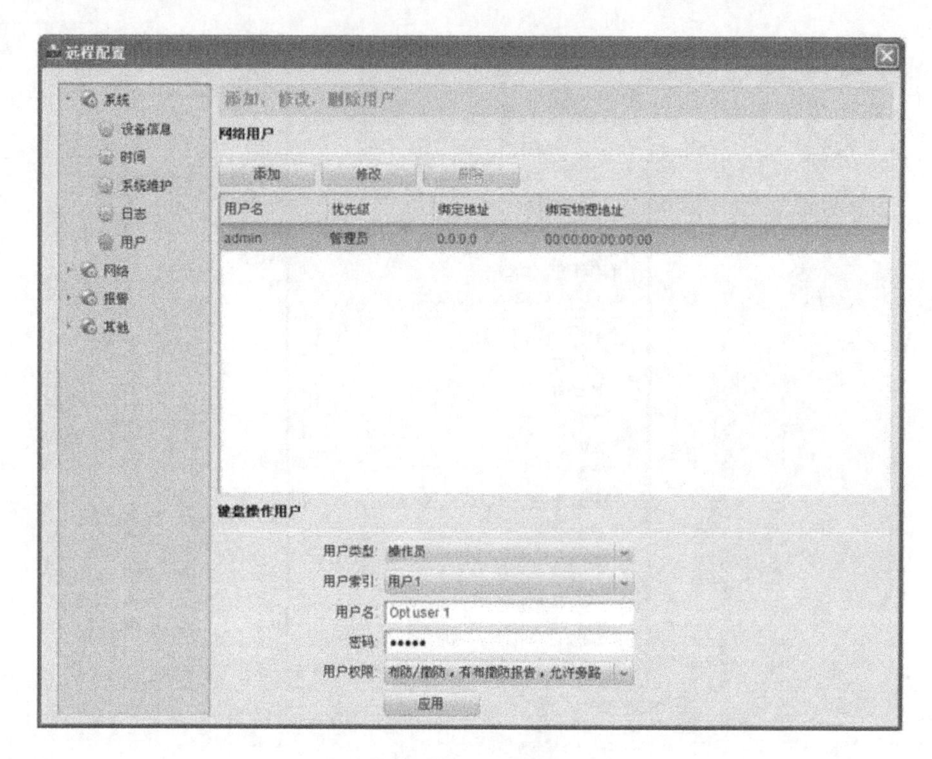

图 3-59　用户信息

⑲ 系统维护：选择“系统”→“系统维护”选项卡，可对系统进行维护，如图 3-60 所示。

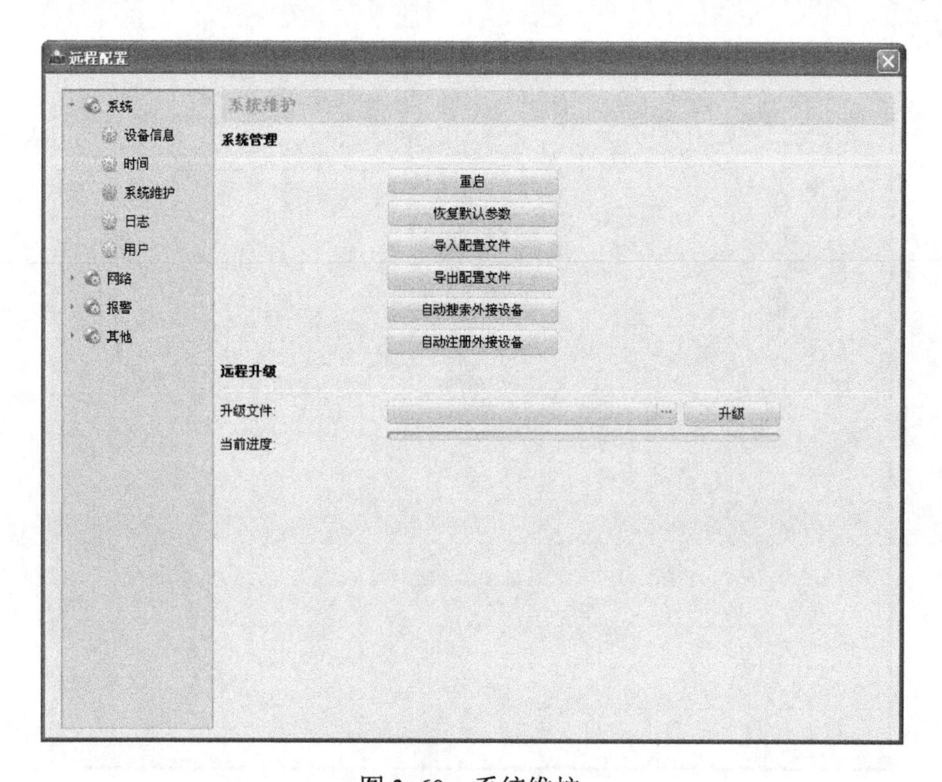

图 3-60　系统维护

【任务评价】

评价内容		完成情况评价		
分配的工作		自评	组评	师评
完成效果	能完成小区入侵报警设备的安装，说出主要设备名称、功能及用途			
	能完成小区入侵报警系统的布线与配置，无短路故障			
	能实现小区入侵报警系统的呼叫监测、联网、报警提示等功能			
合作意识	能积极配合小组开展活动，服从安排			
	能积极地与组内、组间成员交互讨论，能清晰地表达想法，尊重他人的意见			
	能和大家互相学习和帮助，共同进步			
沟通能力	有强烈的好奇心和探索欲望			
	在小组遇到问题时，能提出合理的解决方法			
	能发挥个人特长，施展才能			
专业能力	能运用多种渠道搜集信息			
	能查阅图纸及说明书			
	遇到问题不退缩，并能想办法解决			
总体体会	我的收获是：			
	我体会最深的是：			
	我还需努力的是：			

第4章 出入口控制系统设计与实施

项目背景

某智能小区有A栋、B栋和C栋3栋居民住宅楼，每栋住宅楼均为一梯两户13层的结构，底层架空作为停车场。为了居民进出方便和小区的安全，小区采用围墙封闭式管理，只有一个出入口，出入口旁边建有一个保安值班室，24小时有保安看守。

小区住户要求本小区的车辆能够自动识别进出小区，外来车辆经值班保安允许后自助取卡、还卡进出；同时，本小区住户进出小区和住宅楼时可刷卡或凭密码开门，而来访客人需在小区或住宅楼门口的对讲主机键盘上输入房间号，待确认后按开锁键进入。一旦出现非法出入将触发报警探测器产生警情，住户及小区管理处均可及时发现并做出处理。

系统结构

出入口控制系统结构如图4-1所示。

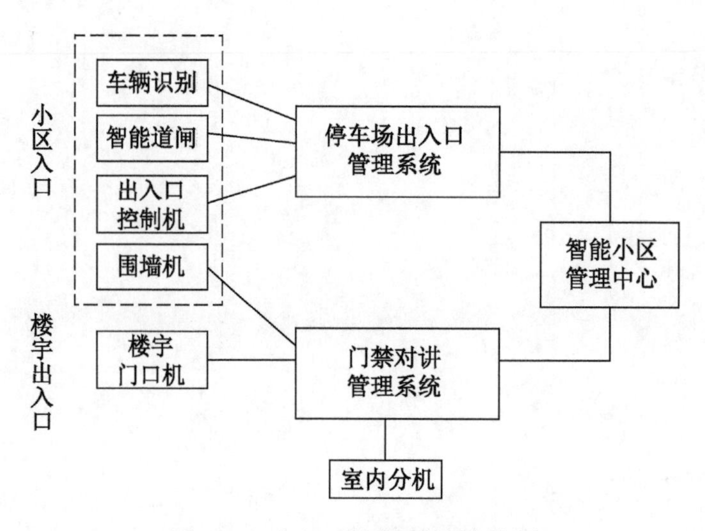

图4-1　出入口控制系统结构图

能力目标

（1）能够理解并画出出入口和门禁对讲系统的结构图。
（2）能够理解出入口和门禁对讲系统的布线及工作原理。
（3）能够掌握出入口和门禁对讲系统中各相关设备的功能及应用。
（4）能够熟练进行出入口和门禁对讲系统的安装与调试。

4.1　搭建停车场出入口管理系统

【任务描述】

根据“项目背景”的描述，小区出入口要搭建一个停车场出入口管理系统，以便对进出小区的车辆进行安全、可靠的管理，确保小区安全。

【任务目标】

1. 画出停车场出入口管理系统的系统结构图和系统布线图。
2. 了解停车场出入口管理系统中各设备的参数、性能指标和工作原理。
3. 掌握停车场出入口管理系统中各设备的安装、调试和应用方法。

【任务分析】

根据某些小区出入口的地理位置和规模大小，结合停车场管理系统在实际应用中的模式，本项目将按下面两个任务分别进行介绍，以应用于不同的场合。

任务 1：搭建单道闸停车场出入口管理系统。

任务 2：搭建双道闸停车场出入口管理系统。

4.1.1　任务：搭建单道闸停车场出入口管理系统

1. 设备、工具、材料的准备

（1）设备：出入口控制终端、出入口控制机、发卡机、自动道闸、车辆检测器等。
（2）工具：螺钉旋具、剥线钳、锤子、切路机、电钻等。
（3）材料：电线、双绞线、地感线圈线、螺钉等。

2. 认识主要设备

（1）出入口控制终端 ECT-3004

出入口控制终端 ECT-3004 如图 4-2 所示。

图 4-2　出入口控制终端 ECT-3004

出入口控制终端 ECT-3004 的主要技术参数如表 4-1 所示。

表 4-1　出入口控制终端 ECT-3004 的主要技术参数

参　数	说　明
CPU 和内存	Intel Core2 Duo i5 520MB 2.4GHz；2GB 内存
接口	2 个 10/100/1000Mb/s 网口、3 个 RS-232、4 个 USB2.0 接口
支持接入牌识设备数量	支持 8 路高清出入口视频单元
支持接入监控设备数量	支持同时进行 8 路监控
存储功能	支持对车辆出入记录的本地存储，大于或等于 80 万辆通行车辆信息
远程管理	支持远程进行权限设置或维护管理
专用功能	支持 4 路视频同时预览；支持内部车辆自动抬杆放行

（2）DS-TME3XX 出入口控制机

DS-TME3XX 出入口控制机如图 4-3 所示。

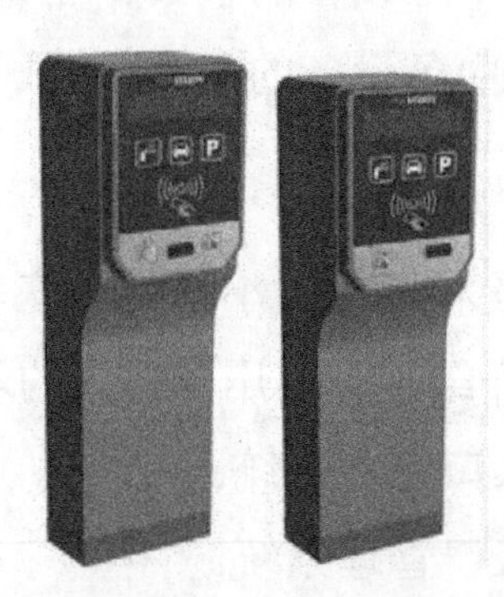

图 4-3　DS-TME3XX 出入口控制机

DS-TME3XX 出入口控制机的主要技术参数如表 4-2 所示。

表 4-2　DS-TME3XX 出入口控制机的主要技术参数

参　数	说　明
处理器	单个高性能 ARM A9 数字媒体处理器
操作系统	嵌入式 Linux 操作系统
输入输出参数	2 路标清模拟视频输入、4 路 IPC 网络视频输入、1 路拾音器输入、1 路扬声器输出、1 路报警输入、2 路报警输出
接口参数	闸机接口、地感输入接口、外接 LED 接口、韦根接口、RS-232 接口、RS-485 接口、100Mb/s 以太网接口等各 1 个，2 个 USB 2.0 接口等
储卡容量	最多可支持 350 张

3. 系统结构图

单道闸停车场出入口管理系统结构图如图 4-4 所示。

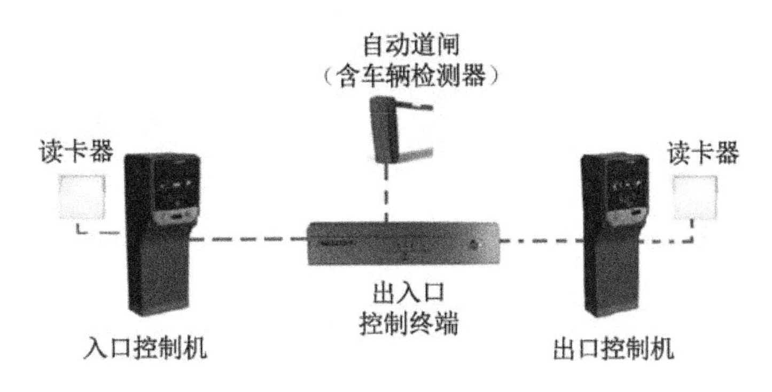

图 4-4　单道闸停车场出入口管理系统结构图

4. 实施步骤

（1）根据设计方案、现场情况确定设备摆放位置

确定出入口控制机、智能道闸和地感线圈的安装位置，如图 4-5 所示。

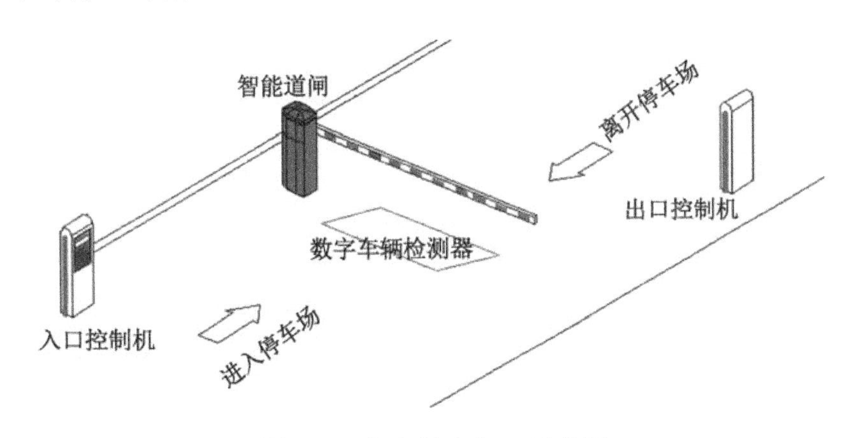

图 4-5　停车场出入口示意图

（2）预埋线管和布线

停车场系统布线不仅要求安全可靠，而且要使线路布置合理、整齐，安装牢固。布线时一定要对线缆做好标记，方便以后的安装、调试和维护。

① 电源线。

出入口道闸、出入口控制机需要 220V 电源，采用三芯屏蔽线，一般为 UPS 专线供电，要确保系统中 AC 220V 插座中的地线真实接地。

② 联网线（控制机—控制机或交换机—电脑）。

停车场联网方式可以分为：485 通信、TCP/IP 通信、RS-422 通信等。485 联网线必须采用屏蔽双绞线。为了保证通信的稳定，把所有的屏蔽层都连接起来，末端可以悬空或者根据情况接到大地上。485 网络必须是总线型结构，不允许全部或局部星型结构。TCP/IP 联网线可以选择超五类非屏蔽双绞线，控制机到交换机的距离要小于 100m。

a. 按钮线（管理室按钮—道闸）：按钮线使用四芯屏蔽线。

b. 对讲线（对讲主机—对讲分机）：对讲线使用两芯屏蔽线，应远离电磁干扰环境。

c. 显示屏信号线（显示屏—控制机）：信号线采用两芯屏蔽线，为了使信号线不受到干扰，在铺设时要与电源线分开铺设。

d. 控制线（道闸—控制机）：标准停车场控制线采用四芯屏蔽线。

e. 视频线（摄像机—控制室电脑）：视频线采用 SYV75-5 视频线，不要与其他强电系统在一起，应保留 500mm 距离。

（3）地感线圈的绕制

① 切槽。

用切路机在路面上切出尺寸为 2000mm（长）×1000mm（宽）×50mm（深）的线槽，在四个角上进行 45° 100mm 长的倒角，防止尖角破坏线圈电缆。切槽宽度一般为 4～8mm。同时要为线圈引线切一条通到路边的槽，切割地感线槽如图 4-6 所示。

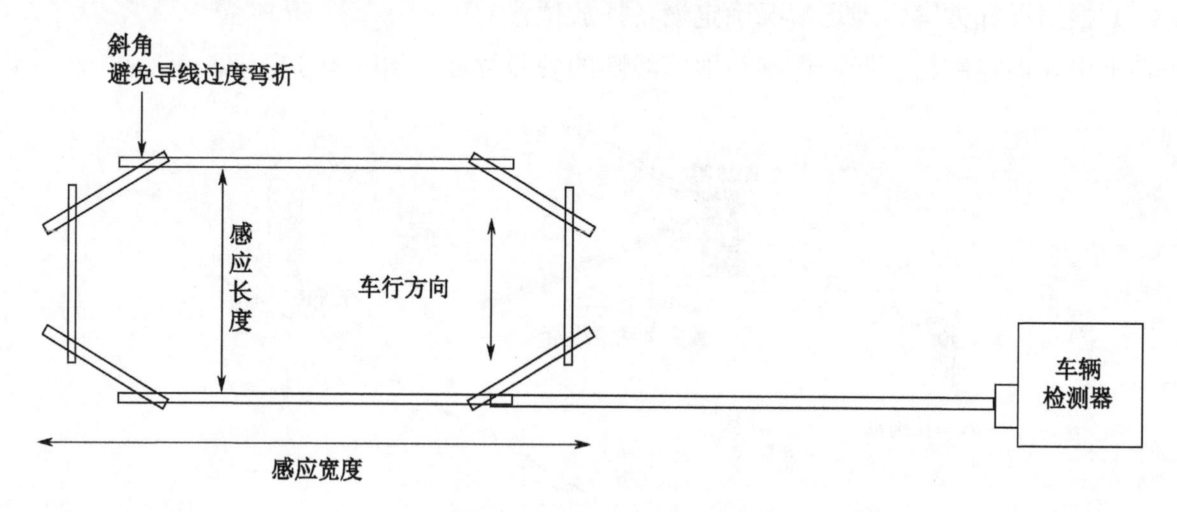

图 4-6　切割地感线槽

② 绕制线圈。

绕线圈时必须将线圈拉直，但不要绷得太紧并紧贴槽底。留出足够长的导线以便连接到车辆检测器，且保证中间没有接头。将线圈绕好后，必须将引出电缆做成紧密双绞的形式（要求每米绞合 20 次），将双绞好的输出引线通过引出线槽引出，绕制地感线圈如图 4-7 所示。在线圈的绕制完成后，应使用电感测试仪测试车辆检测器线圈的实际电感值，并确保线圈的电感值为 100～300μH，否则，应对线圈的匝数进行调整。

※注意：

车辆检测器线圈的灵敏度随引线长度的增加而降低，所以引线电缆的长度要尽可能短（一般不应超过 5m），未双绞的输出引线必会引起干扰，使车辆检测器线圈电感值变得不稳定，进而使车辆检测器出错。

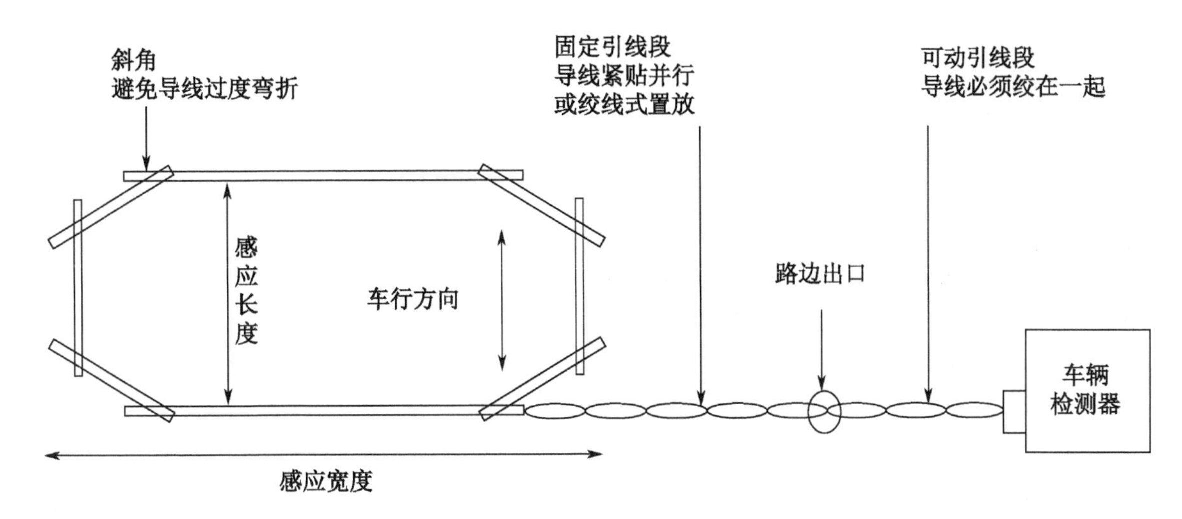

图 4-7　绕制地感线圈

③ 埋设。

线圈绕制完成后，为加强保护，可在线圈上绕一圈尼龙绳或撒一层细沙，最后用沥青、水泥或环氧树脂将切槽密封。

（4）智能自动道闸安装

将道闸箱体通过膨胀螺钉垂直并牢固地安装到合适位置，将闸杆固定在道闸箱体的闸杆固定板上，如图 4-8 所示。根据控制器上的标识连接控制线，接通电源，智能自动道闸如图 4-9 所示，通电后进行初始设置，参数设置如表 4-3 所示。

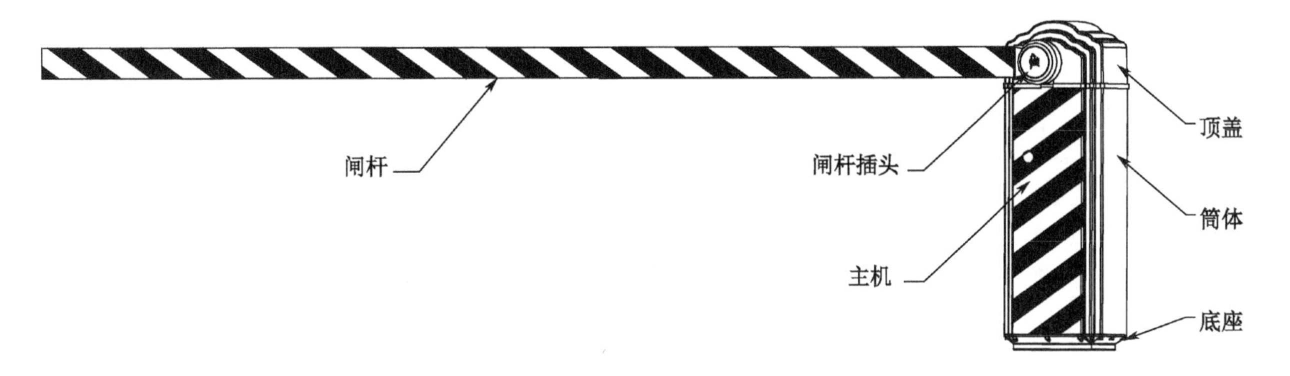

图 4-8　智能自动道闸

（5）车辆检测器的安装

通过安装导轨将地感检测器安装在道闸机箱内，地感检测器与其他装置之间的距离不能小于 10mm。

车辆检测器灵敏度设置：在地感检测器的顶部有一个灵敏度开关，共有三级——高、中、低；灵敏度越高，感应距离越大，可根据现场实际情况来调整。车辆检测器接线图如图 4-10 所示。

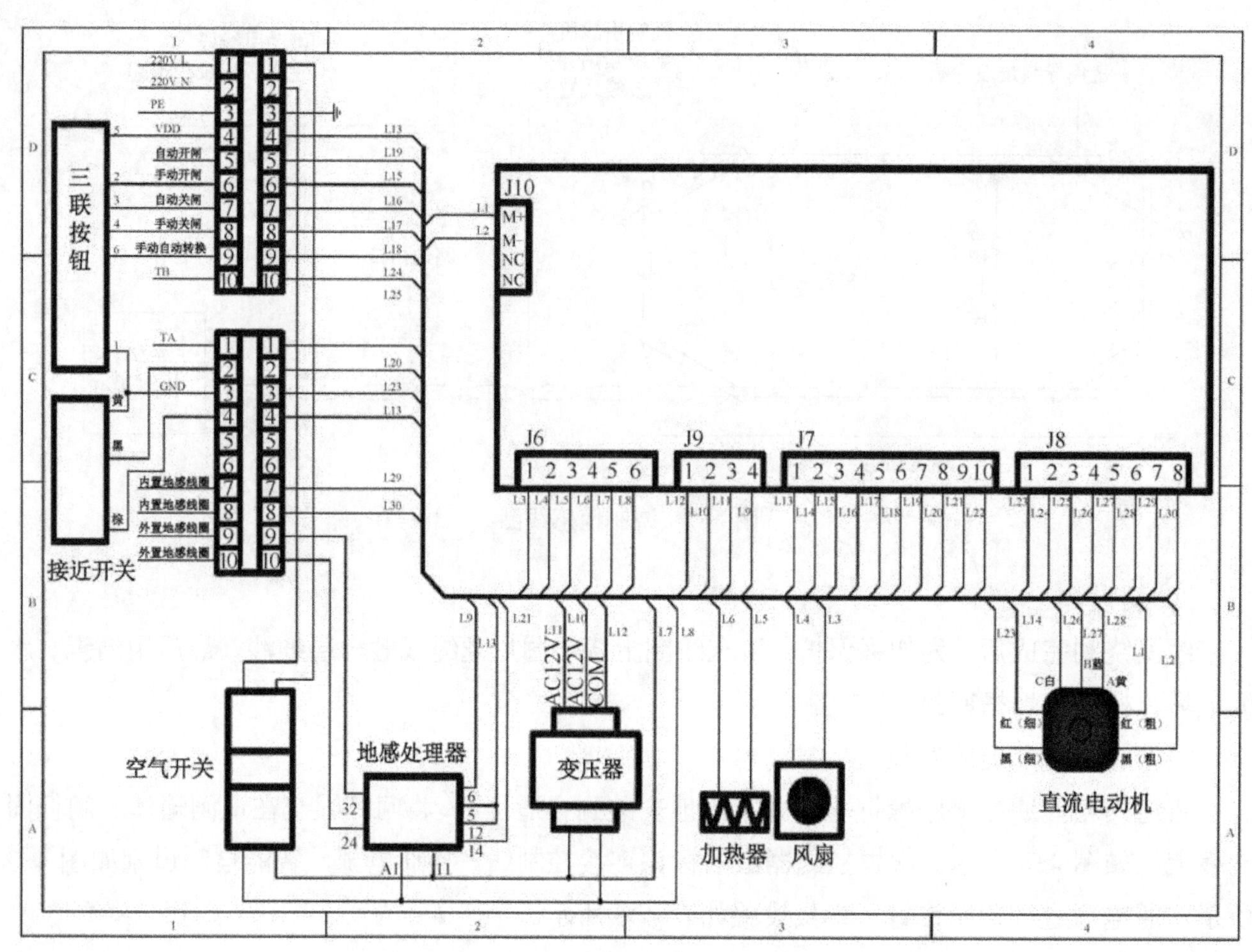

图 4-9　智能自动道闸接线图

表 4-3　参数设置

显示值	功　能	描　述	设置范围	备　注
E01	位置高值	闸杆最高限位	0～255	输入权限密码可设置
E02	位置低值	闸杆最低限位	0～255	输入权限密码可设置
E03	位置复位值	上电检测定位值	0～255	输入权限密码可设置
E09	开闸速度设定	开闸闸杆运行速度	0～255	输入权限密码可设置
E10	关闸速度设定	关闸闸杆运行速度	0～255	输入权限密码可设置
E14	道闸运行状态设定	1：测试运行状态。0：手动或自动状态	1/0	
E15	机号设定	用于通信地址设定（多通道）	0～255	
E16	开闸次数记忆	1：记忆输入的开闸信号次数。0：不记忆	1/0	
E17	感应有车是停或升	1：地感感应有车闸杆升。0：停	1/0	
E22	防砸车灵敏度 2	数值越小灵敏度越高（微调）	0～255	输入权限密码可设置
E23	防砸车灵敏度 1	数值越小灵敏度越高	0～30	输入权限密码可设置
E24	程序固定默认值	闸杆长度和速度等参数默认值		输入权限密码可设置
E25	保存出厂默认参数值	可设置当前参数值为出厂默认参数值		输入权限密码可设置
E1E	权限密码输入	在此菜单中输入权限密码才能进入其设置的菜单		在此菜单中输入密码可进入调试级菜单

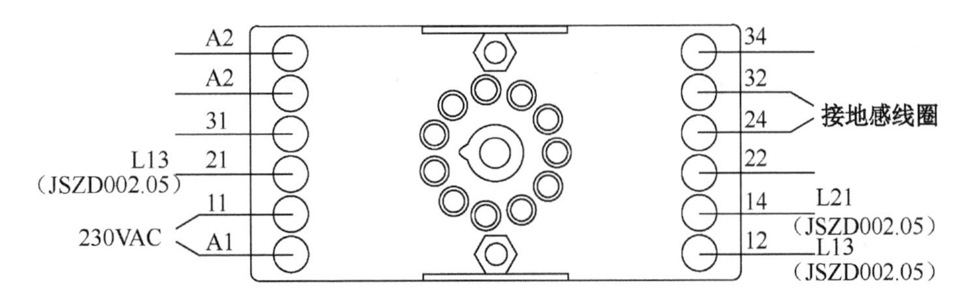

图 4-10　车辆检测器接线图

（6）出入口控制机的安装

安装设备：出入口控制机主要包括机箱、IC 卡读/写器、电子显示屏、语音提示、对讲系统、入口自动出卡机等，按照图纸说明，将设备放置在安全岛上各自的安装位置上，电动栏杆用 M12 膨胀螺栓固定于混凝土基座上，放置设备时应保护下面的管线。

接线：本产品在出厂前已接好内部电路部分，用户只需要从岗亭牵一根 220V 电源线（2×0.75）接在远距离读卡机的接线头上即可，出入口控制机的接线如图 4-11 所示。两芯信号线（2×0.5）与系统相连。

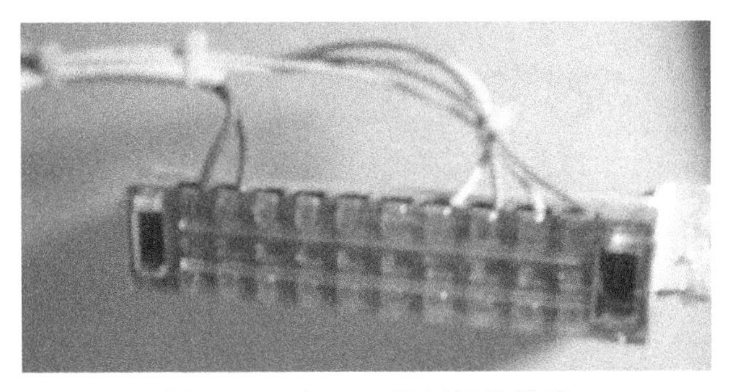

图 4-11　出入口控制机的接线

（7）管理中心设备的安装

① 按照图纸连接主机、写卡器、电源等设备。

② 设备安装应紧密、牢固，紧固件应做防锈处理。

③ 压线连接正确无误且牢固、可靠。

（8）系统调试

① 待系统其他设备安装完毕，仔细检查有无漏接；接通电源，查看 LED 灯指示是否正常，用遥控或手动按钮试运行系统，通过调试软件下发控制命令。

② 用铁板分别压在出、入口的感应线圈上，检测感应线圈是否有反应，并检查车辆检测器的灵敏度。

③ 使用不同的通行卡检查出入口读卡机对有效卡和无效卡的识别能力。对有效卡的识别率应大于 98%以上。

④ 用通用卡检查出入口非接触式感应卡的读卡距离和灵敏度是否符合设计要求。检查出、入口自动栏杆的升降速度是否符合设计要求。

4.1.2 任务：搭建双道闸停车场出入口管理系统

1．设备、工具、材料的准备

（1）设备：服务器、监控计算机、出入口控制主机、停车场主控制器、停车场辅控制器、发卡机、自动吞/吐卡机、自动道闸、图像捕捉系统、车辆检测器等。

（2）工具：螺钉旋具、剥线钳、锤子等。

（3）材料：电线、双绞线、螺钉等。

2．认识主要设备

（1）ECT-3004 出入口控制终端，参见本章任务 1 的主要设备。

（2）DS-TME3XX 出入口控制机，参见本章任务 1 的主要设备。

（3）DS-TCG113-J 出入口视频一体机。

DS-TCG113-J 出入口视频一体机如图 4-12 所示。

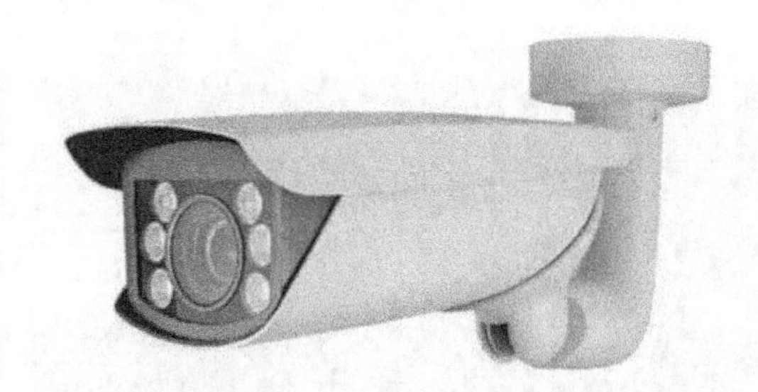

图 4-12　DS-TCG113-J 出入口视频一体机

DS-TCG113-J 出入口视频一体机的主要技术参数如表 4-4 所示。

表 4-4　DS-TCG113-J 出入口视频一体机的主要技术参数

参　数	说　明
传感器类型	1/3"
最小照度	0.1Lux@（F1.2，AGC）
快门	1/30
镜头	2.7～12mm
视频压缩标准	H.264/MPEG
最大图像尺寸	1360×1024
支持协议 TCP/IP	TCP/IP、HTTP、DHCP、DNS、RTP、RTSP、NTP，支持 FTP 上传图片
智能识别	车牌识别、车型识别、车辆检测、车身颜色识别
闪光灯控制	闪光灯自动光控、时控可选；支持多种补光方式：独立闪、不闪、关联闪、轮闪和频闪等

（4）DS-TL2000AS LED 频闪灯。

DS-TL2000AS LED 频闪灯如图 4-13 所示。

图 4-13　DS-TL2000AS LED 频闪灯

DS-TL2000AS LED 频闪灯的主要技术参数如表 4-5 所示。

表 4-5　DS-TL2000AS LED 频闪灯的主要技术参数

参　　数	说　　明
光源类型	原装进口大功率白光 LED 灯
LED 灯珠数量	16 颗
发光角度	40°
最佳补光距离	16～25m
触发方式	电平量触发（可选配开关量触发）
触发频率	15～250Hz
日夜功能	支持环境亮度检测，低照度下自动开启（可选配）
同步接口	1 路频闪触发输入、1 路抓拍触发输入和 1 路频闪同步输出（可选配）

3. 系统结构图

双道闸停车场出入管理系统结构图如图 4-14 所示。

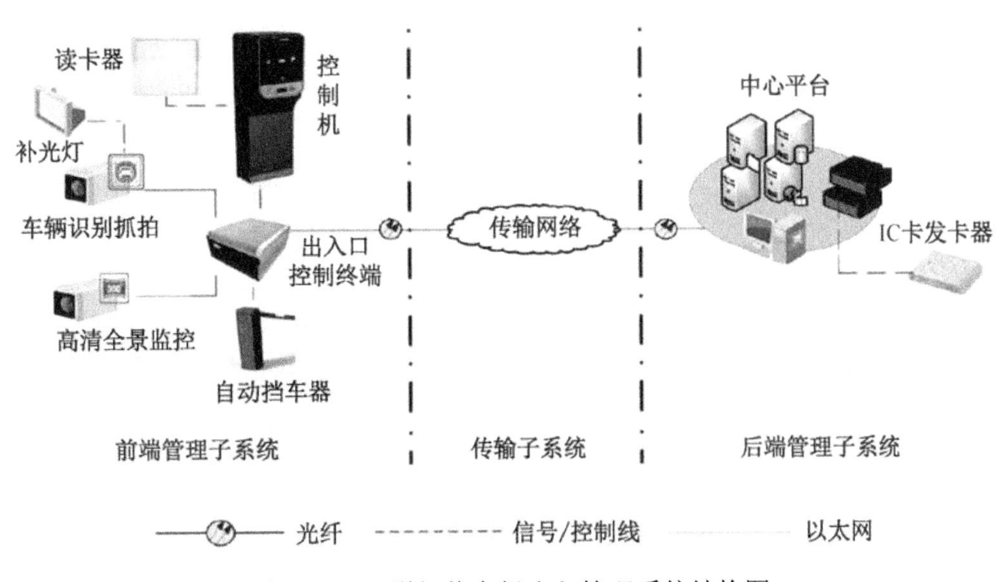

图 4-14　双道闸停车场出入管理系统结构图

4．实施步骤

1）根据设计方案、现场情况确定设备摆放位置

（1）确定道闸及读卡设备（票箱）的摆放位置。

（2）确定摄像机安装位置。

（3）确定岗厅的位置。

（4）确定控制主机（计算机）的位置。

停车场出入口设备具体摆放设计图如图 4-15 所示。

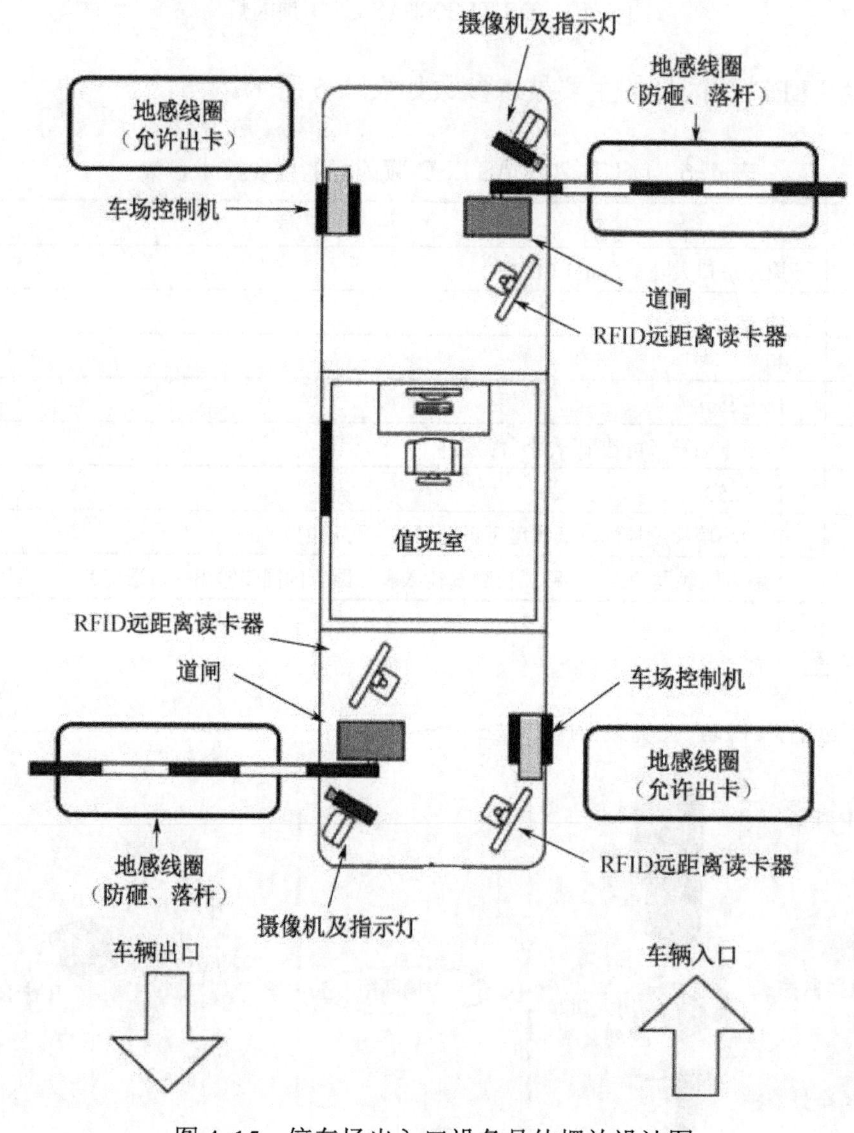

图 4-15　停车场出入口设备具体摆放设计图

（2）安全岛的砌制

① 安全岛的设计。

安全岛的高度应保证票箱安装好后，从岛基底部到票箱取卡口为 1000mm 左右，长度、宽度可根据现场情况决定。票箱到闸箱的中心距离为 4000mm，最近不小于 3500mm。安全岛两

端伸出端距离为（从箱体算起）300～500mm，圆弧段可根据现场情况决定，如图 4-16 所示。

② 安全岛内管线预埋及敷设。

砌安全岛前，要对管线进行预埋、敷设。先布置要暗埋在安全岛中的各穿线管，按照设备安装位置确定各穿线管的起点和终点，各管的起点和终点均要用弹簧弯管器折成 90°的弯头，弯头部分在设备安装位置的中心集中捆扎起来，并朝上引出。引出端要高出地面 30cm，管口要临时封堵，防止浇注混凝土时有杂物掉入。需要管接头的均要用专用胶水密封胶牢。票箱导线露出端预留长度不小于 1.2m。道闸导线露出端预留长度不小于 1m。220V 强电与信号线要分开铺设，更不能穿在同一管内，距离大于 50cm。安全岛内管线预埋及敷设如图 4-17 所示。

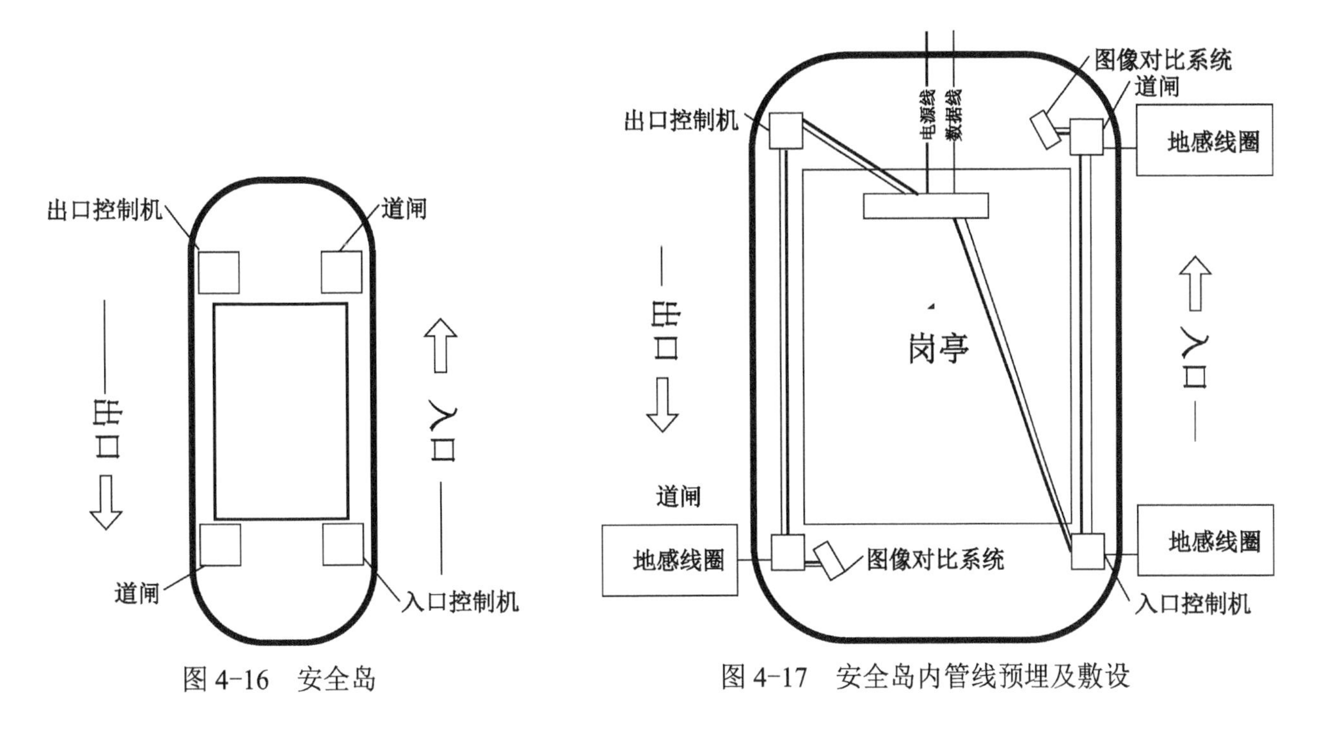

图 4-16　安全岛　　　图 4-17　安全岛内管线预埋及敷设

（3）地感线圈安装

根据设计要求在通道路面上的相应位置切出 4 个尺寸为 200cm×100cm×5cm 的线槽，在四个角上进行 45° 10cm 长的倒角，防止尖角破坏线圈电缆。线圈应与道闸或控制机处于同一平衡位置。切槽宽度一般为 4～8mm。同时，要为线圈引线切一条通到路边相应设备的槽。埋设线槽切割参数：宽度 3～5mm、深度 40～50mm，深度和宽度要均匀一致，应尽量避免忽深忽浅、忽宽忽窄的情况发生，地感线圈线槽如图 4-18 所示。

地感线的绕制，使用专用地感线圈线材在切出的线槽内绕圈，线圈为垂直叠加绕 3～6 圈，总长度在 30～40m。线圈引出的两根线应该双绞，密度为每米不少于 50 结，未双绞的输出引线将会引起干扰，输出引线长度一般不应超过 5m。绕线圈时必须将线圈拉直，但不要绷得太紧并紧贴槽底，不要产生交错层。将线圈绕好后，将双绞好的输出引线通过引出线槽引出。埋设好后，应用水泥、沥青、环氧树脂等材料将槽口密封固化，地感线圈如图 4-19 所示。

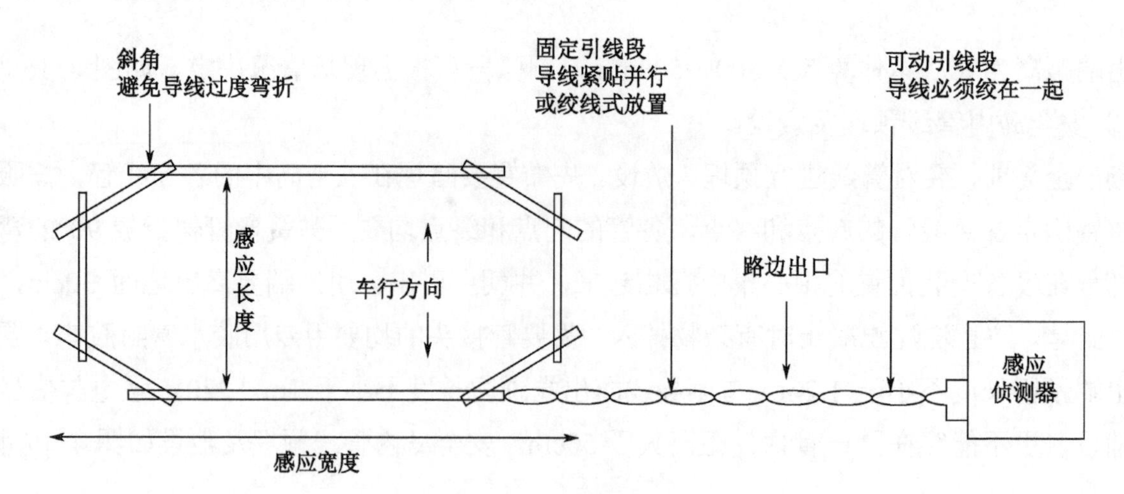

图 4-18　地感线圈线槽

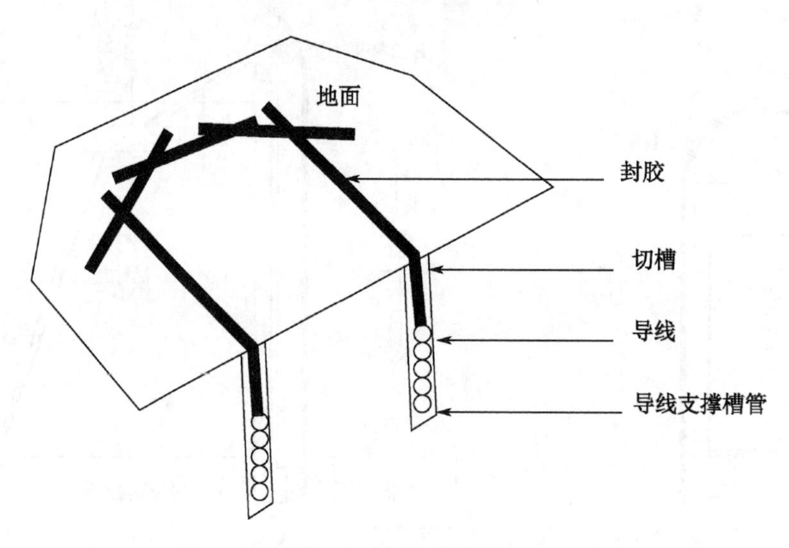

图 4-19　地感线圈

※注意：

票箱的地感线圈的位置，一般放在离票箱箱体 100mm 处（入口以车驶入方向为准，出口以驶出方向为准）。道闸的地感线圈的位置，一般放在离道闸箱体 100mm 处（入口以车驶入方向为准，出口以车驶出方向为准）。

（4）穿线

① 电源线：出入口道闸、出入口控制机均需要 220V 电源，采用三芯屏蔽线（RVVP3*1.5），一般接 UPS 专线供电，在某些情况下 AC 220V 电源也可就近接取，但应符合相关规范，要确保系统中 AC 220V 插座中的地线真实接地。

② 联网线（控制机—控制机或控制机—电脑）。停车场联网方式可以分为 485 通信、TCP/IP 通信、RS 422 通信等，485 联网线必须采用屏蔽双绞线，485 联网线总线长度理论上可以达到 1200m，建议不要超过 1000m。为了保证通信的稳定，在通信线末端接电阻，或者把所有的屏蔽层都连接起来，末端可以悬空或者根据情况接到大地上。485 网络必须是总线型结构，不允许全部或局部星型结构。TCP/IP 联网线可以选择超五类非屏蔽双绞线，控制机到交换机或 Hub 的距离要小于 100m。

③ 远距离读卡器信号线（读卡器—控制机）：读卡器信号线使用四芯屏蔽线。

④ 按钮线（管理室按钮—道闸）：按钮线使用四芯屏蔽线。

⑤ 对讲线（对讲主机—对讲分机）：对讲线使用两芯屏蔽线，对讲线应远离强电、电磁干扰环境。

⑥ 显示屏信号线（显示屏—控制机）：信号线采用两芯屏蔽线，为了使信号线不受到干扰，在铺设时要与电源线分开铺设。

⑦ 控制线（道闸—控制机）：标准停车场控制线采用四芯屏蔽线。

⑧ 视频线（摄像机—控制室电脑）：视频线采用 SYV75-5 视频线，不要与其他强电系统在一起，应保留 500mm 距离。

※注意：

① 按照图纸在每根线管中穿标定的线，穿线要用专用塑料穿线器，不能用铁丝，以免划伤管壁或管中的其他电线。

② 需要接头的线，用焊锡焊接并套热缩管，对于电源线，在热缩管外还要包电工胶带。

③ 穿好的线要再次检测导通电阻和绝缘电阻，如果有问题，要及时换线。测试好的线要按图纸要求用号码管标记线号，所有出线点的线要用扎带扎好，连线带管用塑料带包好，以免雨水进入线管。

（5）安装设备

按照图纸，将设备放置并安装在安全岛上各自的合适位置上，设备固定好后，用手轻推设备，感觉一下固定的牢固程度。出入口控制机安装好后按图 4-20 接好线。

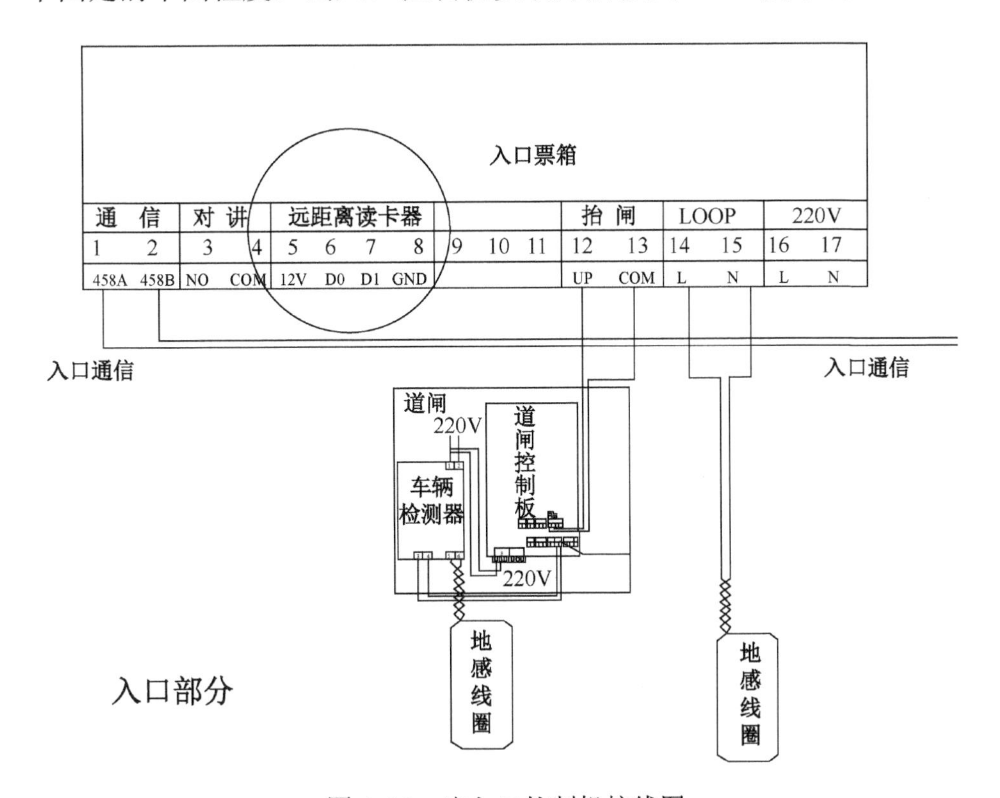

图 4-20　出入口控制机接线图

（6）出入口视频一体机的安装

按照图纸在出入口的道闸附近树好立杆，将摄像机的位置设在停车刷卡处的斜上方，选择摄像机的位置和调节摄像机的角度，尽量降低逆光的干扰，同时要考虑对车牌的摄像角度。根据停车场进口道的坡度和长度，通过调节镜头与防护罩之间的距离，确定摄像机的视角，尽量降低逆光的干扰。LED 频闪灯安装在出入口视频一体机的下方，调整好 LED 频闪灯的角度，视频一体机的安装如图 4-21 所示。

图 4-21　视频一体机的安装

（7）远距离读卡器的安装

按照图纸在出入口安装好远距离读卡器，调整远距离读卡的角度，使其正对来车方向，并按照使用说明连接好设备，远距离读卡器接线图如图 4-22 所示。

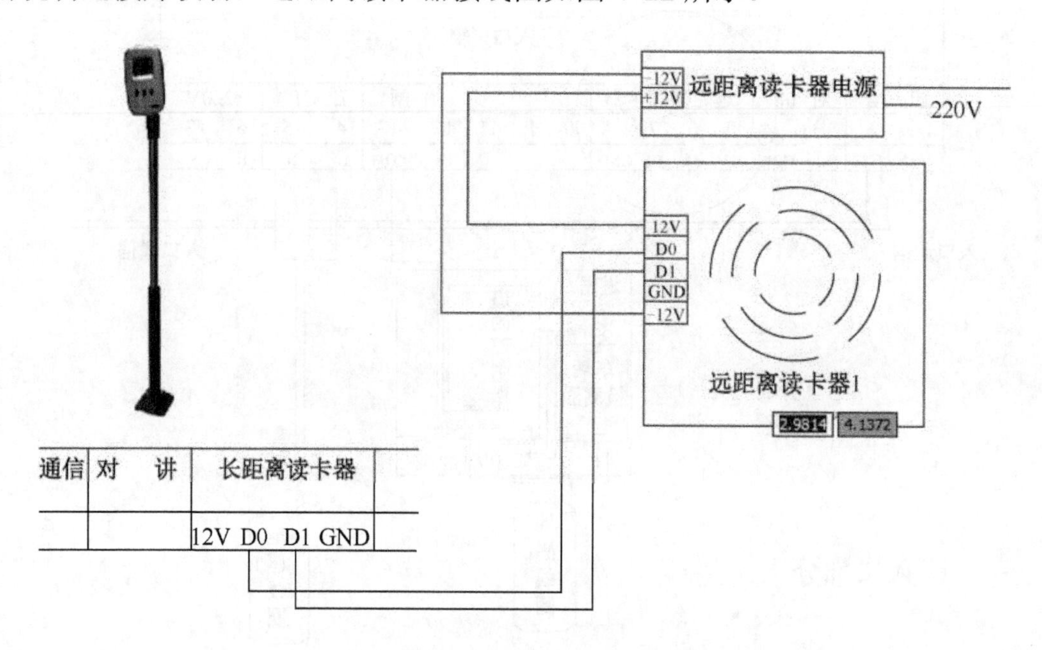

图 4-22　远距离读卡器接线图

（8）管理中心设备安装

按照图纸连接主机、写卡器、电源等设备，设备安装应紧密、牢固，紧固件应做防锈处理，压线连接正确无误且牢固、可靠。

（9）系统设置

① 登录系统。单击桌面的“出入口管理”图标，进入“出入口管理系统”的登录界面。输入用户名和密码，单击“登录”按钮进行系统登录，“出入口管理系统”登录界面如图 4-23 所示。

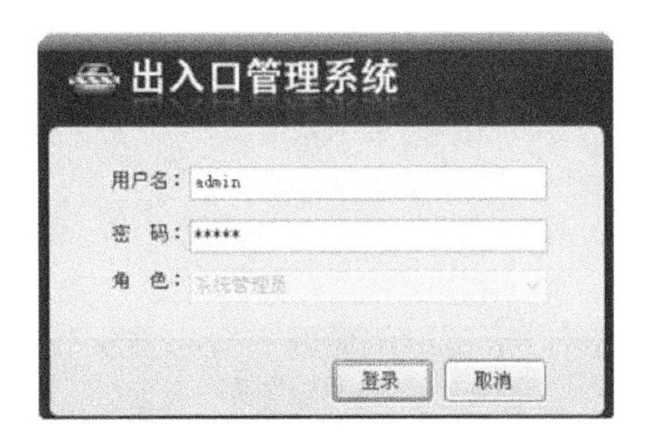

图 4-23　“出入口管理系统”登录界面

② 系统界面。系统初始化完成后将打开“出入口监控系统”界面，该界面主要由①菜单功能区域；②系统功能按钮控制区域；③所有设备列表；④视频预览区域；⑤出入口过车图片显示区域；⑥过车信息显示区域，以及报警车辆信息和系统信息；⑦显示详细过车信息区域及道闸控制 7 个功能区域组成，“智能停车管理系统”界面如图 4-24 所示。

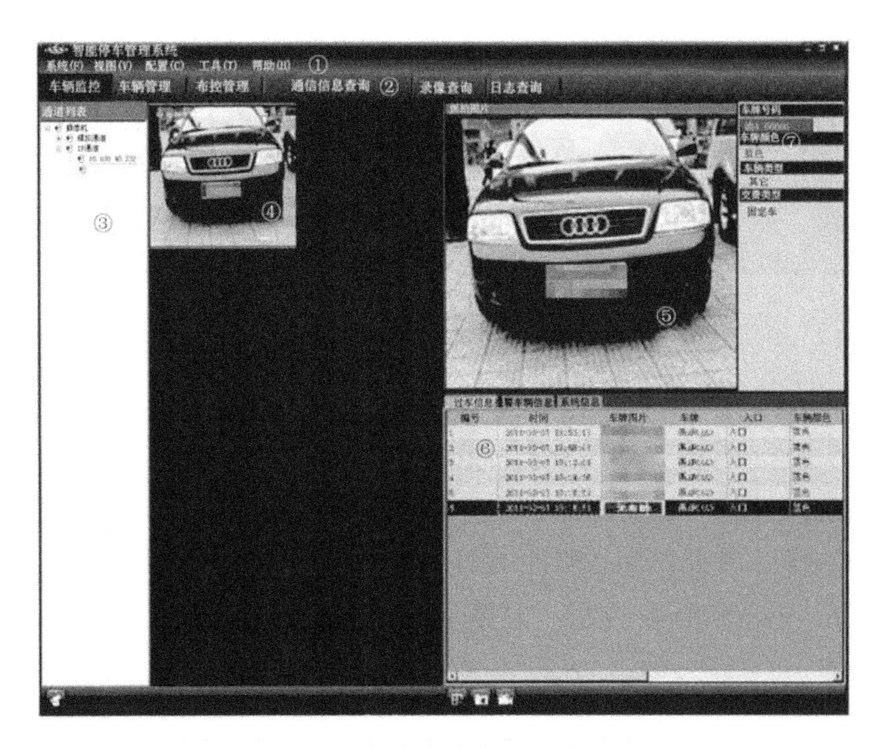

图 4-24　“智能停车管理系统”界面

③ 车辆管理。在系统功能按钮控制区域单击“车辆管理”按钮，进入“车辆管理”界面，且支持模糊查询，如图 4-25 所示。单击“添加”按钮，进入“添加车辆信息”界面，输入车辆信息，如图 4-26 所示。在车辆列表里选中已经添加过的车辆，单击“修改”按钮可修改相应的车辆信息，单击“删除”按钮可删除该车辆。

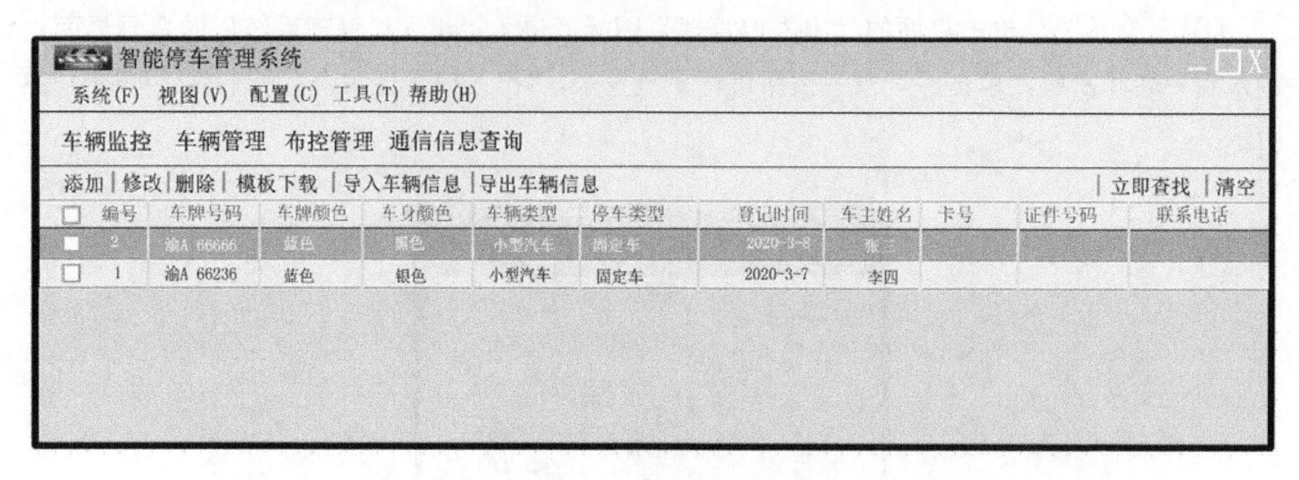

图 4-25 “车辆管理”界面

图 4-26 “添加车辆信息”界面

④ 配置系统。在系统菜单功能区域选择“系统配置”选项，进入配置界面，如图 4-27 所示。配置界面包括出入口配置、通道配置、报警联动、用户配置和系统配置。

单击“通道配置”按钮，进入通道配置界面，如图 4-28 所示。通道配置用来配置设备相关信息，包括通道名称、车牌识别功能 IP 地址等，其设备可支持模拟、高清、DVS 三种模式。单击“添加”按钮，出现如图 4-29 所示的界面，在此界面中可添加通道。

配置

出入口配置　通道配置　报警联动　用户配置　系统设置

出入口总数：

出入口1
出入口2
出入口3
出入口4
出入口5
出入口6

出入口名称：io1

放行设置

支持的放行方式：

牌识放行　要求人工确认：否　放行优先级：0
刷卡放行　要求人工确认：否　放行优先级：0
取卡/收卡放行　要求人工确认：否　放行优先级：0
手动放行　要求人工确认：否　放行优先级：0

处理某种放行方式之前，是否需要人工确认；以及各种放行方式的优先级（4为最高优先级）

LED显示设置

LED1　LED2

是否启用
显示提示信息
显示时间　格式：
显示车牌　显示时间（s）：
显示欢迎信息

欢迎信息：

通讯方式：　IP地址：

端口号：

保存

通道的管理以及通道名、OSD、压缩参数等的配置

图 4-27　配置界面

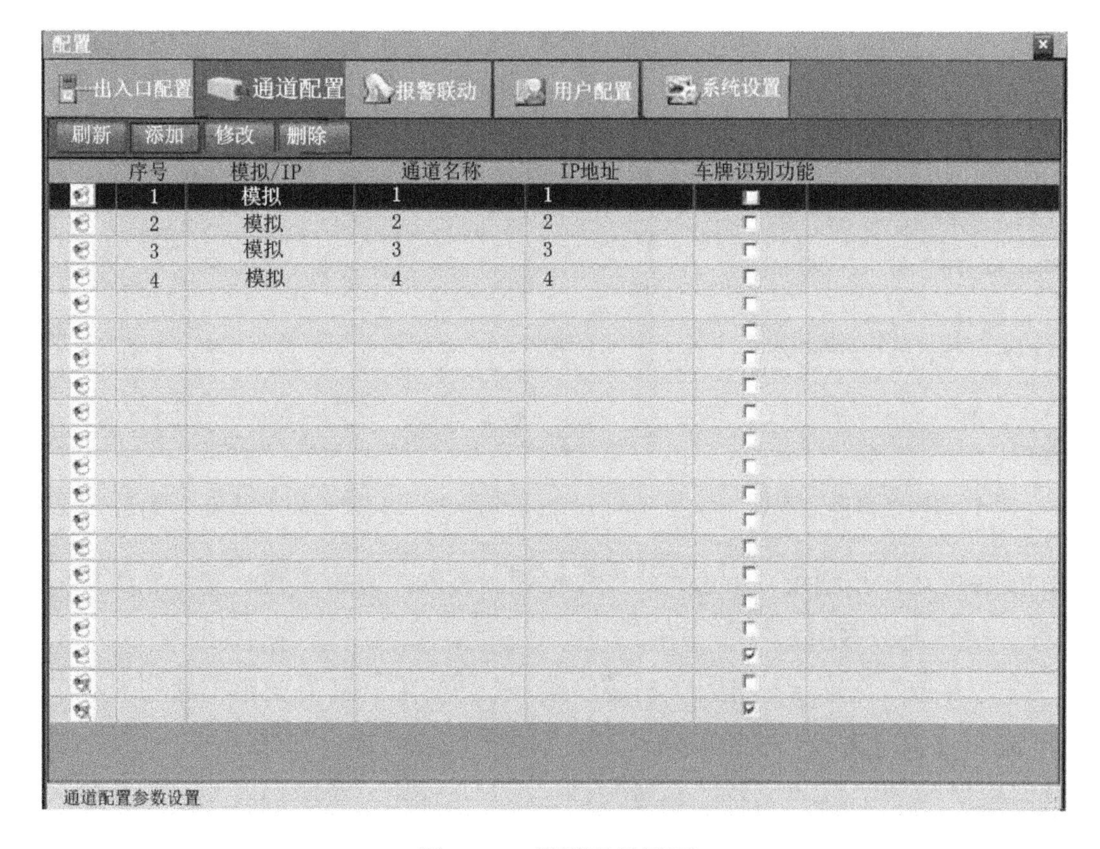

图 4-28　通道配置界面

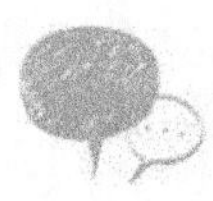
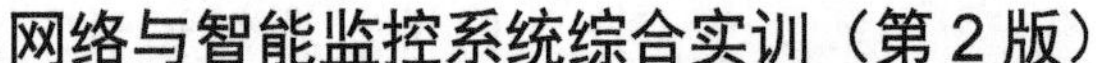

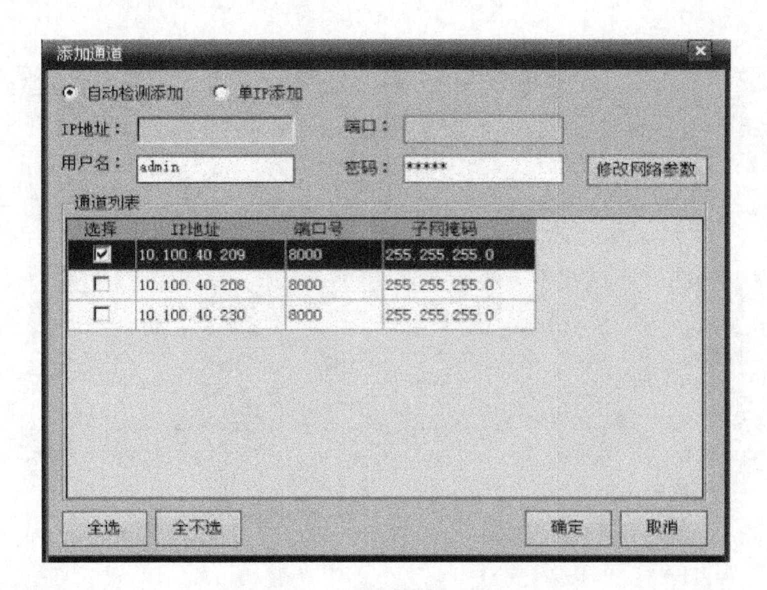

图 4-29　添加通道界面

在添加通道信息时，用户可选择是“自动检测添加”还是“单 IP 添加”选项，如果想修改该设备参数，可单击“修改网络参数”按钮来修改 IP 地址、端口或子网掩码，如图 4-30 所示。也可以选择“单 IP 添加”选项，即需要手动输入 IP 地址、端口、用户名和密码，如图 4-31 所示。

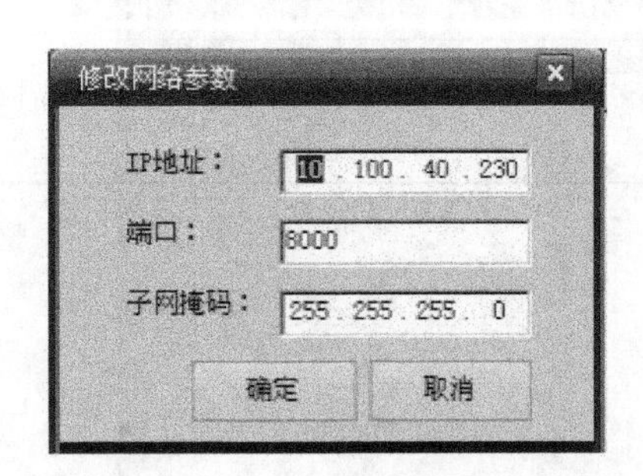

图 4-30　“修改网络参数”界面

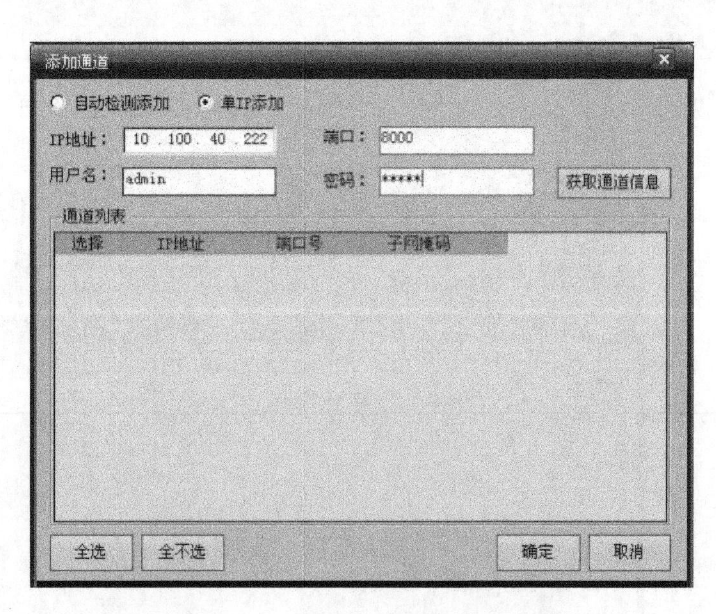

图 4-31　单 IP“添加通道”界面

选中列表中的某一条记录，单击“修改”按钮，进入“通道参数配置”界面，可对各种参数进行配置，如图 4-32 所示。

选择“车道参数”选项卡，进入“车道参数”配置界面，其界面由车道列表、车道基本信息配置及车检器通信、读卡机控制和票箱控制等相关配置组成，如图 4-33 所示：基本信息主要是配置对应的车道号、车道名称、车道方向（入口/出口）、对应的 LED 编号等。车检器通信、读卡机控制和票箱控制主要用来配置其通信方式和 IP 地址。

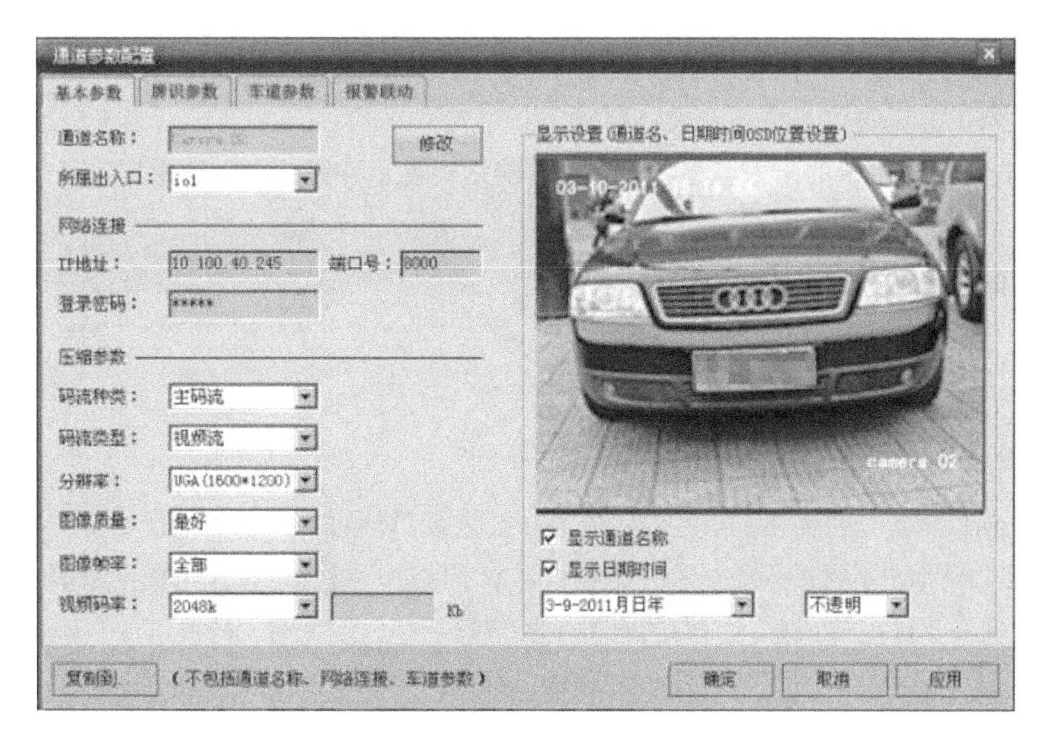

图 4-32　“通道参数配置”界面

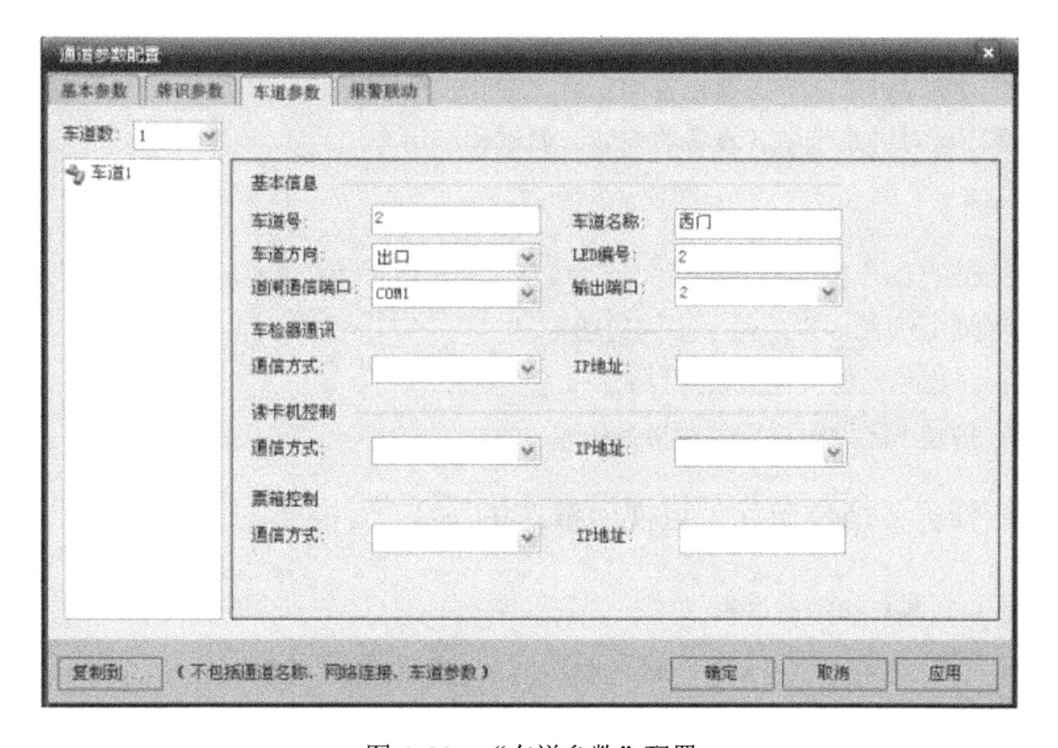

图 4-33　“车道参数”配置

（10）系统调试

① 用铁板分别压在出、入口的感应线圈上，检测感应线圈是否有反应，并检查车辆检测器的灵敏度。

② 使用不同的通行卡检查出入口读卡机对有效卡和无效卡的识别能力。对有效卡的识别率应大于 98%。

③ 用通用卡检查出入口非接触式感应卡的读卡距离和灵敏度是否符合设计要求。检查出、入口自动栏杆的升降速度是否符合设计要求。

④ 检查在管理系统的出入监控界面中是否能正确显示并记录出入的用户信息。

4.2 可视门禁对讲系统

【任务描述】

根据“项目背景”的描述，小区内各住宅楼要进行门禁对讲系统的设计、安装与使用，非本小区人员未经允许不得进入小区和住宅楼内。本小区住户进出可以刷卡或用密码开门，而客人来访时，需在小区门口或单元门口的对讲主机键盘上输入房间号，待被访住户确认后按开锁键进入。一旦住宅内有触发报警探测器的警情，住户及小区管理处均可处理。

【任务目标】

1. 画出门禁对讲系统的结构图和布线图。
2. 了解门禁对讲系统中主要设备的功能、性能指标和工作原理。
3. 掌握门禁对讲系统中各设备的安装、调试和应用方法。

【任务分析】

根据某些小区的户型结构和规模大小，结合门禁对讲系统在实际应用中的模式，将按下面两个任务分别进行介绍，以应用于不同的场合。

任务1：搭建单元型可视门禁对讲系统。

任务2：搭建小区型可视门禁对讲系统。

4.2.1 任务：搭建单元型可视门禁对讲系统

1. 设备、工具、材料的准备

（1）设备：门口机、室内机、电锁、交换机、出门按钮和门磁等。

（2）工具：螺钉旋具、剥线钳、锤子等。

（3）材料：电线、双绞线、螺钉等。

2. 认识主要设备

（1）DS-KD8002-2A 可视门口机

可视门口机如图4-34所示。

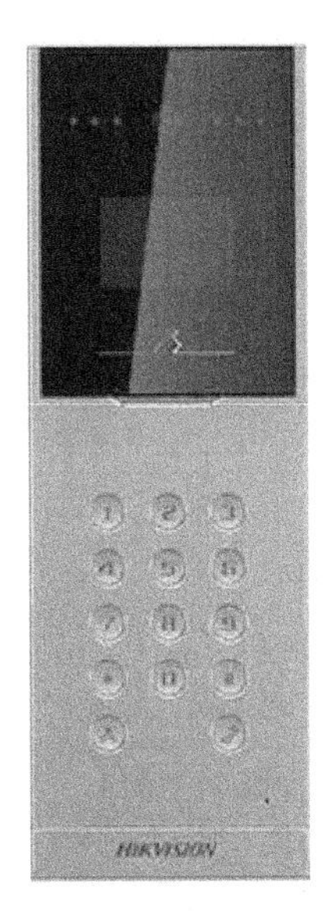

图 4-34　可视门口机

DS-KD8002-2A 可视门口机的主要技术参数如表 4-6 所示。

表 4-6　DS-KD8002-2A 可视门口机的主要技术参数

参　数	说　明
处理器	高性能嵌入式 SOC 处理器
操作系统	嵌入式 Linux 操作系统
摄像头	CMOS 低照度 130 万像素高清彩色摄像头
视频压缩标准	H.264
分辨率	1280×720
视频帧率	PAL：25 帧/s。NTSC：30 帧/s
显示屏	3.5 英寸彩色 TFT LCD
报警输入	防拆、门磁检测
网口	10Mb/s/100Mb/s /1000Mb/s 自适应以太网口
接近感应	支持红外感应，垂直距离小于或等于 1m
电源	DC12V

（2）DS-KH8301-A 可视室内机

可视室内机如图 4-35 所示。

图 4-35　可视室内机

DS-KH8301-A 可视室内机的主要技术参数如表 4-7 所示。

表 4-7　DS-KH8301-A 可视室内机的主要技术参数

参　数	说　明
处理器	高性能嵌入式 SOC 处理器
操作系统	嵌入式 Linux 操作系统
摄像头	CMOS 30 万像素，可开关
视频压缩标准	H.264
摄像头分辨率	640×480
视频帧率	PAL：25 帧/s。NTSC：30 帧/s
显示屏	7 英寸彩色 TFT LCD
报警输入	8 路防区
网口	10Mb/s/100Mb/s 自适应以太网口
电源	网线供电或 DC12V

3．系统结构图

单元型门禁对讲系统结构图如图 4-36 所示。

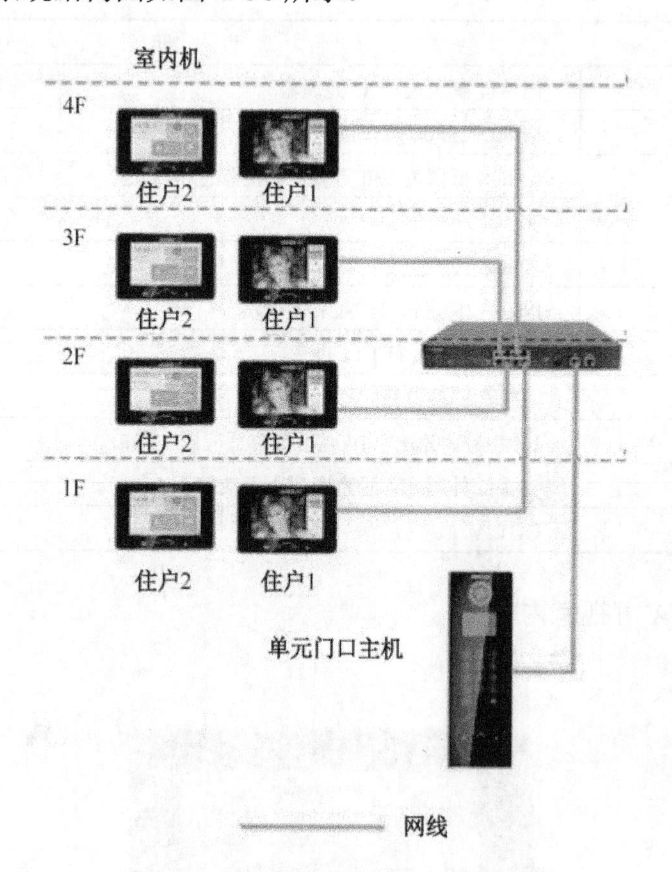

图 4-36　单元型门禁对讲系统结构图

4．实施步骤

（1）楼宇对讲设备的安装

① 根据设计要求，在墙体合适位置安装电源箱。

② 在单元门口适当位置安装单元门口机：①先根据预埋盒尺寸在墙体上开孔；②将预埋盒放入墙体内紧固；③将设备挂在预埋盒的卡钩上；④暂不装下面板；⑤待后续的接线调试工作完成后再装下面板；⑥与后壳紧固即可，单元门口机的安装如图 4-37 所示。

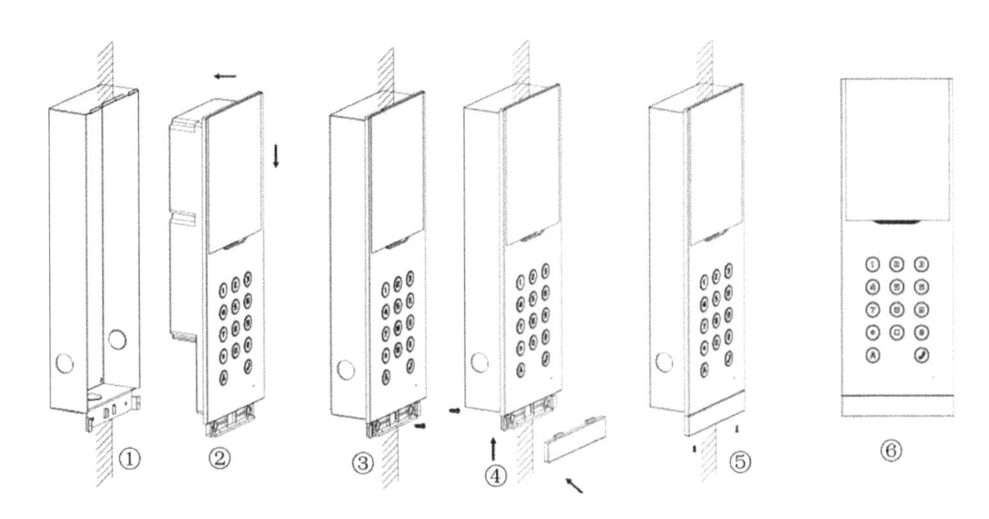

图 4-37　单元门口机的安装

③ 在单元门口的门体适当位置分别安装门锁和门磁，其中吸板和磁条安装在门体上，门锁和门磁安装在门框上。

④ 在单元门口的里面一侧、门体旁边适当位置安装出门按钮，高度以方便操作为宜。

⑤ 在家里合适位置安装室内机。

（2）楼宇对讲系统的连接

① 将 220V 的电源线端接到专用电源的电源输入端，暂不通电。

② 将专用电源的输出端接到单元门口机、室内机、交换机的电源输入接口。

（3）用双绞线将单元门口机、各室内机接入交换机网络端口。

（4）按图 4-38 将磁力锁的“-”端接专用电源箱的电源输出“-”端，“+”端接入单元门口机的“NC1”端，专用电源箱的电源输出“+”端接入单元门口机的“COM1”端。

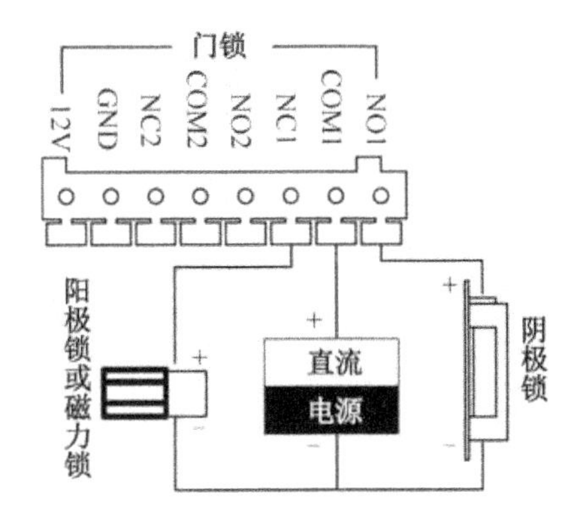

图 4-38　门锁的连接

⑤ 按图 4-39 将门磁的两端分别接入单元门口机的“S2”和“GND”端。

⑥ 按图4-40将出门按钮的两端分别接入单元门口机的“S1”和“GND”端。

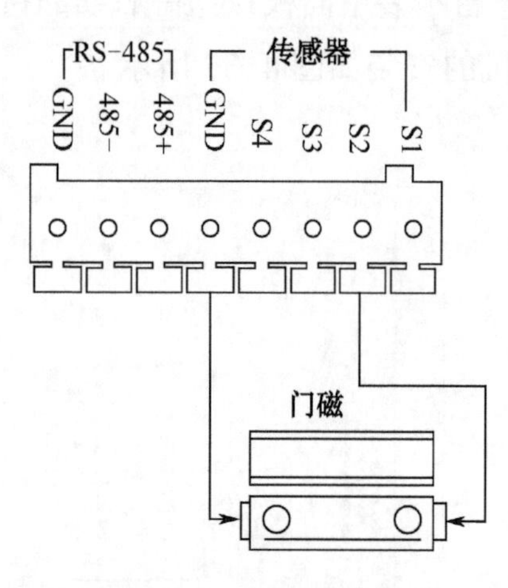

图4-39　门磁的连接

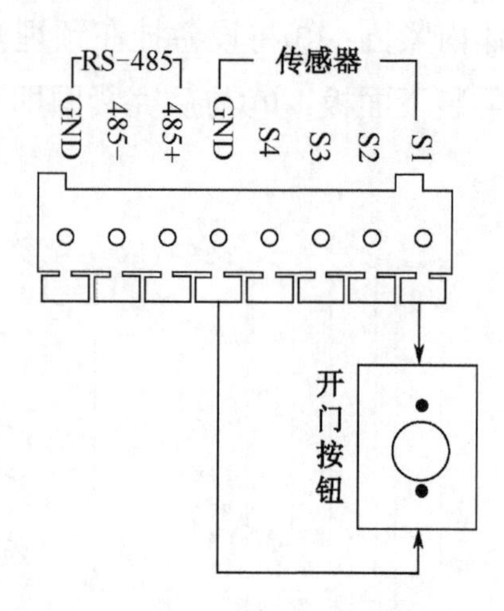

图4-40　出门按钮的连接

（3）小区结构设置

① 双击“刷机工具”应用程序，进入“可视对讲刷机工具”界面，如图4-41所示。

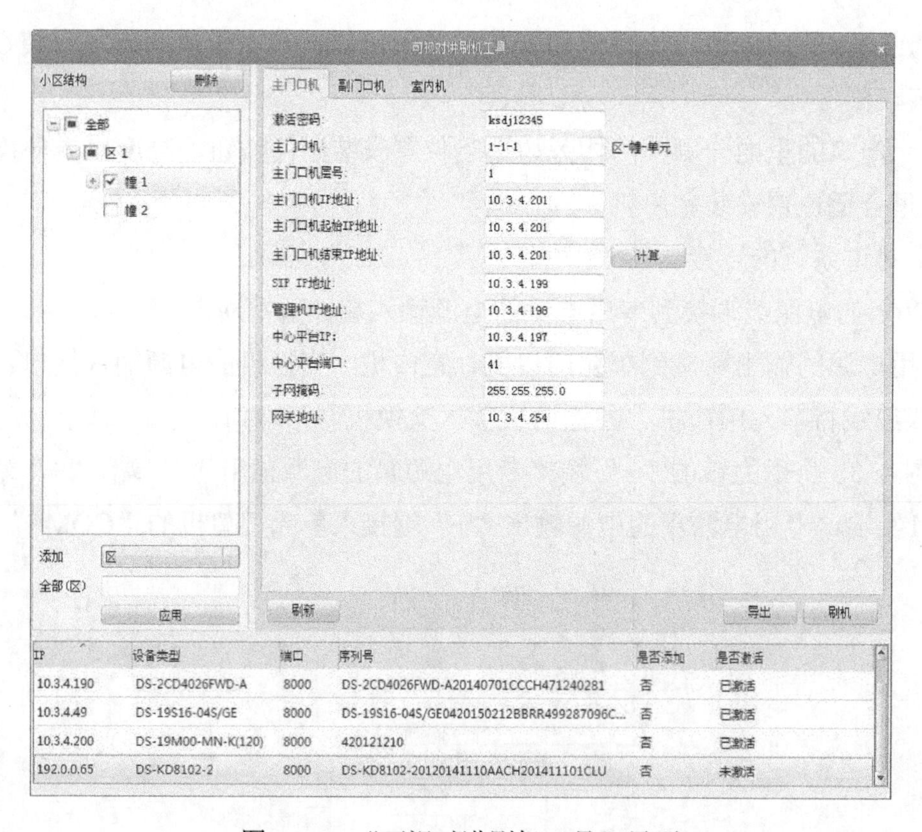

图4-41　“可视对讲刷机工具”界面

② 在“添加”右侧的下拉列表中选择“区”，然后设置区数（区数依据现场情况来设置），为了方便描述，这里设置成1，单击“应用”按钮，如图4-42所示。

③ 在“小区结构”列表中勾选“1 区”，在“添加”右侧的下拉列表中选择“幢”，设置该区的小区幢数，单击“应用”按钮，自动生成设置的幢数，如图4-43所示。

图 4-42　添加区数

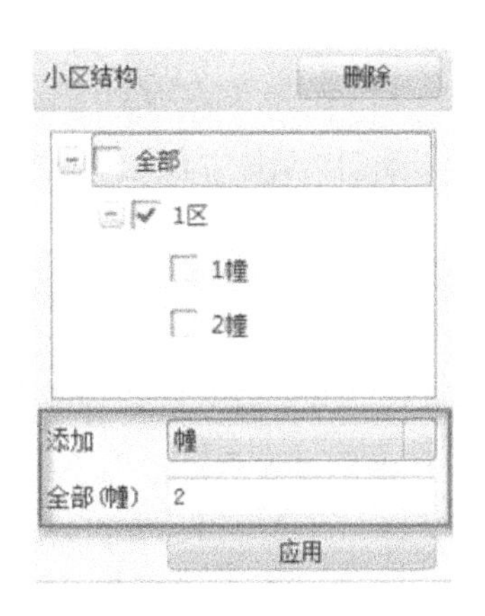

图 4-43　添加幢数

④ 勾选某一幢，在“添加”右侧的下拉列表中选择“单元”，设置该幢的小区单元数为 2，单击“应用”按钮，自动生成设置的单元数，如图 4-44 所示。

⑤ 勾选某一单元，在“添加”右侧的下拉列表中选择“楼”，设置该单元的小区楼层数，单击“应用”按钮，自动生成设置的楼层数，如图 4-45 所示。

⑥ 勾选某一楼，在“添加”右侧的下拉列表中选择“室”，设置该楼层的小区室数，单击“应用”按钮，自动生成设置的室数，如图 4-46 所示。

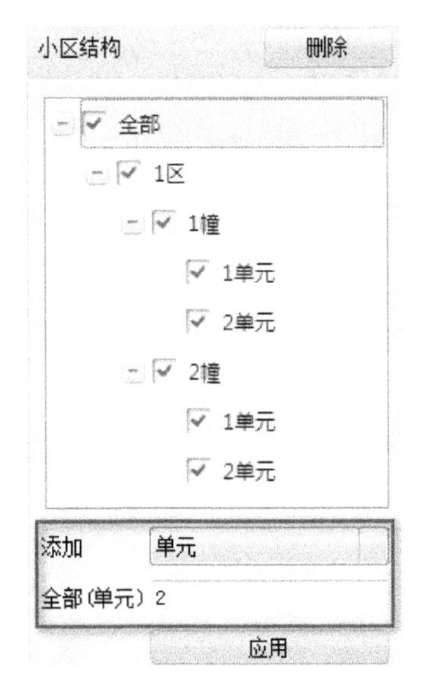

图 4-44　添加单元数

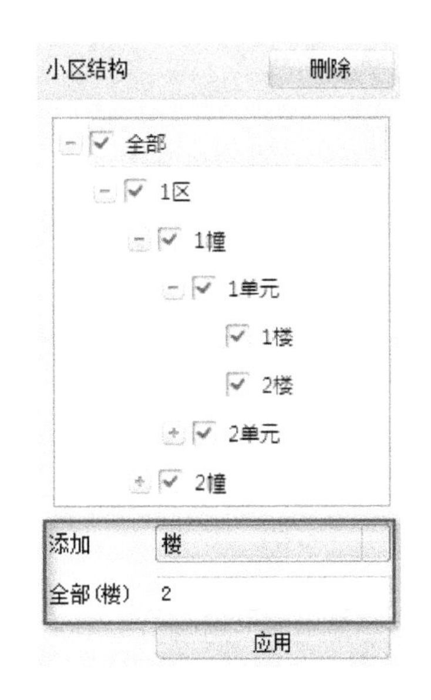

图 4-45　添加楼层数

图 4-46　添加室数

※注意：

如需要修改室数，先勾选其上一层的楼数，然后在“添加”右侧下拉列表中选择“室”，设置新的室数，单击“应用”按钮，即可修改成功（楼数、单元数、幢数、区数的修改参照室数的修改方法）。如需要删除小区结构，则单击“删除”按钮，即可删除全部的小区结构，针对具体的删除（如删除某一室或者某一楼）是无效的。

（4）门口机刷机

① 选择“小区结构”列表左边要刷主门口机的小区，填写主门口机层号（门口机所在的

楼层号）和主门口机 IP 地址（一般和主门口机起始 IP 地址一样）、主门口机起始 IP 地址，单击“计算”按钮，自动计算出主门口机结束 IP 地址，如图 4-47 所示。

图 4-47　设置主门口机参数（1）

※注意：

未激活的设备需要填入身份证等信息。

② 设置 SIP IP 地址、管理机 IP 地址、中心平台 IP 地址、中心平台端口（不同中心平台有不同的端口，根据具体情况设置）、子网掩码、网关地址。

③ 单击“刷新”按钮，查看当前局域网内在线的门口机，选择某个门口机，单击“刷机”按钮，右下角会提示设置主门口机信息成功。刷新成功后，主门口机和主门口机 IP 地址会自动跳到下一个门口机设置界面，如图 4-48 所示。

④ 从在线设备中选择一个门口机，单击“刷机”按钮，对门口机进行刷机。

（5）室内机刷机

① 选择左边要刷室内机的小区（可以单选，也可以多选）。

② 在“室内机”选项卡中填写室内机 IP 地址、室内机起始 IP 地址，单击“计算”按钮，自动计算出室内机结束 IP 地址，如图 4-49 所示。

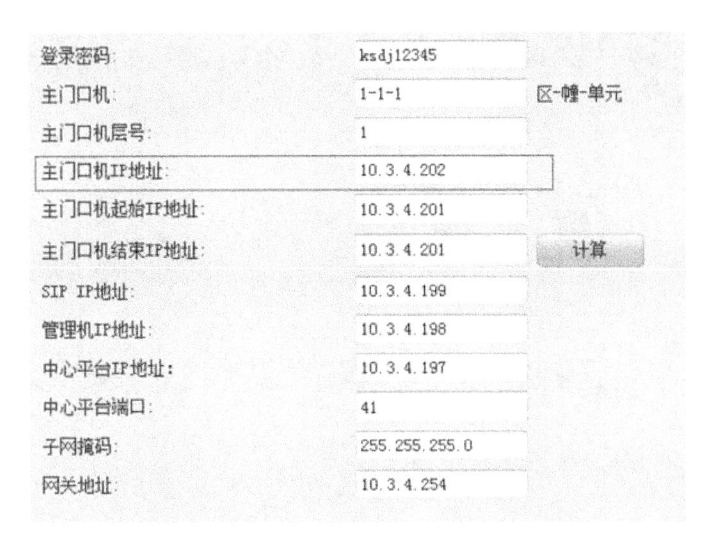

图 4-48　设置主门口机参数（2）

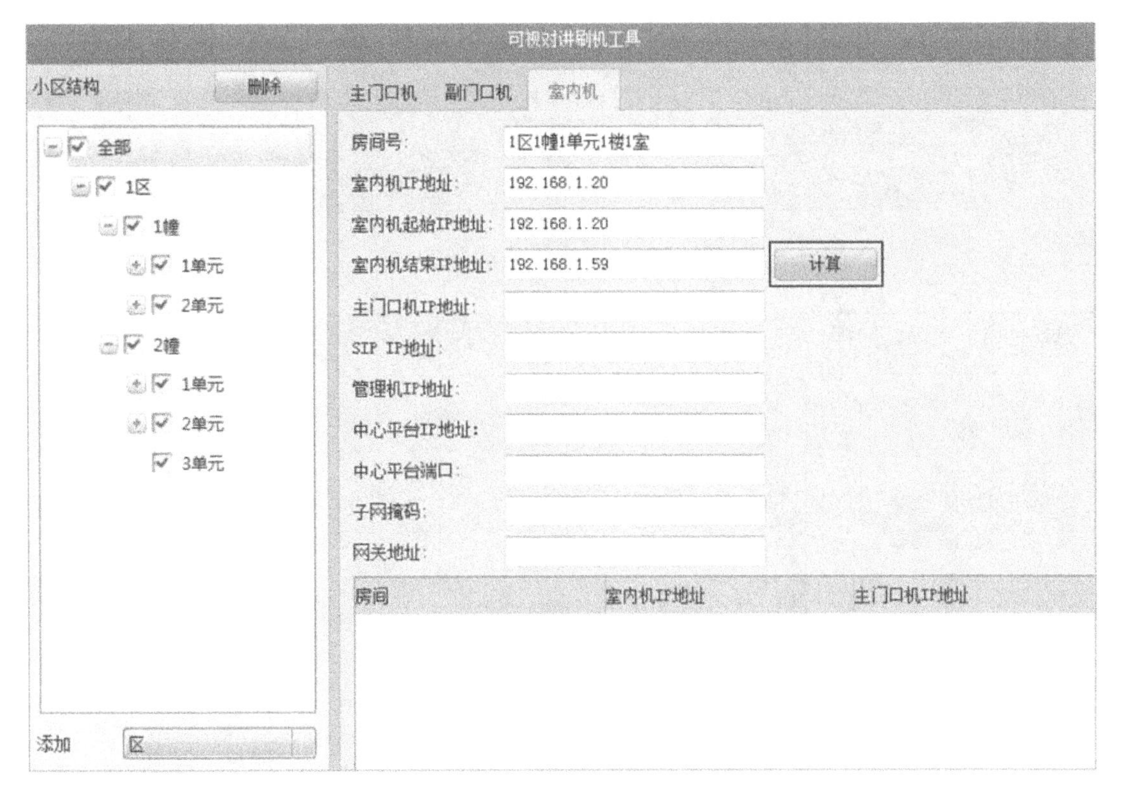

图 4-49　室内机刷机（1）

③ 设置 SIP IP 地址、管理机 IP 地址、中心平台 IP 地址、中心平台端口（不同中心平台有不同的端口，根据具体情况设置）、子网掩码、网关地址，如图 4-50 所示。

④ 单击“刷新”按钮，查看当前同一网段内在线的室内机，选择某个室内机，单击“刷机”按钮，右下角会提示设置室内机信息成功，同时列表中会显示成功刷机的设备，如图 4-51 所示。

⑤ 刷新成功之后，房间号和室内机 IP 地址会自动跳到下一个室内机设置界面。从在线设备中选择下一个室内机，如图 4-52 所示，单击“刷机”按钮，以此类推，直至把所有室内机设置完成。单击“导出”按钮，可以把已成功刷机的室内机信息以 Excel 格式导出。

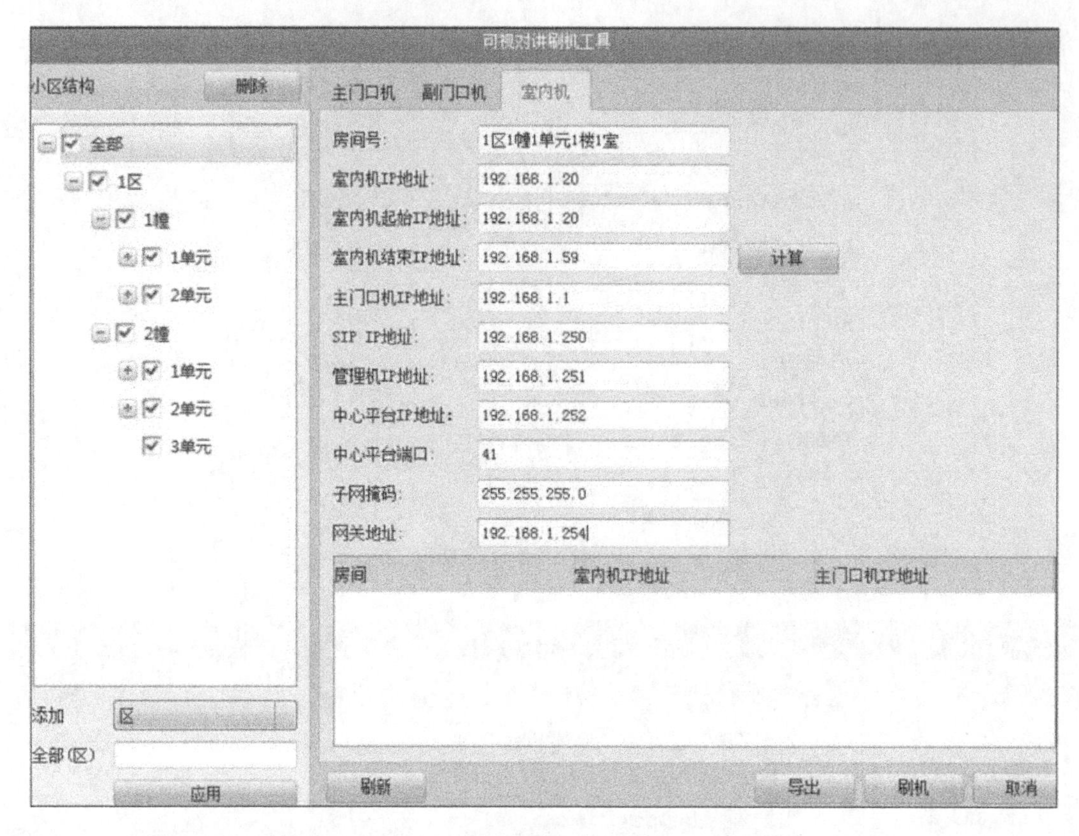

图 4-50　室内机刷机（2）

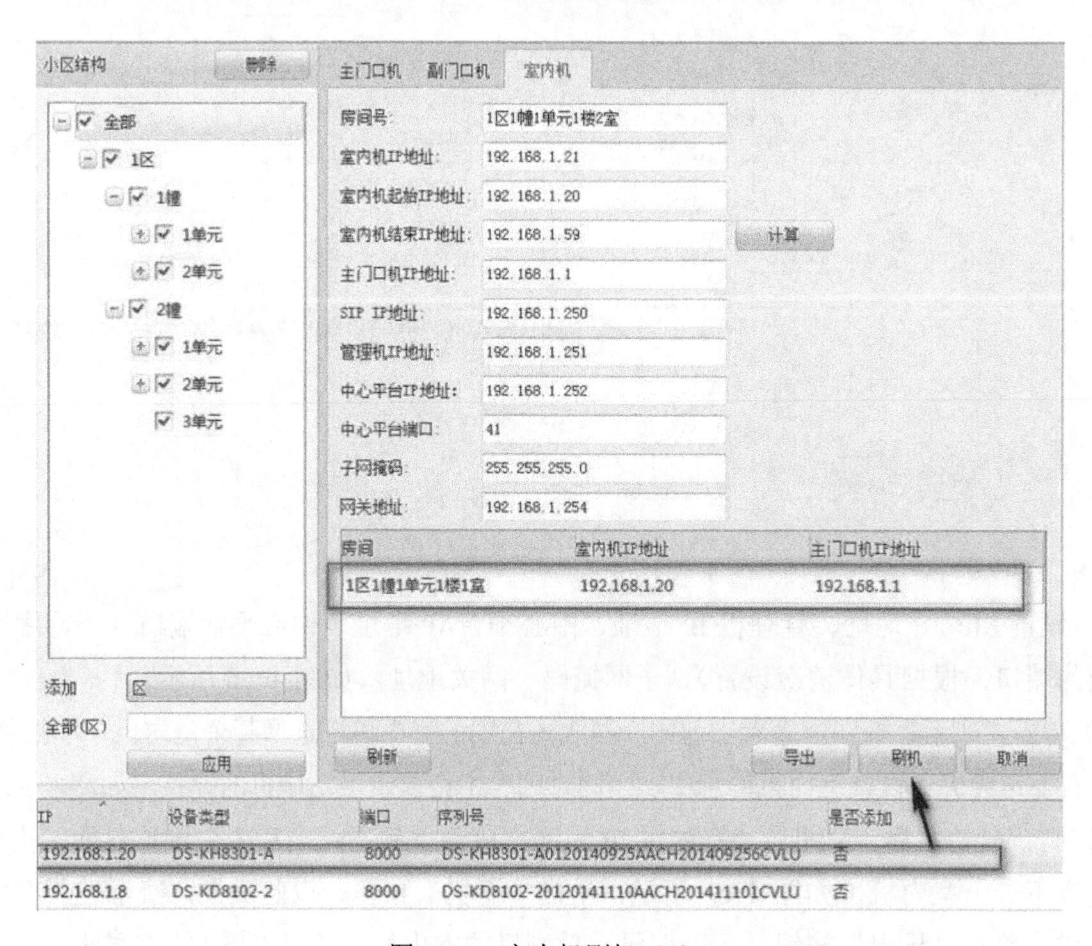

图 4-51　室内机刷机（3）

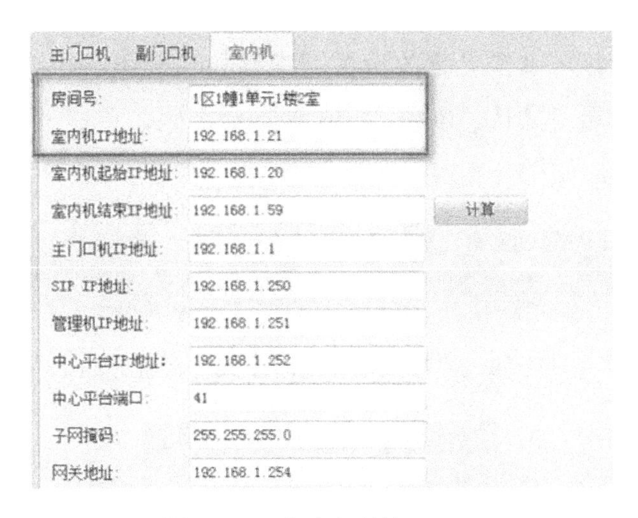

图 4-52　室内机刷机（4）

（6）配置可视对讲系统

① 设备激活：双击可视对讲配置工具，进入软件主界面，从在线设备中，选中未激活的设备，单击“激活”按钮，然后在“激活”对话框中按要求设置密码即可，如图 4-53 所示。

图 4-53　设备激活

※注意：

设备安全状态处于未激活时，需要设置密码进行激活。未激活的设备无法进行操作和远程登录。

② 修改设备网络参数：在线设备检测区域中，可以看到同一网段中当前在线的设备，选

中需要修改网络参数的设备，单击“修改设备网络参数”按钮，如图 4-54 所示。设置新的 IP 地址、子网掩码、网关，端口默认“8000”，输入登录密码，单击“确定”按钮，右下角会提示修改设备网络参数成功，如图 4-55 所示。

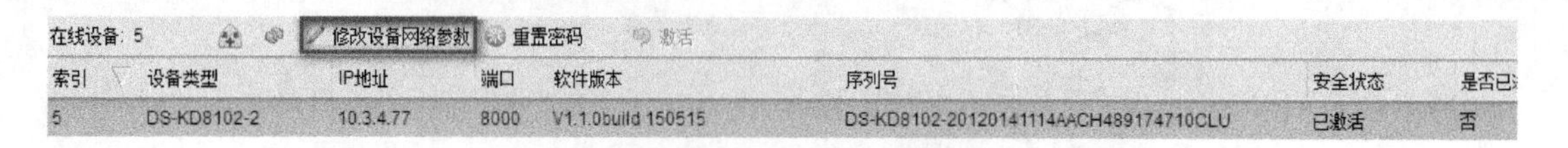

图 4-54　“修改设备网络参数”设置（1）

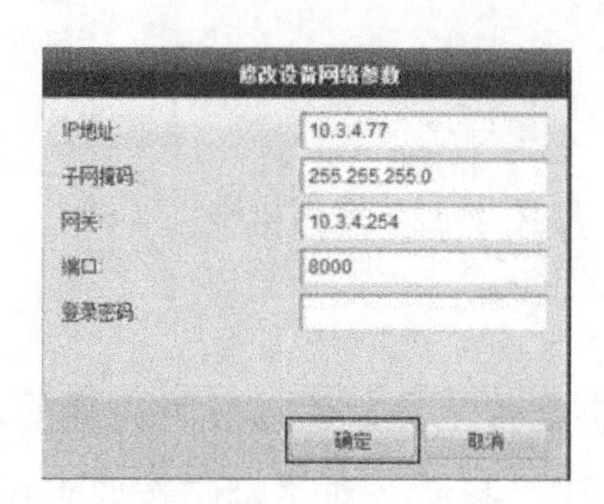

图 4-55　“修改设备网络参数”设置（2）

※注意：

设备网络参数修改后，若之前已添加到设备列表中，则需修改其网络参数或重新添加。

③ 添加设备。

a. 在线设备添加：双击可视对讲配置工具，进入软件主界面，如图 4-56 所示。单击在线设备检测区域，进入在线设备界面，可以看到同一网段内所有在线设备的相关信息。可以选择单个或多个设备，单击图标，输入设备的用户名、密码，单击“确定”按钮之后登录设备，并将设备添加到设备列表中（设备管理区域），如图 4-57 所示。

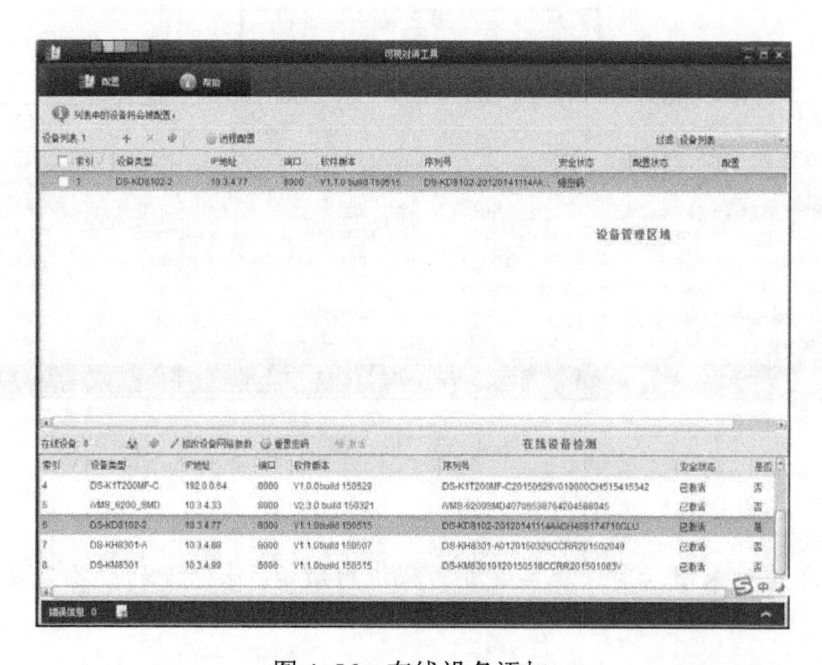

图 4-56　在线设备添加

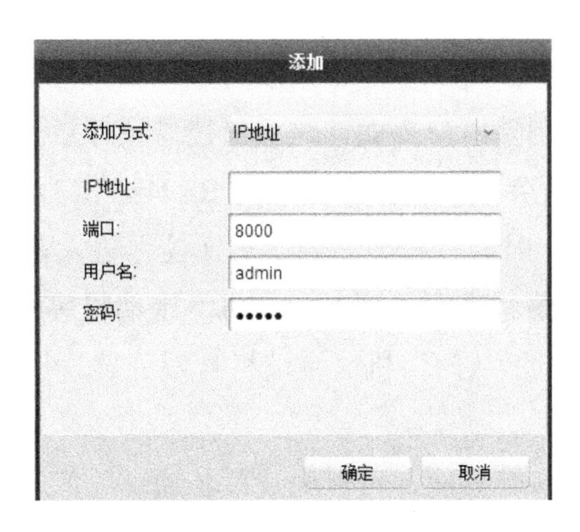

图 4-57　“添加”设备

b. 通过 IP 地址/IP 段/端口段添加：单击设备管理区域的+图标，打开添加设备窗口。添加方式可以选择 IP 地址/IP 段/IP 端口段，端口默认为“8000”，输入用户名及密码，单击“确定”按钮。添加成功之后，被添加的设备就会显示在设备管理区域中。

④ 远程配置：在设备管理区域，选择需要远程配置的设备，单击“远程配置”按钮，进入远程配置界面，如图 4-58 和图 4-59 所示。

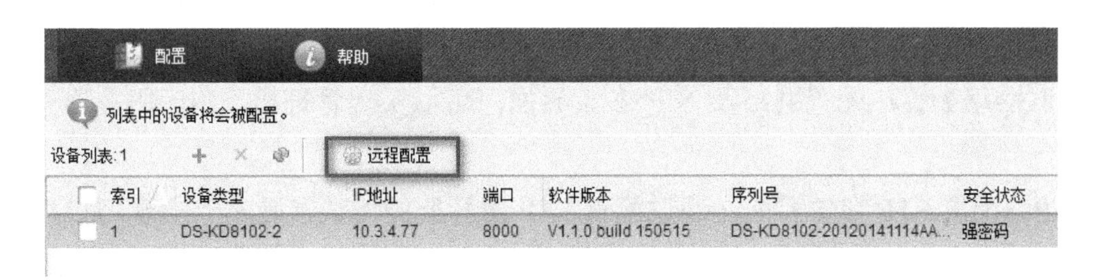

图 4-58　远程配置（1）

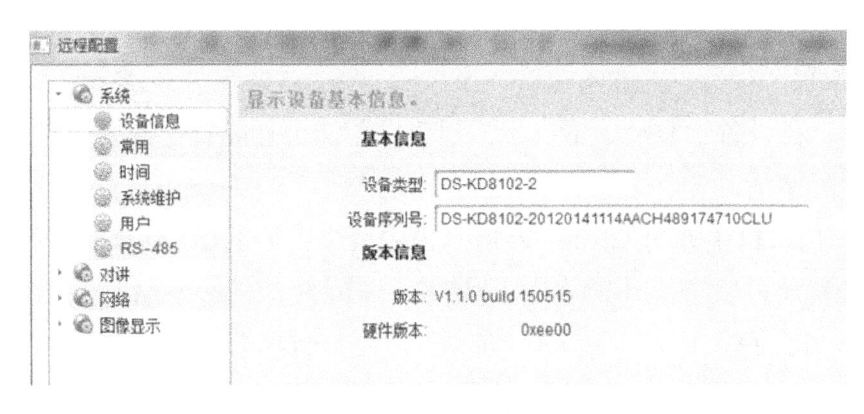

图 4-59　远程配置（2）

a. 系统：对设备信息进行查看、时间校对、用户管理、系统维护等配置。

- 设备信息：进入设备基本信息界面，可查看设备类型、设备序列号及版本信息。
- 常用：配置设备常用参数界面，正常情况下，设置默认，无须改动。
- 时间：校时界面，通过网络校时界面，可以开启自动校时。

- 系统维护：系统维护界面，可以进行系统管理以及远程升级。
- 用户：添加、修改、删除用户界面，这里只能修改登录设备的密码。
- RS-485：RS-485 设置界面，根据需要设置 RS-485 参数。

b. 对讲：对设备的编号、时间、权限、门禁与梯控、输入输出等进行配置。

- 编号配置：配置设备编号界面，可对门口机、围墙机等设备进行编号配置。编号为 0 表示主门口机，编号大于 0 表示从门口机（围墙机），从门口机编号为 1～99，一个单元至少有一台主门口机。
- 时间参数：配置时间参数界面，可以配置最长通话时间和最长留言时间。
- 权限密码：配置权限密码参数界面，可以修改工程密码（初始密码为 888999）。
- 门禁与梯控：配置门禁和梯控参数界面，可以配置门禁和梯控参数。
- IO 输入输出：IO 输入输出设置界面，可对输入/输出号进行用途配置。
- 音量输入输出：配置音量输入输出界面，对输入/输出音量进行配置。

c. 网络：对网络进行配置，主要包含本地网络配置、关联网络配置。

- 本地网络配置：配置本地网络参数界面，可设置新 IP 地址、子网掩码、网关，端口默认为“8000”。修改本地网络配置之后，需关闭远程配置界面，重新在设备列表中添加设备，再对其进行远程配置。
- 关联网络配置：配置网络及 SIP 参数界面，可以实现管理机、SIP 服务器及中心平台交互。
- FTP：配置 FTP 参数界面，通过配置 FTP 服务器的相关参数，当实现门口机开锁抓图功能的时候，所抓的图片就会上传到 FTP 服务器。

d. 图像显示：进行信号源视频参数的配置，包括摄像头的格式、亮度、对比度及饱和度等。

（7）门口机设置

① 激活设备：在设备未激活的情况下，门口机无法进行配置，需要通过刷机工具/配置工具/4200 客户端进行激活。

② UI 界面：门口机主界面如图 4-60 所示，围墙机主界面如图 4-61 所示。

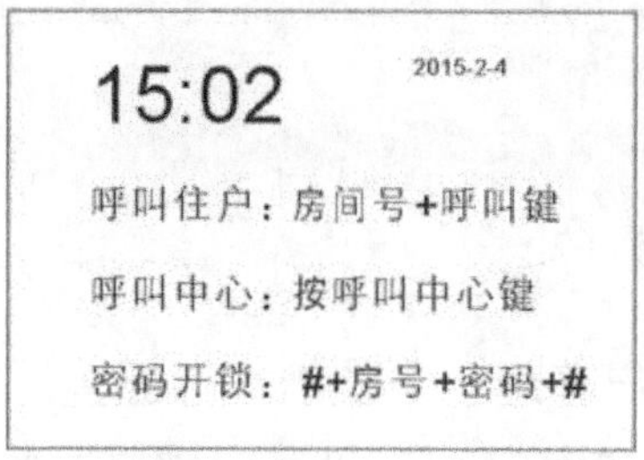

图 4-60　门口机主界面

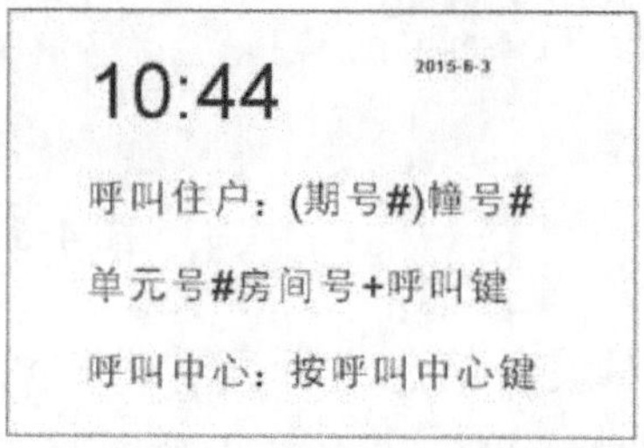

图 4-61　围墙机主界面

③ 设置参数：按住“*#”不放，直至进入图 4-62 所示的门口机输入密码界面。输入工程

密码，以#号结束，进入设置界面。设置参数界面包括：网络配置、本机配置、卡片授权、密码修改、音量配置、关于子界面。在设置参数界面中，通过数字键 4、6 可以进行上下翻页操作。

a. 网络配置：网络参数设置界面如图 4-63 所示。图 4-64 所示为从（副）门口机网络配置界面，主门口机网络配置界面无主机 IP 配置项。

b. 本机配置：配置门口机所属位置，如图 4-65 所示。

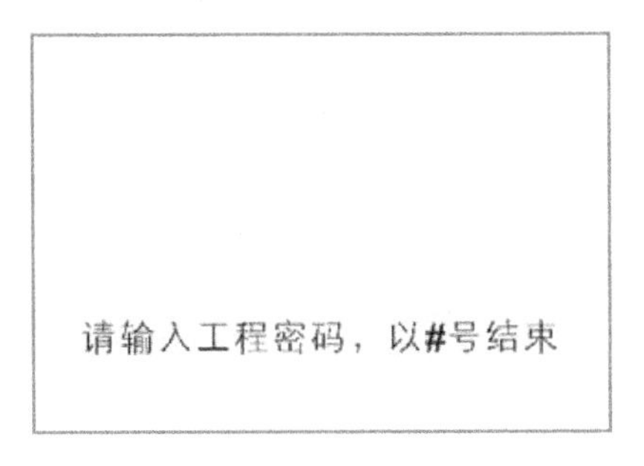

图 4-62　门口机输入密码界面

图 4-63　网络配置界面

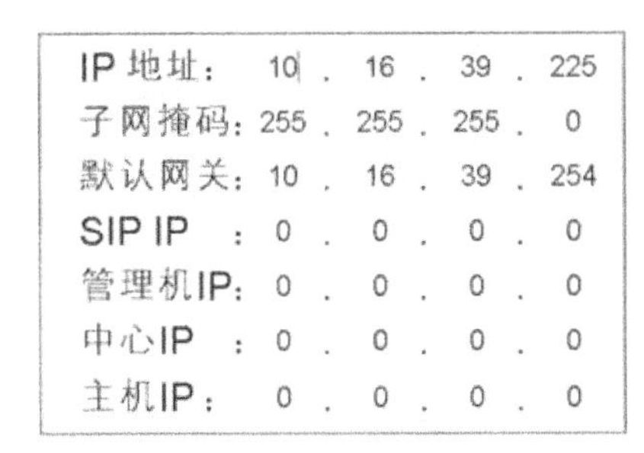

图 4-64　从（副）门口机网络配置界面

期　号：	1
楼　号：	1
单元号：	1
层　号：	1
序　号：	0

图 4-65　本机配置界面

c. 卡片授权：刷母卡界面如图 4-66 所示，按#键进入，提示请刷母卡，把母卡放至刷卡区域，提示刷卡成功。之后提示请刷要发的卡，如图 4-67 所示，把要发的门禁卡放至刷卡区，提示发卡成功，至此，卡片授权成功，按*键退出卡片授权界面。

图 4-66　刷母卡

图 4-67　刷新卡

d. 密码修改：密码修改界面如图 4-68 所示，按#键，进入密码修改单元门口机界面。

e. 音量配置：音量配置界面如图 4-69 所示，按#键，进入音量设置界面，可以配置喇叭及麦克风音量。

f. 关于子界面：可以查看版本号。

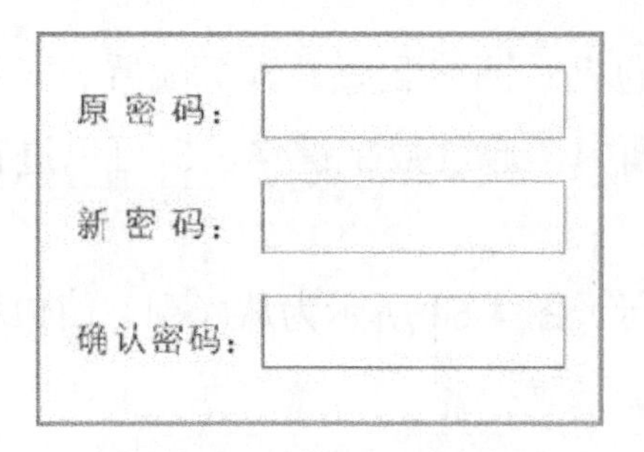

图 4-68　密码修改界面

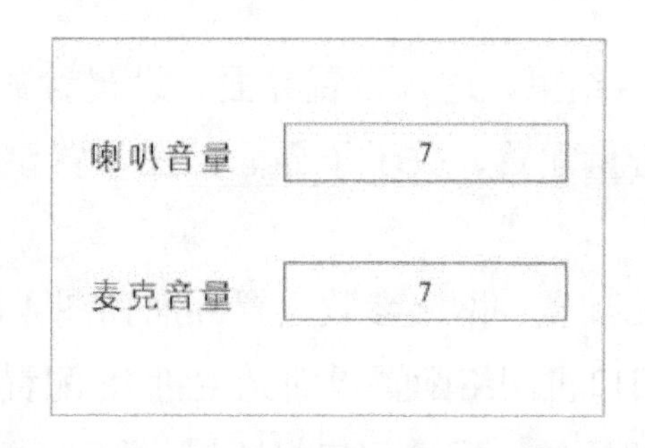

图 4-69　音量配置界面

（8）门禁对讲系统的操作

① 客户端本地参数配置：

进入客户端执行“控制面板”→“维护与管理”→“系统配置”→“可视对讲”命令，出现如图 4-70 所示的系统配置界面，可根据实际需要配置客户端本地参数（可视对讲相关参数），包括来电铃声、响铃超时时间、与室内机最长通话时间、与门口机最大通话时间。

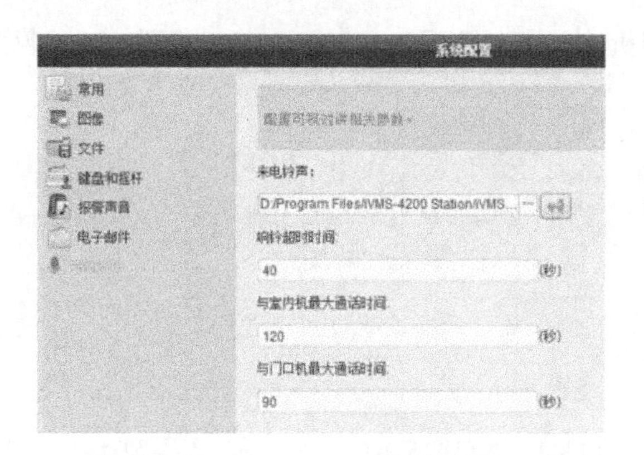

图 4-70　系统配置界面

② 设备管理：包括设备激活、添加设备、修改设备、删除设备、远程参数配置等。

③ 监视设备：可通过客户端监视单元门口机的视频图像，右击预览画面，选择“开锁”选项，出现如图 4-71 所示的快捷菜单，实现远程开锁。

图 4-71　监视画面

④ 组织管理：执行“控制面板”→“操作与控制”→“可视对讲”→“组织管理”命令，可进行添加分组、修改分组、删除分组操作。添加分组：单击“+”按钮，进入添加分组界面，根据需要添加分组，如图 4-72 所示。选中要修改的分组，单击图标，根据需要进行修改，如图 4-73 所示。选中要删除的分组，单击“删除”按钮即可删除。

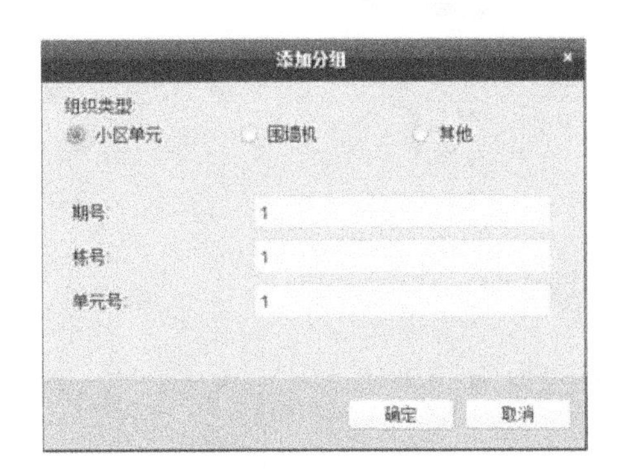

图 4-72　添加分组

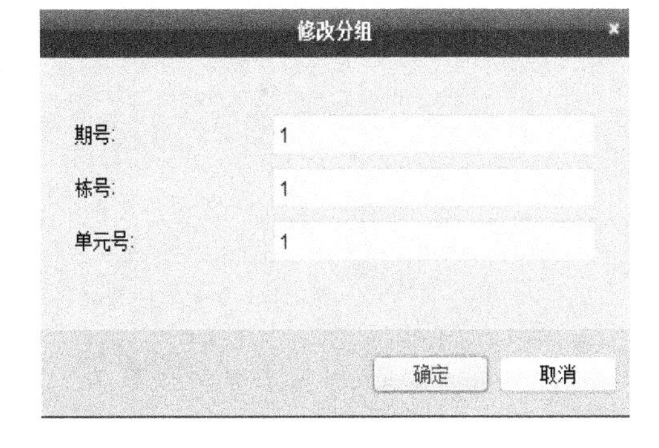

图 4-73　修改分组

⑤ 对讲通信：

在门口机上呼叫管理中心，可实现门口机呼叫客户端。客户端在接听或不接听情况下均可通过界面上的按钮进行远程开锁。在对讲通信界面中，可查看门口机与客户端的通话记录。单击“清空记录”按钮，即可清空通话记录。对讲通信界面如图 4-74 所示。

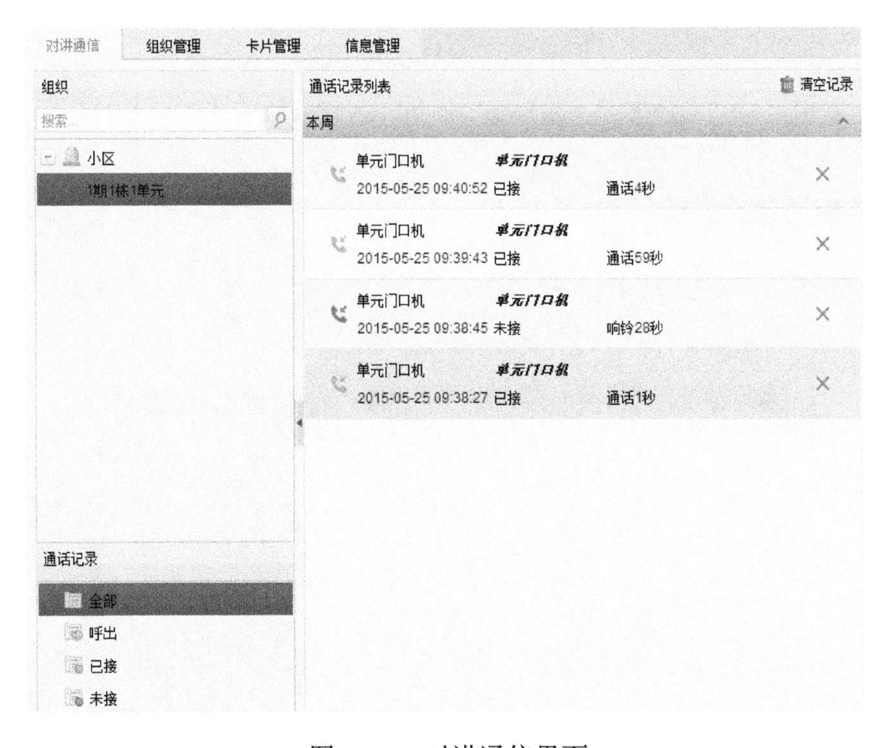

图 4-74　对讲通信界面

⑥ 卡片管理：

a. 空白卡片管理，可实现卡片的添加、删除、开卡、批量导入和批量导出管理。

- 单击“添加卡片”按钮，根据需要选择添加方式、卡片类型，填写卡号信息，单击“确定”按钮即可添加新卡，如图 4-75 所示。

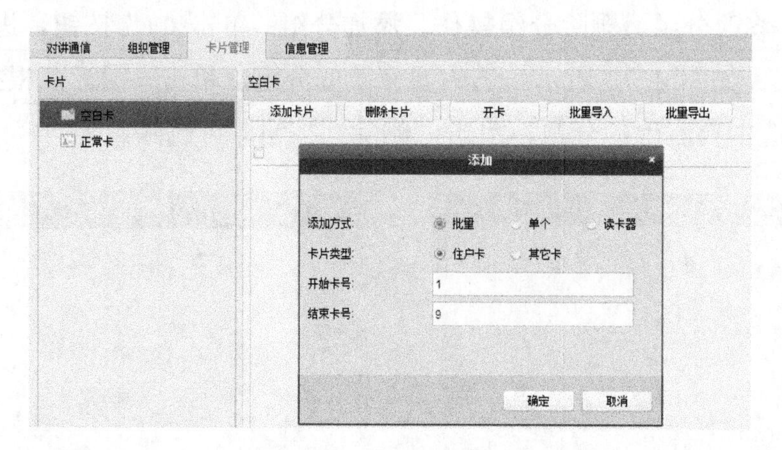

图 4-75　添加空白卡

- 卡片开卡：单击“开卡”按钮，进入开卡界面，如图 4-76 所示。选择分组和住户后，如图 4-77 所示，单击该住户卡片管理的“开卡”按钮。在“选择卡片”对话框中选择卡片和下发设备后，单击“开卡”按钮进行开卡操作，如图 4-78 所示。

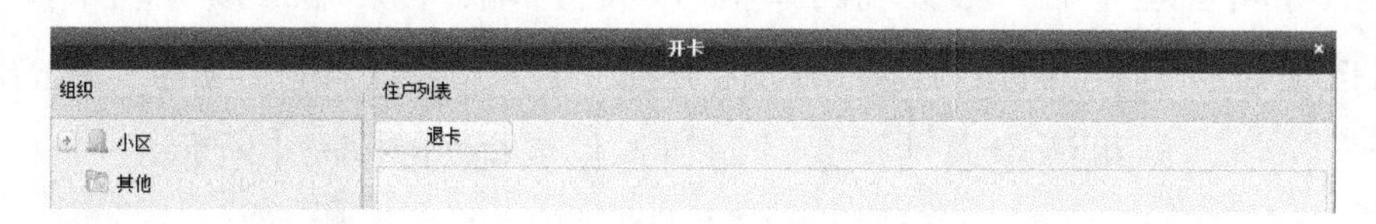

图 4-76　卡片开卡（1）

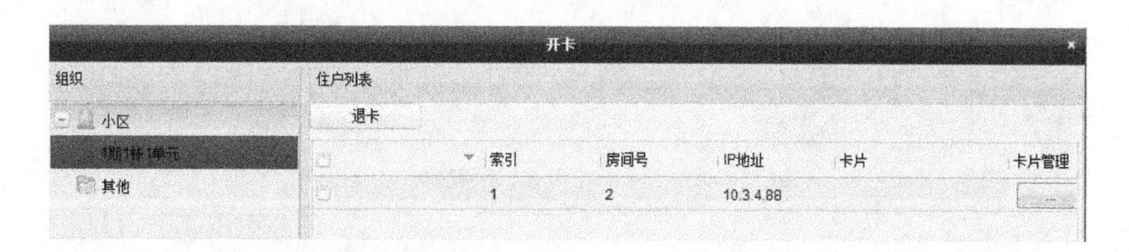

图 4-77　卡片开卡（2）

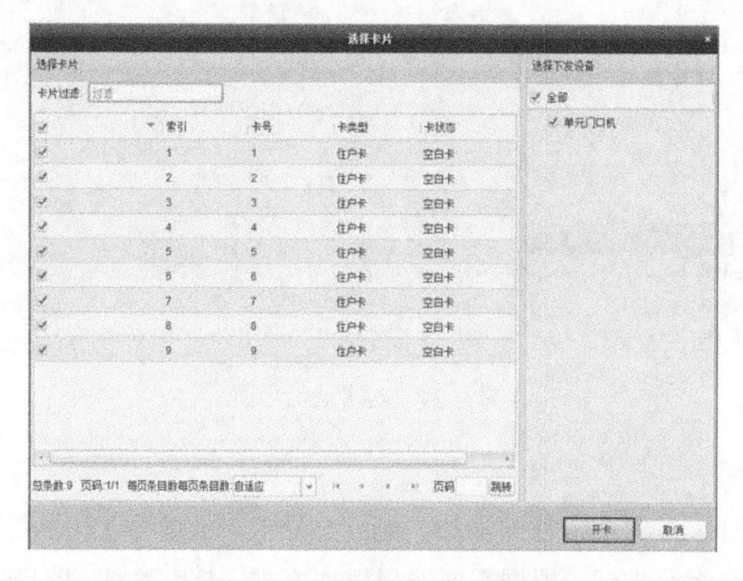

图 4-78　卡片开卡（3）

b. 正常卡片查询：进入正常卡片界面，可查询正常卡片的信息，如图 4-79 所示。

图 4-79　正常卡片查询

（9）信息管理

① 通话记录查询：输入查询条件，单击“查询”按钮，如图 4-80 所示。可查询到符合查询条件的通话记录。同时，可以对查询到的记录进行导出操作。

图 4-80　通话记录查询

② 开锁记录查询：输入查询条件，单击“查询”按钮，如图 4-81 所示，可查询到符合查询条件的开锁记录。同时，可以对查询到的记录进行导出操作。

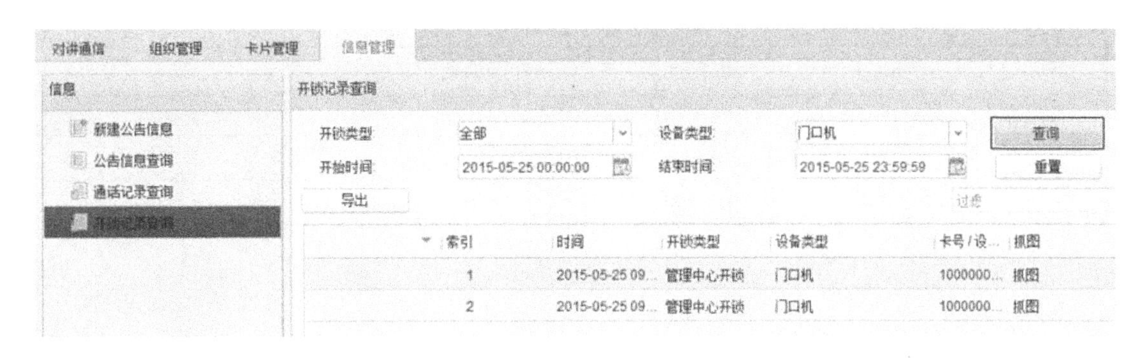

图 4-81　开锁记录查询

4.2.2 任务：搭建小区型可视门禁对讲系统

1. 设备、工具、材料的准备

（1）设备：门口机、室内机、管理机、电锁、交换机、出门按钮、门磁、闭门器等。

（2）工具：螺钉旋具、剥线钳、锤子等。

（3）材料：电线、双绞线、螺钉等。

2. 认识主要设备

DS-KM8301 可视对讲管理主机如图 4-82 所示。

图 4-82 DS-KM8301 可视对讲管理主机

DS-KM8301 可视对讲管理主机的主要技术参数如表 4-8 所示。

表 4-8 DS-KM8301 可视对讲管理主机的主要技术参数

参 数	说 明
处理器	高性能嵌入式 SOC 处理器
操作系统	嵌入式 Linux 操作系统
摄像头	CMOS 30 万像素
视频压缩标准	H.264
分辨率	640×480
视频帧率	PAL：25 帧/s。NTSC：30 帧/s
显示屏	7 英寸彩色 TFT LCD
音频输入	内置全指向麦克风+外接话柄
音频输出	内置扬声器+外接话柄
以太网	10Mb/s/100Mb/s/1000Mb/s 自适应
电源	DC 12V

3. 系统结构图

小区型门禁对讲系统架构图如图 4-83 所示。

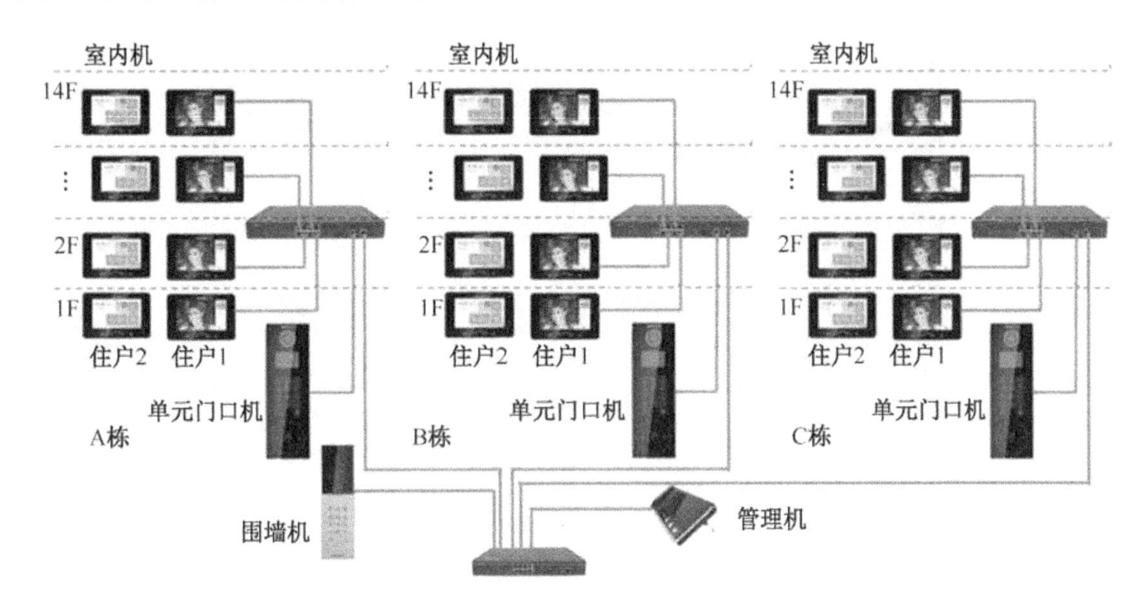

图 4-83　小区型门禁对讲系统架构图

4. 实施步骤

（1）楼宇对讲设备的安装

① 根据设计要求，在墙体合适位置安装电源箱。

② 在小区各单元门口适当位置安装单元门口机。

③ 在各单元门口的门体适当位置安装门锁、门磁、闭门器。

④ 在各单元门口的里面一侧、门体旁边适当位置安装出门按钮。

（2）楼宇对讲系统的连接

① 将 220V 的电源线端接到专用电源的电源输入端，暂不通电。

② 将专用电源的输出端接入单元门口机、室内机、管理机及交换机的电源输入接口。

③ 用双绞线将单元门口机、各室内机、管理机接入交换机网口。

④ 将磁力锁的“-”端接入专用电源箱的电源输出“-”端，“+”端接入单元门口机的“NC1”端，专用电源箱的电源输出“+”端接入单元门口机的“COM1”端。

⑤ 将门磁的两端分别接入单元门口机的“S2”端和“GND”端。

⑥ 将出门按钮的两端分别接入单元门口机的“S1”端和“GND”端。

（3）设置可视对讲系统

① 设备激活：利用可视对讲配置工具对未激活设置进行激活。

② 添加设备：将本任务需要的各种设备添加到设备列表中。

③ 远程配置：对各个设备的参数进行远程配置。

（4）管理机设置

① 激活管理机。利用可视对讲配置工具对管理机进行激活，激活后的管理机主界面如图 4-84 所示。

图 4-84　管理机主界面

② 设置密码：在主界面中单击“设置”图标，进入设置界面，单击右下角的“修改密码”图标，弹出“修改密码”对话框，如图 4-85 所示，输入旧密码以及新密码，单击“保存”图标。

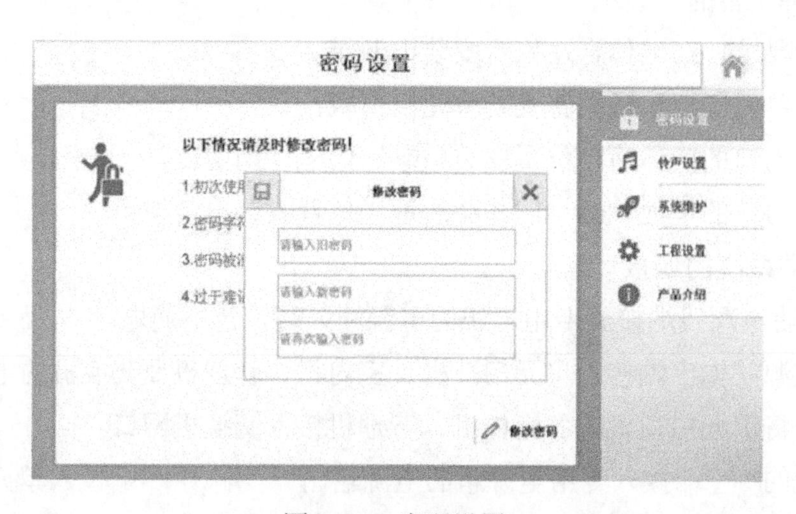

图 4-85　密码设置

③ 铃声设置：选择右边的“铃声设置”选项，进入铃声设置界面。通过此界面可以设置来电铃声、响铃时间、麦克风音量、扬声器音量、是否启用触屏按键音、通话时间（管理机与门口机或室内机的通话时间），如图 4-86 所示。

④ 系统维护：选择右边的“系统维护”选项，进入系统维护界面，通过系统维护界面，可以清洁屏幕、重启设备，以及查看系统版本和硬件型号信息，如图 4-87 所示。

⑤ 工程设置：选择右边的“工程设置”选项，弹出工程密码输入框，输入工程密码，进入设置界面。

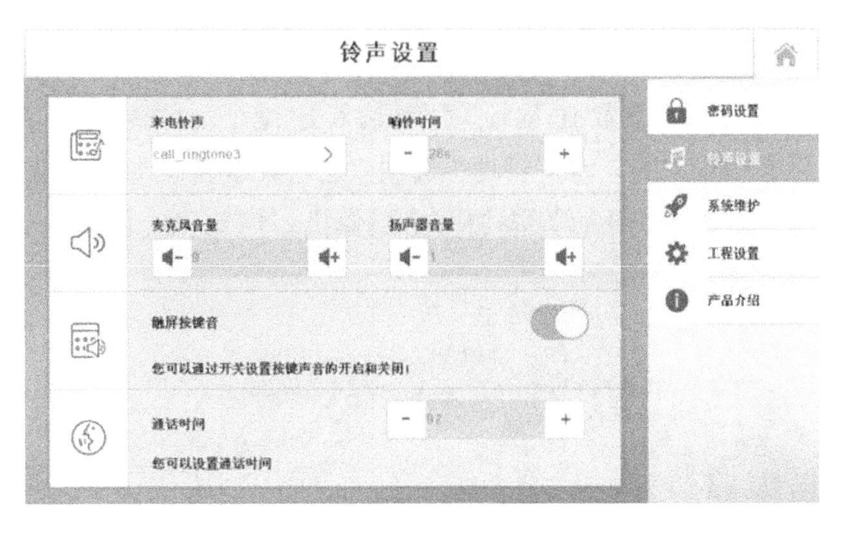

图 4-86　铃声设置

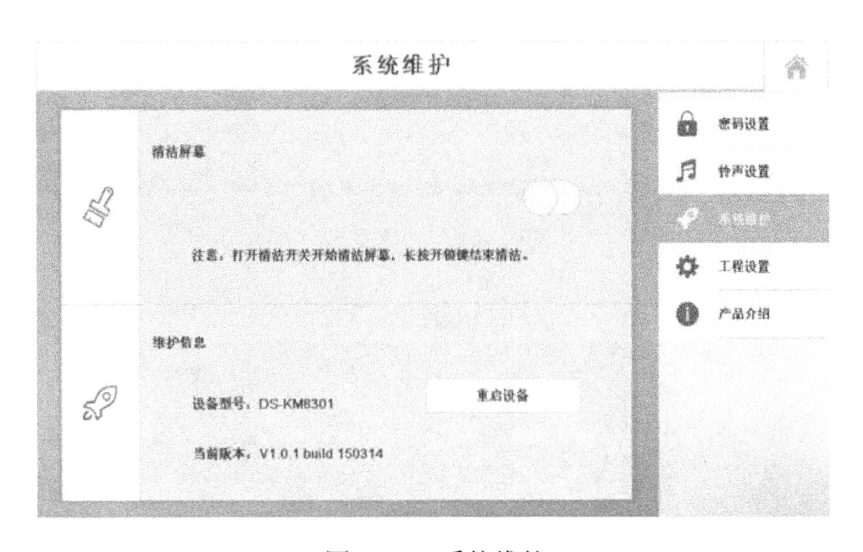

图 4-87　系统维护

⑥ 本机信息：通过此界面可以设置管理机所属的期号、编号及监视时间，自动注册按钮一定要启用，如图 4-88 所示。

图 4-88　本机信息

⑦ 网络设置：选择右边的“网络设置”选项，进入网络配置界面，如图 4-89 所示。通过网络配置界面，可以通过自动获取 IP 地址、手动输入 IP 地址两种模式给本机设置 IP 地址。

⑧ 设备管理：选择右边的“设备管理”选项，进入设备管理界面。通过设备管理界面，不仅可以修改中心平台属性，还可以添加网络摄像机、门口机、围墙机、DVR/NVR/DVS 等设备，如图 4-90 和图 4-91 所示。

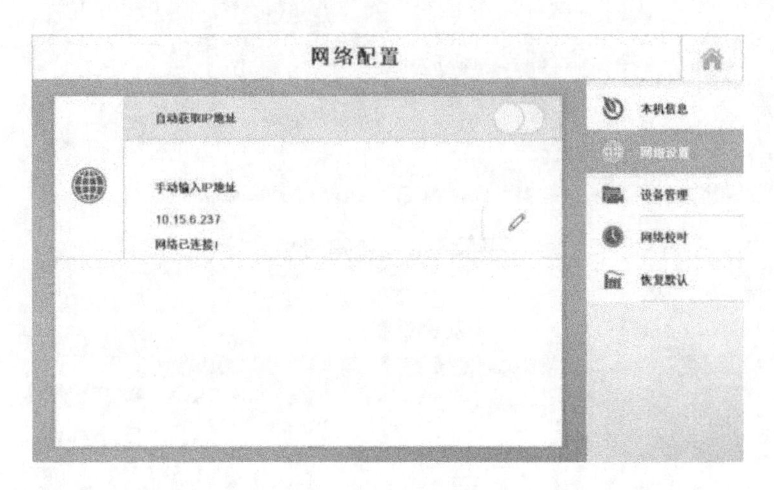

图 4-89　网络配置

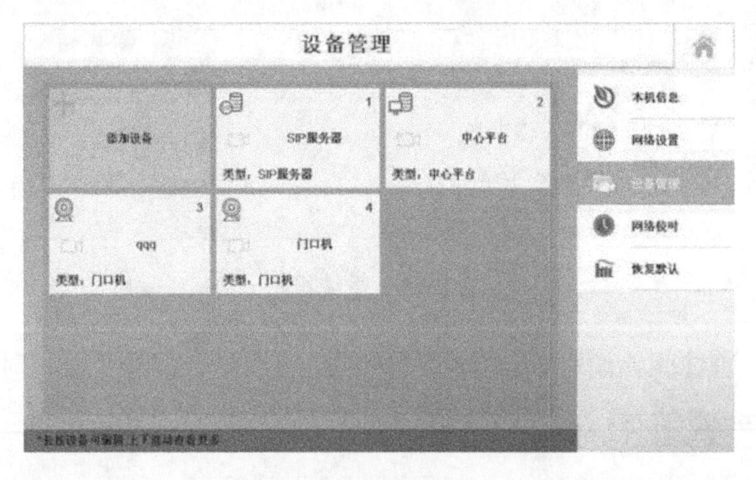

图 4-90　设备管理

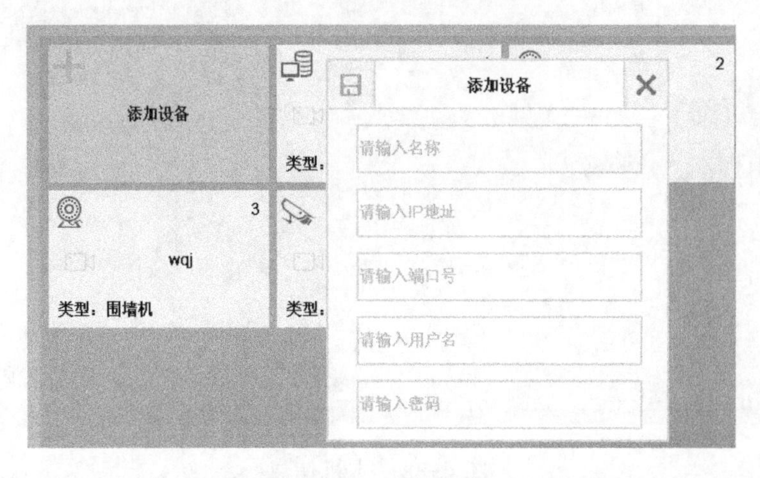

图 4-91　添加设备

⑨ 网络校时：选择右边的“网络校时”选项，进入网络校时界面，如图 4-92 所示。通过网络校时界面，可以开启自动校时功能，单击启用 NTP 后面的按钮，设置校时周期（单位：分钟）、输入 IP 地址（NTP 服务器的 IP 地址）、端口号默认为“123”，也可以选择时区。

图 4-92　网络校时

⑩ 恢复默认：选择右边的“恢复默认”选项，将进入恢复默认界面，单击“恢复”按钮，设备将重启，并且所有配置恢复到出厂设置，此功能要慎用！

（5）管理机监控操作

在主界面中单击“监控”图标，进入监控界面，如图 4-93 所示。可以对门口机、围墙机、网络摄像机、DVR/NVR/DVS 等进行监控，监控门口机或围墙机的时候，可以远程开锁。

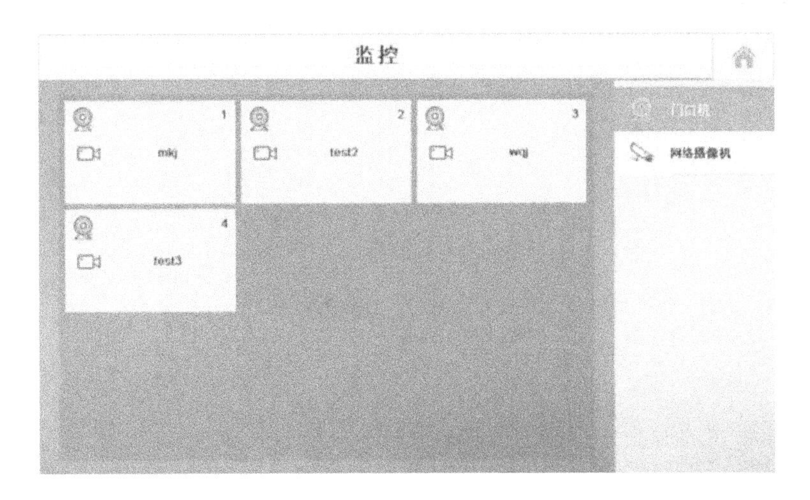

图 4-93　监控界面

（6）管理机通话操作

① 添加联系人：在室内机主界面中，单击“通讯录”图标，进入“通讯录”配置界面。单击“添加联系人”图标，输入相应的名称与房间号后（房间号的格式为期-幢-单元-室，如 1 期 2 幢 3 单元 405 室，输入“1-2-3-405”），单击“保存”按钮，完成联系人的添加，如图 4-94 所示。

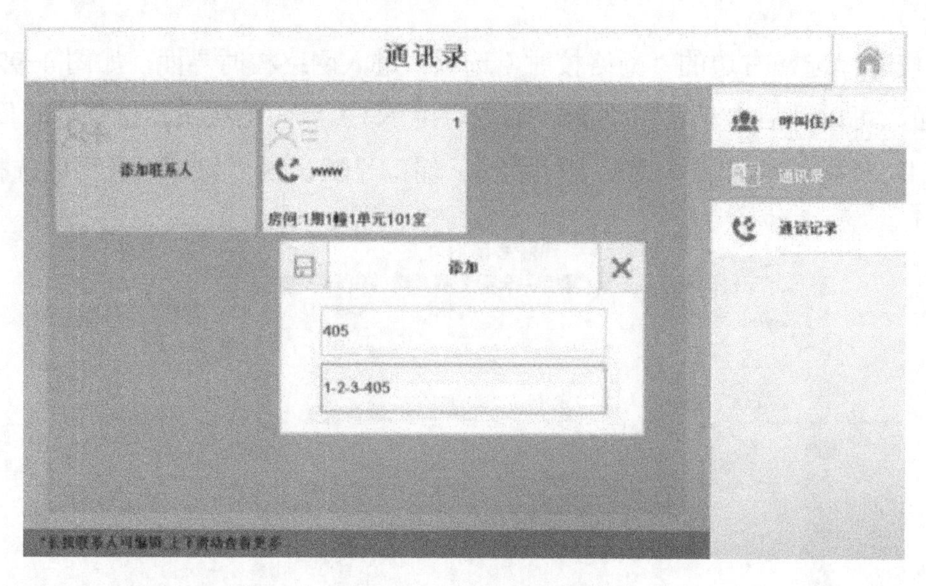

图 4-94　添加联系人

② 呼叫住户：在管理机主界面中，单击“可视对讲”图标，进入呼叫住户界面，如图 4-95 所示。呼叫住户有三种方式：第一种是手动输入对方房间号（如 1 期 2 幢 3 单元 405，输入 1-2-3-405）；第二种是选择右边的“通讯录”选项，从左边的联系人列表中单击要呼叫的联系人；第三种是选择右边的“通话记录”选项，从左边的通话记录中呼叫住户。通话过程中，还可以选择是否启用摄像头，启用按钮开启后，对方可以看到管理机的视频图像。

图 4-95　呼叫住户

③ 通话记录：在主界面中单击“通话记录”图标，进入通话记录界面。通话记录界面可以查看未接来电和全部通话记录，长按某条通话记录，可以删除该条通话记录或清空所有通话记录；短按某条通话记录，可以回拨给住户，如图 4-96 所示。

（7）管理机报警信息管理

在主界面中单击“报警记录”图标，进入报警记录界面，可以查看已处理和未处理的报警信息（红色的代表未处理的报警信息），并进行监控或回拨操作，如图 4-97 所示。

图 4-96　通话记录

图 4-97　报警记录

【任务评价】

评价内容		完成情况评价		
分配的工作		自评	组评	师评
完成效果	能完成小区型门禁对讲设备的安装，说出主要设备名称、功能及用途			
	能完成小区型门禁对讲系统的布线与配置，无短路故障			
	能实现小区型门禁对讲系统的呼叫对讲、刷卡开锁、报警提示等功能			
合作意识	能积极配合小组开展活动，服从安排			
	能积极地与组内、组间成员交互讨论，能清晰地表达想法，尊重他人的意见			
	能和大家互相学习和帮助，共同进步			
沟通能力	有强烈的好奇心和探索欲望			
	在小组遇到问题时，能提出合理的解决方法			
	能发挥个人特长，施展才能			

续表

评价内容		完成情况评价		
分配的工作		自评	组评	师评
专业能力	能运用多种渠道搜集信息			
	能查阅图纸及说明书			
	遇到问题不退缩，并能想办法解决			
总体体会	我的收获是：			
	我体会最深的是：			
	我还需努力的是：			

第5章 安全防范系统电源及防雷接地系统设计与实施

项目背景

智能小区的安全防范系统中的所有子系统，如视频监控、出入口控制、周边防范、入侵报警等都需要提供电源，并且要考虑防雷接地的问题。电源供给、防雷接地的稳定性和安全性直接影响到整个智能小区的安全防范系统的正常运作，是日常应用中不可或缺的重要部分。

系统结构

安全防范系统电源系统示意图如图 5-1 所示。

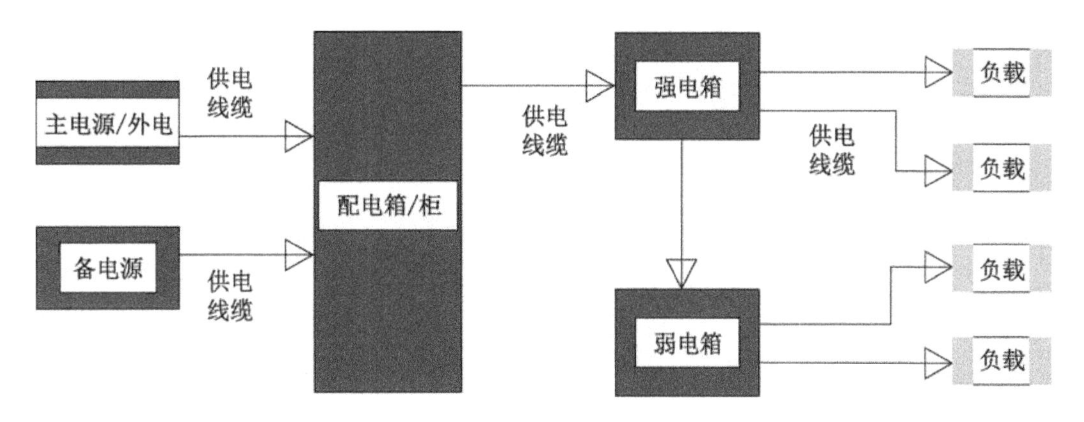

图 5-1　安全防范系统电源系统示意图

能力目标

（1）能画出安全防范系统电源系统结构图。

（2）能理解电源系统的布线及工作原理。

（3）能掌握电源系统中各相关设备的功能与应用。

（4）能熟练进行电源系统的安装、调试及维护。

5.1 安全防范系统电源设计与实施

【任务描述】

智能小区中的安全防范系统的所有设备必须提供电源才能工作，因此，要求提供的电源必须24小时无间断地供给。不管是使用市电还是UPS电源供电，都必须经过配电房，再向各系统的所有设备提供满载工作电源。

【任务目标】

1．画出电源系统结构图和系统接线图。

2．能理解配电箱及各配套设备的型号选择、性能指标、工作原理。

3．能进行强、弱配电箱的安装和调试。

【任务分析】

安全防范系统都是由市电或UPS电源经配电房来提供电源的，然后通过配电箱进行统一管理，一般设备使用的电源类型有AC 220V、AC 24V和DC 12V等。本项目将按下面3个任务分别进行介绍。

任务1：认识配电箱。

任务2：搭建电源强电箱。

任务3：搭建电源弱电箱。

5.1.1 任务：认识配电箱

1．设备、工具、材料的准备

（1）设备：配电箱、漏电断路器、漏电保护器等。

（2）工具：十字大螺钉旋具、剥线钳、万用表等。

（3）材料：电线、自攻螺钉、胶粒、螺钉、螺母等。

2．认识主要设备

（1）DZL18-32F/1漏电断路器

漏电断路器如图5-2所示。

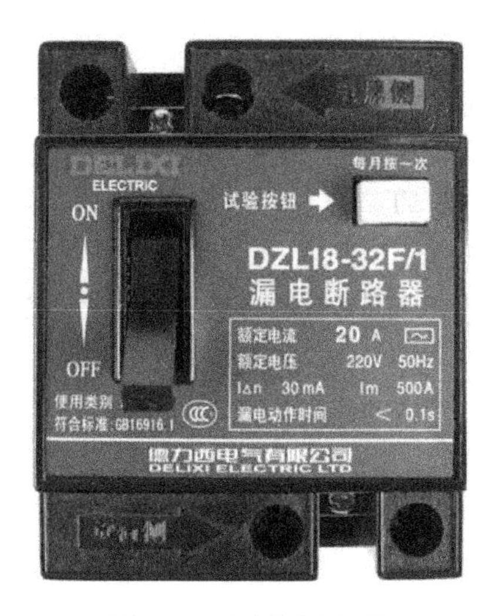

图 5-2　漏电断路器

DZL18-32F/1 漏电断路器的主要技术参数如表 5-1 所示。

表 5-1　DZL18-32F/1 漏电断路器的主要技术参数

参　数	说　明
额定电压	220V，50Hz
额定电流	20A
额定剩余动作电流	30mA
额定剩余不动作电流	15mA
额定接通分断能力	500A

（2）DZ47LE-32 漏电保护器

漏电保护器如图 5-3 所示。

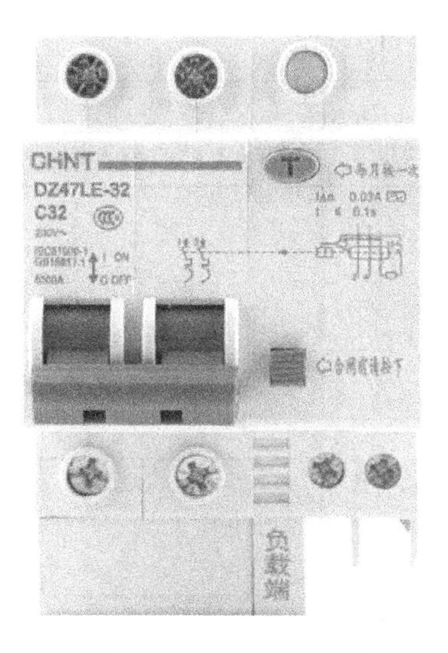

图 5-3　漏电保护器

DZ47LE-32 漏电保护器的主要技术参数如表 5-2 所示。

表 5-2　DZ47LE-32 漏电保护器的主要技术参数

参　　数	说　　明
额定电压	230V
额定电流	32A
分断能力	6000A
安装方式	导轨安装

（3）PZ30-12 强电箱

强电箱如图 5-4 所示。

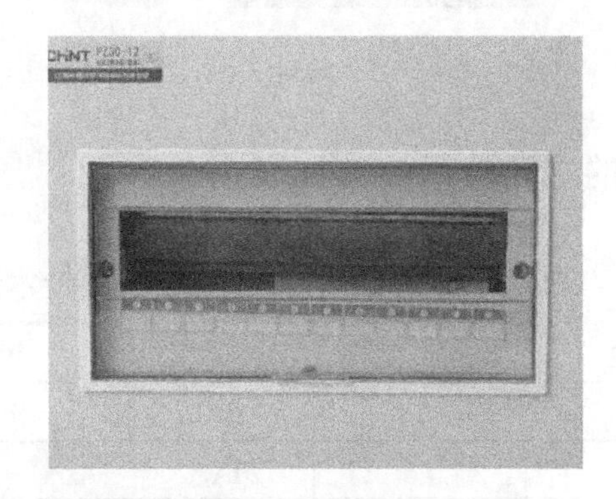

图 5-4　强电箱

PZ30-12 强电箱的主要技术参数如表 5-3 所示。

表 5-3　PZ30-12 强电箱的主要技术参数

参　　数	说　　明
额定电压	230V
负载总电流	100A
总回路	12
安装方式	明装、暗装

3．系统接线图

供电主电源与备用电源接线图如图 5-5 所示。

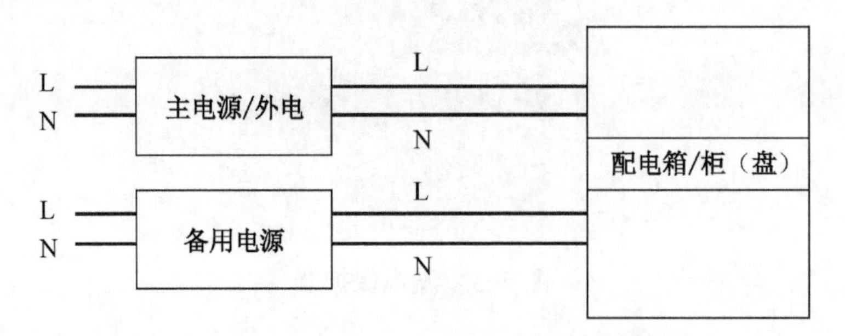

图 5-5　供电主电源与备用电源接线图

4．实施步骤

（1）检查设备

① 配电箱（柜）本体外观检查应无损伤及变形，油漆完整无损，内部电器装置及元器件、绝缘瓷件齐全，无损伤、裂纹等缺陷。

② 安装前应核对配电箱编号是否与安装位置相符，按设计图纸检查其箱号、箱内回路号。箱门接地线应采用软铜编织线，专用接线端子。

（2）认识配电箱及内部电器装置

认识配电箱的外观和内部结构，根据说明书识别漏电断路器和漏电保护器的作用及应用。

（3）作业条件

配电箱安装场所土建应具备内粉刷完成、门窗已装好的基本条件。预埋管道及预埋件均应清理好；场地具备运输条件，保持道路平整畅通。

（4）配电箱定位

根据设计要求现场确定配电箱位置以及现场实际设备安装情况，按照配电箱的外形尺寸进行弹线定位。

（5）基础型钢安装

① 按图纸要求预制加工基础型钢架，并做好防腐处理，按施工图纸所标位置，将预制好的基础型钢架放在预留铁件上，找平、找正后将基础型钢架、预埋铁件、垫片用电焊焊牢。

② 基础型钢接地：基础型钢安装完毕后，应将接地线与基础型钢的两端焊牢，焊接面为扁钢宽度的两倍，与柜接地排可靠连接，并做好防腐处理。

（6）配电柜（盘）安装

① 柜（盘）安装：应按施工图纸的布置，将配电柜按照顺序逐一定位在基础型钢上。单独柜（盘）进行柜面和侧面的垂直度的调整可用加垫铁的方法解决，但不可超过三片，并焊接牢固。成列柜（盘）各台就位后，应对柜的水平度及盘面偏差进行调整，以符合施工规范。

② 挂墙式的配电箱可采用膨胀螺栓固定在墙上，但空心砖或砌块墙上要预埋燕尾螺栓或采用对拉螺栓进行固定。

③ 安装配电箱应预埋套箱，安装后面板应与墙面持平。

④ 柜（盘）调整结束后，应用螺栓将柜体与基础型钢进行紧固。

⑤ 柜（盘）接地：每台柜（盘）单独与基础型钢连接，可采用铜线将柜内 PE 排与接地螺栓可靠连接，并必须加弹簧垫圈进行防松处理。每扇柜门应分别用铜编织线与 PE 排可靠连接。

⑥ 柜（盘）顶与母线进行连接，注意应采用母线配套扳手按照要求进行紧固，接触面应涂中性凡士林。柜间母排连接时应注意母排是否距离其他器件或壳体太近，并注意相位正确。

⑦ 控制回路检查：应检查线路是否因运输等因素而松脱，并逐一进行紧固，查看电器元件是否损坏。原则上柜（盘）控制线路在出厂时就进行了校验，不应对柜内线路进行私自调整，发现问题应与供应商联系。

⑧ 控制线校线后，将每根芯线煨成圆圈，用镀锌螺钉、眼圈、弹簧垫连接在每个端子板上。端子板每侧一般一个端子压一根线，最多不能超过两根，并且两根线间加圆圈。多股线应涮锡，不准有断股。

（7）柜（盘）试验调整

① 高压试验应由当地供电部门许可的试验单位进行。试验标准应符合国家规范、当地供电部门的规定及产品技术资料要求。

② 试验内容：高压柜框架、母线、避雷器、高压瓷瓶、电压互感器、电流互感器、各类开关等。

③ 调整内容：过电流继电器调整，时间继电器、信号继电器调整，以及机械连锁调整。

④ 二次控制小线调整及模拟试验，将所有的接线端子螺钉再紧一次。

⑤ 绝缘测试：用 500V 绝缘电阻测试仪器在端子板处测试每条回路的电阻，电阻必须大于 0.5MΩ。

⑥ 二次小线回路如有晶体管、集成电路、电子元器件时，应使用万用表测试回路是否接通。

⑦ 接通临时的控制电源和操作电源；将柜（盘）内的控制、操作电源回路熔断器上端相线拆掉，接上临时电源。

⑧ 模拟试验：按图纸要求，分别模拟试验控制、连锁、操作、继电保护和信号动作，正确无误，灵敏可靠。

⑨ 拆除临时电源，将被拆除的电源线复位。

（8）送电运行的条件

① 安装作业应全部完毕，质量检查部门检查全部合格，并有试验报告单。

② 试验用的验电器、绝缘靴、绝缘手套、临时接地编织铜线、绝缘胶垫、干粉灭火器等应备齐。

③ 检查母线、设备上有无遗留下的杂物。

④ 做好试运行的组织工作，明确试运行指挥人、操作人和监护人。

⑤ 清扫设备及变配电室、控制室的灰尘。用吸尘器清扫电器、仪表元器件。

⑥ 继电保护动作灵敏可靠，控制、连锁、信号等动作准确无误。

（9）送电

① 由供电部门检查合格后，将电源送进建筑物内，经过验电、校相无误。

② 由安装单位合进线柜开关，检查 PT 柜上电压表三相电压是否正常。

③ 合变压器柜开关，检查变压器是否有电。

④ 合低压柜进线开关，查看电压表三相电压是否正常。

⑤ 在低压联络柜内，在开关的上下侧（开关未合状态）进行同相校核。

⑥ 验收：送电空载运行 24 小时，无异常现象。办理验收手续，交建设单位使用。同时提交变更洽商记录、产品合格证、说明书、试验报告单等技术资料。

5.1.2　任务：搭建电源强电箱

1．设备、工具、材料的准备

（1）设备：强电配电箱、线路保护器、漏电开关、插卡开关（含卡）、接线端子排、电压电流双显表、安装板等。

（2）工具：螺钉旋具、剥线钳、锤子等。

（3）材料：十字圆头螺钉、自攻螺钉、电缆接头、电源线 RVV2×1.0 等。

2．认识主要设备

（1）漏电断路器 DZL18-32F/1

设备图样和主要技术参数参见本章任务 1。

（2）漏电保护器 DZ47LE-32

设备图样和主要技术参数参见本章任务 1。

（3）自复式过欠电压保护器 MV+MN 40A

自复式过欠电压保护器如图 5-6 所示，自复式过欠电压保护器 MV+MN40A 的主要技术参数如表 5-4 所示。

表 5-4　自复式过欠电压保护器 MV+MN40A 的主要技术参数

参　　数	说　　明
额定工作电流	40A
额定工作电压	220V，50Hz
过电压保护	（270±5）V
欠电压保护	（170±5）V

（4）电压电流双显表

电压电流双显表如图 5-7 所示，电压电流双显表的主要技术参数如表 5-5 所示。

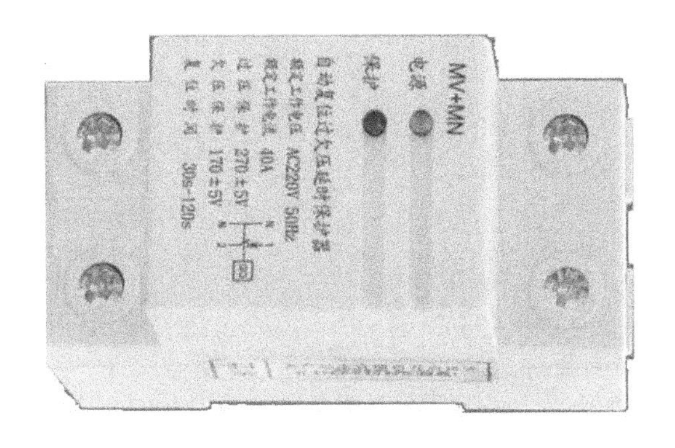

图 5-6　自复式过欠电压保护器

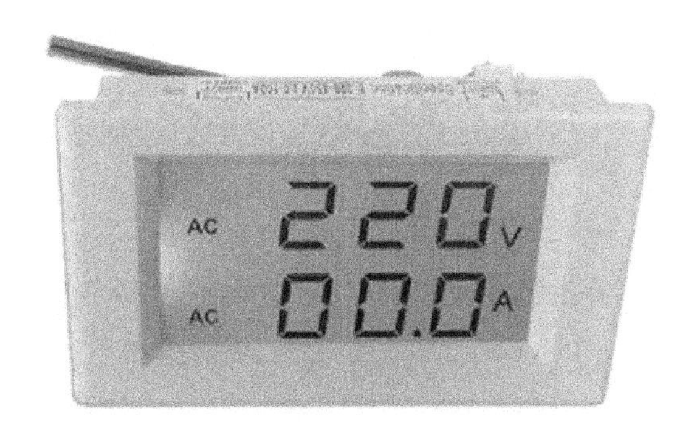

图 5-7　电压电流双显表

表5-5　电压电流双显表的主要技术参数

参　数	说　明
电压表量程	AC 230V
电压表测试范围	AC 80～230V
电流表量程	AC 200A
电流表测试范围	AC 0～200A

3．系统接线图

强电箱系统接线图如图5-8所示。

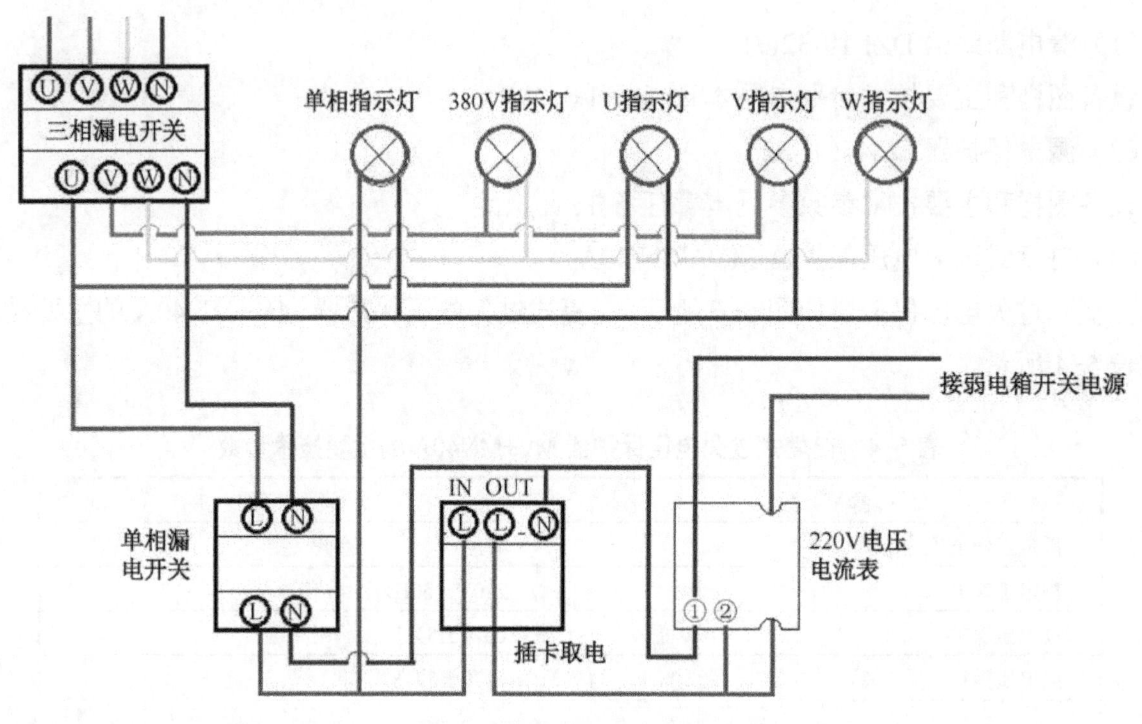

图5-8　强电箱系统接线图

4．实施步骤

（1）在强电箱内安装各电气元器件

① 安装漏电开关。

② 安装线路保护器。

③ 安装插卡开关。

④ 安装电压电流双显表。

（2）根据强电箱系统接线图对电气元器件的线路进行连接

① 将“380V指示灯”的电源线分别接到“三相漏电开关”的输出“V”和“W”端上。

② 将“U指示灯”的电源线分别接到“三相漏电开关”的输出“U”和“N”端上。

③ 将“V指示灯”的电源线分别接到“三相漏电开关”的输出“V”和“N”端上。

④ 将“W指示灯”的电源线分别接到“三相漏电开关”的输出“W”和“N”端上。

⑤ 将“单相指示灯”的电源线的“N”端接到“三相漏电开关”的输出“N”端上，“L”端接到“单相漏电开关”的输出“L”端上。

⑥ 将“单相漏电开关”的输入“L”和“N”端分别接到“三相漏电开关”的输出“U”和“N”端上。

⑦ 将“插卡开关”的输入“L”和“N”端分别接到“单相漏电开关”的输出“L”和“N”端上。

⑧ 将“电压电流双显表”的输入端分别接到“单相漏电开关”的输出“L”和“N”端上。

（3）通电检测

接通电源，通过对插卡开关、漏电开关的开关操作，观察各指示灯和电压电流双显表的变化情况。

5.1.3　任务：搭建电源弱电箱

1. 设备、工具、材料的准备

（1）设备：弱电箱、继电器、24V+5V 开关电源、12V 开关电源、18V 开关电源、数控电源板、接线端子等。

（2）工具：螺钉旋具、剥线钳、锤子等。

（3）材料：十字圆头螺钉、自攻螺钉、电源线、六角螺母等。

2. 认识主要设备

（1）18V 开关电源

18V 开关电源如图 5-9 所示，18V 开关电源的主要技术参数如表 5-6 所示。

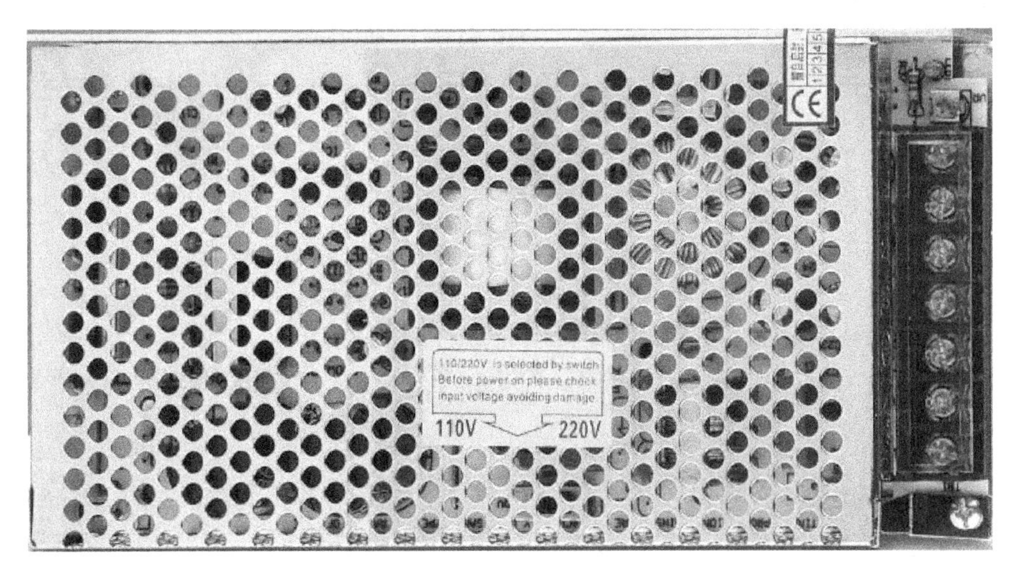

图 5-9　18V 开关电源

表 5-6　18V 开关电源的主要技术参数

参　数	说　明
输入电压范围	AC 110～264V
输出电压	DC 18V
输出额定电流	5A

（2）24V+5V 开关电源

24V+5V 开关电源如图 5-10 所示，24V+5V 开关电源的主要技术参数如表 5-7 所示。

图 5-10　24V+5V 开关电源

表 5-7　24V+5V 开关电源的主要技术参数

参　数	说　明
输入电压范围	AC 110～264V
输出 1	DC 24V，1A
输出 2	DC 5V，6A

3．系统接线图

电源弱电箱系统接线图如图 5-11 所示。

4．实施步骤

根据弱电箱系统接线图对电气元器件的线路进行连接。

（1）将从弱电箱出来的电源线分别接在“24V+5V”“12V”“18V”的开关电源的输入“L”和“N”端上。

（2）分别将各开关电源的输出端用电源线接到“数控电源板”指定的接线插头上，再将“数控电源板”相应的接线插头用电源跳线接到对应的接线端子上。

（3）将“液晶转换板”接到“数控电源板”对应的接线插头上。

（4）通电检测。

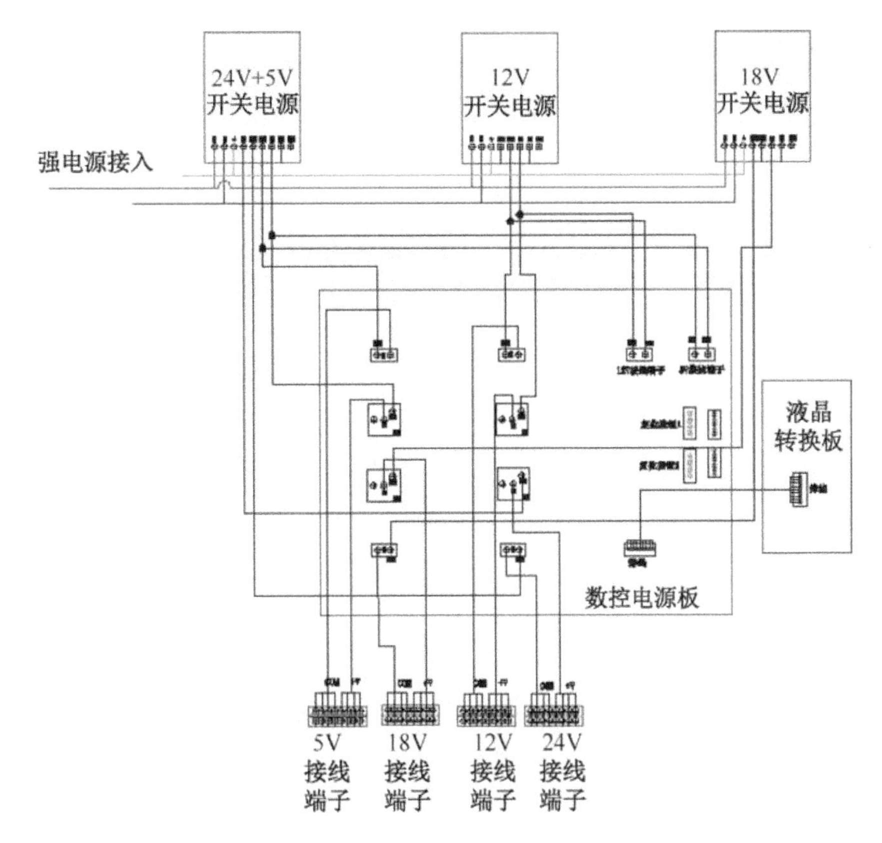

图 5-11　电源弱电箱系统接线图

5.2　安全防范系统防雷接地设计与实施

【任务描述】

根据“项目背景”的描述，智能小区的安全防范系统的中心机房需做好防雷、接地的保护措施，防止雷击、静电等因素导致系统瘫痪，确保人身、设备的安全，安全防范系统的正常运行，需要设计和建设好中心机房的防雷接地系统。

【任务目标】

1．理解防雷接地系统的绝缘保护。

2．理解防雷接地系统的断路、过载保护。

3．理解防雷接地系统的漏电保护。

4．理解防雷接地系统的接地保护。

【任务实现】

1．设备、工具、材料的准备

（1）设备：静电地板、横梁、支架、螺钉、贴面等。

（2）工具：螺钉旋具、剥线钳、锤子等。

（3）材料：十字圆头螺钉、自攻螺钉、电源线 RVV2×1.0、自攻螺钉 M4×25（不锈钢）、六角螺母 M4 等。

2. 认识主要设备

防静电地板的设备图样如图 5-12 所示，防静电地板的主要技术参数如表 5-8 所示。

图 5-12　防静电地板

表 5-8　防静电地板的主要技术参数

参　　数	说　　明
规格	600mm×600mm×30mm
贴面材质	0.7mm 防火面/1.0mm PVC 贴面
填充材料	发泡水泥

3. 系统效果图

系统效果图如图 5-13 所示。

图 5-13　系统效果图

4. 实施步骤

（1）清理地面并寻找中心线

首先将地面渣灰清理干净，然后用量具找出房间的中心位置，画出中心十字线，要求十字线垂直等分。

（2）铺设铜箔（或铝箔）网络

① 在地面上按规定的尺寸粘贴铜箔条形成网状，铜箔交叉处需用导电胶黏结，以保证铜箔间导通。

② 用兆欧表测量相邻铜箔间的电阻，其阻值需小于 105Ω，如有不通需找出原因并重新粘贴，以保证铜箔间导通。

③ 粘贴好的铜箔网络中每一百平方米至少有四点与接地线接通。

（3）铺设地板

① 用刮板先涂抹部分地面的导电胶。

② 在导电胶手感似黏非黏的情况下开始铺设地板，铺设时从中心位置开始逐块向四周展开，边贴边用橡皮锤头敲打。地板与地板间保持 1.5～2.0mm 的间距。

③ 继续涂导电胶，涂满地板，直到铺完整个应施工地面。

④ 在铺设地板过程中，必须保证铜箔在地板下通过。

⑤ 用焊枪将焊条高温软化，将地板与地板间的间距填充起来。

⑥ 将焊条凸出部分用美术刀切割掉，完成整个地面施工。

⑦ 施工过程中，经常用兆欧表测试地板表面对铜箔间是否导通，如有不通，需找出原因重新粘贴，以保证每块地板的对地电阻为 105～108Ω。

⑧ 地板铺设完后，表面必须清理干净。

（4）验收

① 地板表面的对地电阻应为 105～108Ω。

② 表面无气泡、无脱壳现象。

③ 施工完毕后焊接缝隙并清洗干净。

【任务评价】

评价内容		完成情况评价		
		自评	组评	师评
完成效果	能说明强电箱的主要设备的名称、功能及用途，并完成电源强电箱的安装与调试。			
	能说明弱电箱的主要设备的名称、功能及用途，并完成弱电箱的安装与调试。			
	会安装防静电板			
合作意识	能积极配合小组开展活动，服从安排。			
	能积极地与组内、组间成员交互讨论，能清晰地表达想法，尊重他人的意见。			
	能和大家互相学习和帮助，促进共同进步。			
沟通能力	有浓厚的好奇心和探索欲望。			
	在小组遇到问题时，能提出合理的解决方法。			
	能发挥个性特长，施展才能。			

续表

<table>
<tr><th colspan="2" rowspan="2">评价内容</th><th colspan="3">完成情况评价</th></tr>
<tr><th>自评</th><th>组评</th><th>师评</th></tr>
<tr><td rowspan="3">专业能力</td><td>能运用多种渠道收集信息。</td><td></td><td></td><td></td></tr>
<tr><td>能查阅图纸及说明书。</td><td></td><td></td><td></td></tr>
<tr><td>遇到问题不退缩，并能想办法解决。</td><td></td><td></td><td></td></tr>
<tr><td rowspan="3">总体体会</td><td colspan="4">我的收获是：</td></tr>
<tr><td colspan="4">我体会最深的是：</td></tr>
<tr><td colspan="4">我还需努力的是：</td></tr>
</table>

安全防范系统集成设计

项目背景

某智能小区安装了视频监控系统、入侵报警系统、门禁对讲系统等安全防范系统，现在希望对各系统进行统一的监测、控制和管理，以通过网络实现跨系统的联动。如当某栋建筑物出现非法入侵时，能够及时发出警报信息，同时调动周边的摄像头对该区域进行监控，把监控画面的视频传送到保安值班室，让值班保安能够及时发现警情并做出处理。

系统结构

安全防范系统的集成设计结构，如图 6-1 所示。

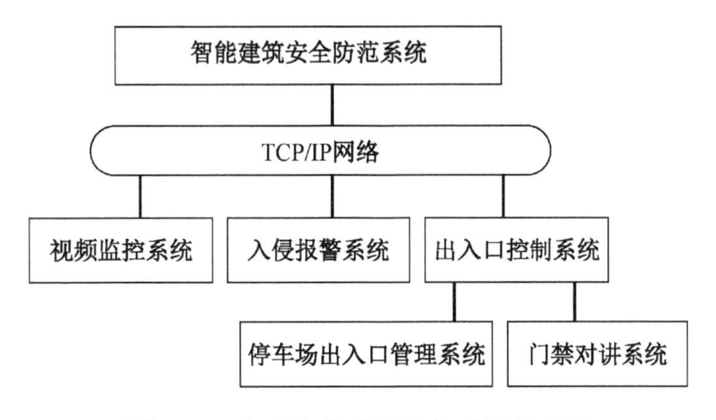

图 6-1　安全防范系统的集成设计结构

能力目标

（1）能够理解安全防范系统的联动控制反应。

（2）能够理解安全防范子系统间的联动控制关系。

（3）能够掌握安全防范系统集成技术的实现途径。

（4）能够理解安全防范系统与其他系统的集成设计。

6.1 安全防范系统的集成技术

安全防范系统是以维护社会公共安全为目的，运用安全防范产品和其他相关产品所构成的入侵报警系统、视频监控系统、出入口控制系统、防爆安全检查系统等，或由这些系统为子系统组合或集成的电子系统。这些子系统既可以独立存在，又可以集成构成一个安全防范系统，而系统集成是智能建筑的核心，它能够在各个子系统之间建立联动关系，一旦有某个子系统出现报警行为，会联动其他子系统来判定危险情况的发生，然后发出相应的控制指令，使该区域的人和环境安全，大大提高了建筑物的自动化水平，这一观念已成为建筑领域专业人士的共识。

例如，当某智能小区的建筑物发出非法入侵的报警时，小区的安全防范系统能够联动触发，发生非法入侵的位置的视频监控系统将附近的摄像头调整方向，对事发现场进行视频监控，并将拍摄到的视频传送到监控室或保安室，小区的入侵报警系统马上启动报警功能，自动发出报警警铃并拨打应急报警电话，出入口控制系统自动对事发现场附近的出入口进行控制。这些事件的综合处理，在各自独立的系统中是不可能实现的，而在集成系统中却可以按实际需要设置后得到实现，这就极大地提高了整体的集成管理水平。

6.1.1 安全防范系统的联动控制

在安全防范工程中，每个子系统不但相对独立，而且各子系统之间有联动控制。联动控制属于中大型安防系统的基本集成，对于保障系统的有效运行以及提升防范的准确率是必不可少的。

1. 周界报警与相应子系统的联动

在安装有周界防范报警系统的情况下，当有非法入侵或翻越围墙警情时，就会触发该区域的探测器，安全防范管理平台将自动对其他相关的子系统产生联动行为，让值班保安能够及时了解警情并根据实际情况采取措施，具体表现如下。

（1）当周界报警产生非法入侵警情时，入侵报警系统的探测设备能够向安全防范管理中心发出联动信号，安全防范管理平台会对其他相关的子系统产生联动行为：防盗报警主机发出警报，保安值班室的报警系统也会启动；管理中心和各保安室的监控画面切换为报警区域的实时监控画面并进行录像；门禁系统会对相关出入口和通道进行通行限制。

（2）当周界报警消除非法入侵警情时，安全防范管理平台会对其他相关的子系统取消联动行为：视频监控系统取消对特定区域的录像，各监控画面恢复为原来的监控计划；入侵报警系统取消警报，各探测设备继续进行原来的探测状态；门禁系统恢复相关出入口和通道的通行行为。

2．门禁与相应子系统的联动

门禁系统与其他安全防范子系统的联动方式，可由使用者对门禁控制系统的报警联动功能项通过硬件或软件进行自定义设置。

当门禁系统发生设备被拆除、非法开门等各种非正常使用门禁设备警情时，能产生报警联动信号，安全防范管理平台立即启动视频监控设备，对通道现场的事件进行视频监控和录像，并将监控画面切换到管理中心和各保安室的实时监控显示屏中门禁系统软件的监控界面；同时，联动入侵报警系统发出警报信号，让管理者和保安人员及时了解警情并做出处理；门禁系统本身也启动对主要出入口的通道管制，将非法闯入的人员控制在受制区域内，为保安人员处理警情提供必要的时间保障；电梯系统将停车运行或凭刷卡运行。

6.1.2　安全防范子系统间的联动控制关系

1．门禁控制子系统与视频监控子系统的联动控制

门禁控制系统与现场相关区域摄像机联动控制，如非法闯入、打开门时间过长、无效卡刷卡等通过硬件或软件联动的设置，应驱动视频监控子系统对应的摄像头进行联动监控，从而实现视频和出入口控制的视频监控联动。

门禁系统与视频监控系统的联动可通过以下三种方式来实现。

第一种是硬件方式，即采用门禁系统输出继电器干触点给视频监控系统的报警信号，以实现对受控门点或相关部位的图像抓拍和监视功能。第二种是软件方式，具有支持数字视频服务器（编码器）功能的门禁控制器与数字监控系统，同时实现从设备协议层到软件数据库层的双重数据交换功能。另外，直接在 DVR 的视频采集卡的 SDK 中写入门禁管理系统软件，通过门禁系统软件功能项关联到 DVR 设备。第三种是综合管理平台联动控制方式，通过综合管理平台的门禁系统产生的非法入侵行为驱动视频监控系统进行联动监控。

门禁控制子系统与视频监控子系统的联动控制，如图 6-2 所示。

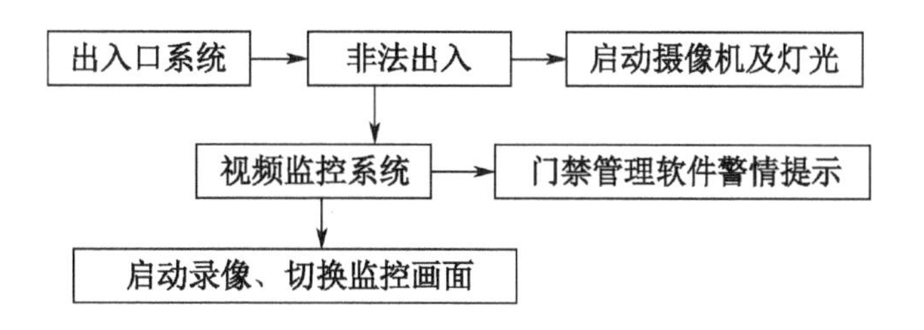

图 6-2　门禁控制子系统与视频监控子系统的联动控制

2．门禁控制系统与入侵报警系统的联动控制

当入侵报警信号上传到管理中心时，通过门禁管理软件联动门禁子系统的电控锁，封锁报警区域，如图 6-3 所示。

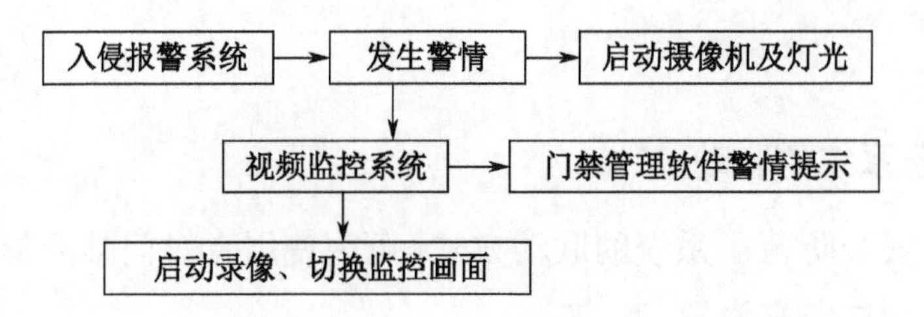

图6-3　门禁控制系统与入侵报警系统的联动控制

3．门禁系统与消防系统的联动控制

消防联动采用各楼层消防火警报警信号直接控制该楼层电源断电方式，实现发生火情时自动开锁并向中心报警的功能。系统中各楼层锁电源和控制电源分离，并使用不同的电压等级，消防控制设备的火警信号接入继电器控制回路中，由控制器控制接触器，并发送火警信号到安防系统中心门禁控制器主机上报警，由接触器立即切断电源，便于人员的逃生；同时，该消防门锁接入控制器的控制回路，在必要时可以由授权人通过中心软件远程开锁，利于大宗货物的运输，而不影响消防设备，联动控制的原理示意图如图6-4和图6-5所示。

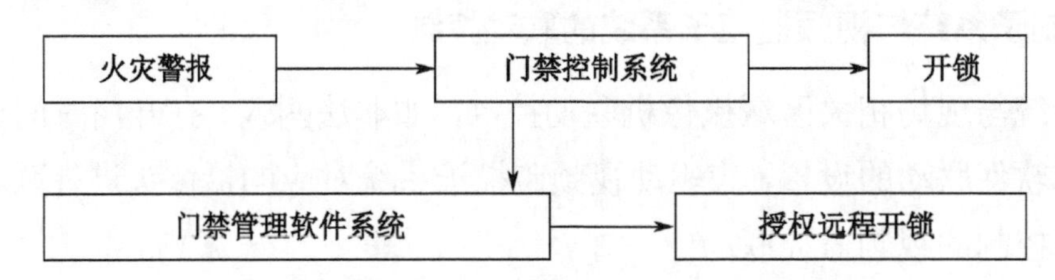

图6-4　门禁系统与消防系统的联动控制关系

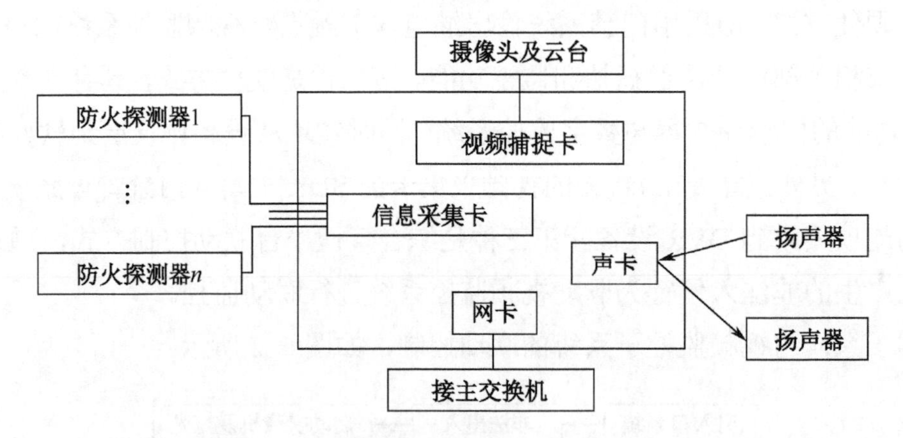

图6-5　门禁系统与消防系统的联动过程

4．安防系统与建筑设备监控系统的联动控制

门禁管理软件已为大部分建筑设备监控系统开放了协议，建筑设备监控系统可把这部分开放协议作为模块集成到自己的管理软件中，当有警情发生时，门禁管理软件会把入侵报警系统的输出信号传送到建筑设备监控系统中，进而打开相关区域的灯光照明与视频监控系统联动录像，如图6-6和图6-7所示。

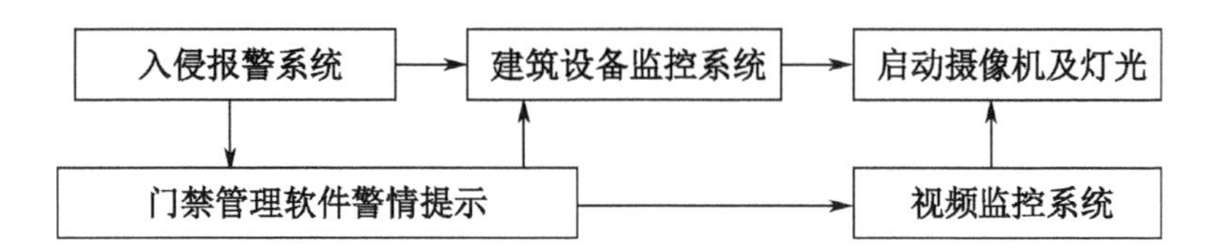

图 6-6　安防系统与建筑设备监控系统的联动控制关系

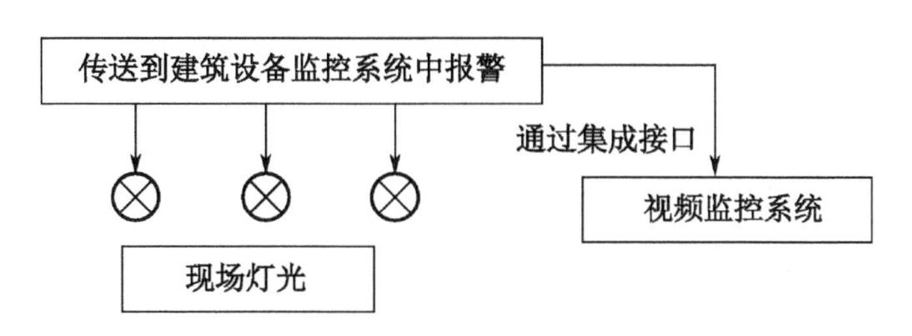

图 6-7　安防系统与建筑设备监控系统的联动过程

5. 门禁控制系统与电梯控制的接口

门禁管理软件具备与电梯控制的接口，授权用户可通过刷卡方式进出特定楼层，非授权用户无法进入，从而使这些区域未经授权的其他人无法进入，以保证该区域人员的安全，如图 6-8 所示。

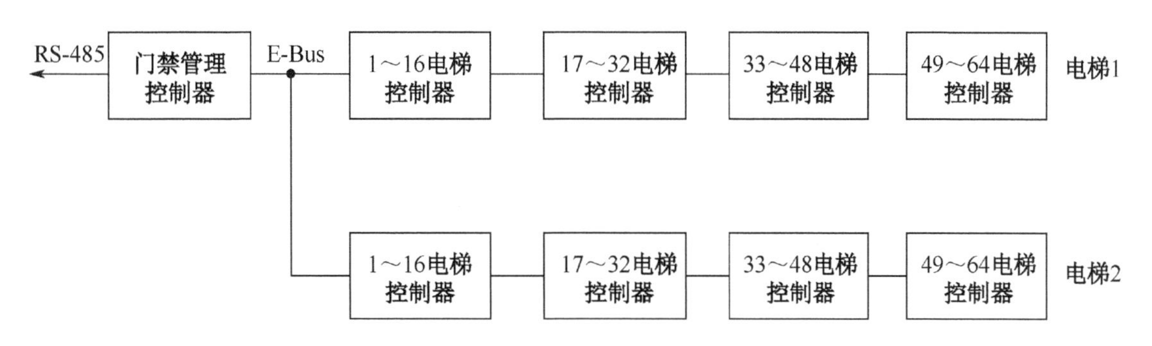

图 6-8　门禁控制系统与电梯的联动控制

6.1.3　安全防范系统的集成

1. 安全防范系统的集成控制

安全防范系统主要包含防盗报警、视频监控和出入口管理三大子系统。就传统安防系统的构成而言，这三大子系统具有极大的独立性，各自具有中央控制器和控制显示器，彼此间的数据交换通过各功能模块间的硬件接口实现；同时，它们又可以集成，与智能建筑系统融合，通过中央管理系统的软件平台，各个功能模块与中央管理系统的硬件接口实现信息上传和数据下载，从而实现各大系统的统一管理。

安全防范系统的集成必须具备的条件：一是被集成系统间要有硬件接口，二是有可供集成的软件平台。安防集成系统有时也被称为综合保安管理系统。

2．安全防范系统的集成设计

安全防范系统的集成设计包括子系统的集成设计、总系统的集成设计，必要时还应考虑总系统与上一级管理系统的集成设计。

（1）子系统的集成设计。入侵报警系统、视频安防监控系统、门禁控制系统等独立子系统的集成设计，是指它们各自的主系统对其分系统的集成，如在大型多级报警网络系统的设计中，一级网络应考虑对二级网络的集成与管理，二级网络应考虑对三级网络的集成与管理等，大型视频安防监控系统的设计应考虑控制中心（主控）对各分中心（分控）的集成与管理等。

（2）总系统的集成设计。一个完整的安全防范系统，通常都是一个集成系统。安全防范系统的集成设计，主要是指其安全管理系统的设计。安全管理系统的设计可以有多种模式，可以以某一子系统为主（如视频安防监控系统）进行总系统的集成设计，也可以采用其他模式进行总系统的集成设计。不论采用何种方式，安全管理系统的设计都应满足下列要求。

① 有相应的信息处理和控制/管理能力，有相应容量的数据库。

② 通信协议和接口应符合国家现行有关标准的规定。

③ 系统具有可靠性、容错性和可维护性。

④ 系统能与上一级管理系统进行更高一级的集成。

3．安全防范系统的集成实现途径

当前，安全防范系统的集成途径多种多样，最常规的是以视频监控系统或门禁控制系统为平台进行的系统延伸集成，其着眼点是实现视频监控、入侵报警、门禁控制三大子系统的集成，安全防范系统的集成关系图如图6-9所示。

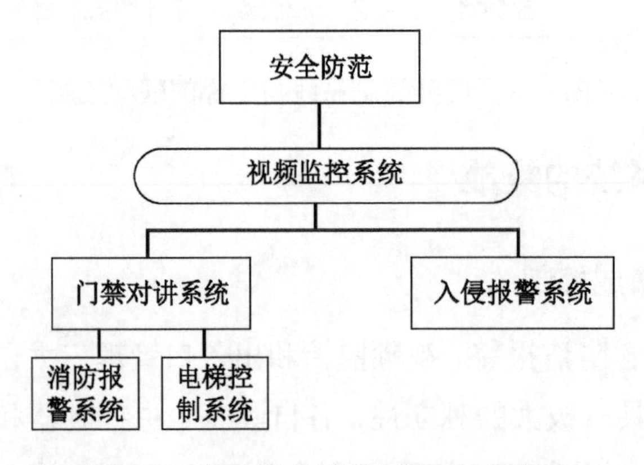

图6-9　安全防范系统的集成关系图

（1）以视频监控为核心的联动集成

视频监控系统是获取视觉信息最可靠、最重要的手段，通过摄像机进行视频监控，中央控制室可以对图像进行切换及存储、区域显示、综合控制与管理。

视频监控系统可以与周界防护系统、防盗报警系统、门禁管理系统、停车场管理系统等组合成一个完整的安全防范自动化联动系统。当发生报警时，综合防范管理系统通过智能分站管理防盗防抢系统和门禁管理系统的系统信息和报警信息，并通过作为网络控制节点的智能设备接口，实现与视频监控系统的联动，视频监控系统能自动切换到指定的一个或多个摄像头上进行实时显示、录像。

（2）以门禁系统为平台的集成

以门禁系统为平台进行集成也是一种经常采用的集成方法，这种系统在实现门禁功能的同时，还能实现与其他子系统的联动功能。

（3）以网络系统为平台的集成

以网络系统为平台的集成是将所有的子系统或设备均挂在网上运行，并通过网络完成信息的传送和交互，此时监控装置完成基本监控与报警功能，网络通信实现命令传递与信息交换，计算机系统则统一控制整个安防系统的运行。其特点是可以实现综合性安防功能，从而有可能在图像压缩、多路复用等数字化进程的基础上，实现将视频监控、探测报警和门禁控制安防三要素真正有机结合在一起的综合数字网络，特别是可将其建立在社会公共信息网络之上。网络型安防系统结构如图 6-10 所示。

图 6-10　网络型安防系统结构

6.2　安全防范系统与其他系统的集成设计

随着高速网络和物联网技术的发展，安防领域与其他学科技术融合的趋势越来越明显。例如，视频监控技术正与视频会议技术融合，消防也因可用摄像机直接探测火灾而将与安防相结合，智能建筑中的安防、消防、楼控三大部分也正在融合，此外，还包括扩大的物业（如物业管理、停车场管理、电子巡更、电梯管理、背景音乐广播等）。视频监控、门禁对讲、防盗报警等安防子系统逐渐网络化，这将使通信网络系统与安防系统更加紧密结合。

6.2.1　摄像机用于消防监控

消防安全是公共安全的重要组成部分，与人民群众的生命与财产密切相关，随着全国消防信息化建设的快速发展，消防安全已经在各个智能小区中得到广泛应用。加强消防安全的监控和管理，减少消防事故的发生已得到国家和社会的高度重视，将视频监控应用到消防安全管理中，特别是易燃易爆场所、人员密集公共场所等，已经成为一种趋势。消防视频监控系统的总体设计方案如图 6-11 所示。

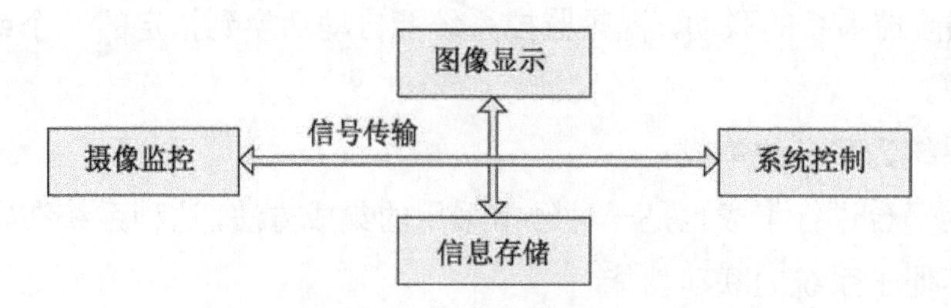

图 6-11　消防视频监控系统的总体设计方案

1．超大场所基于烟雾视觉识别的烟雾探测系统

与其他的图像型火灾探测系统相比，VSD 系统（可视烟雾探测系统）最大的特点就是可以利用大多数现有的闭路电视（视频监控）系统，如安防监控系统、交通管理系统等，不需要增加额外的现场设备及布线就可以方便地搭建火灾报警控制系统，从而大大地节约了系统成本，降低了系统安装与维护的复杂性。

与传统的火灾探测系统相比，VSD 系统在探测能力上具有显著的优势。VSD 系统实现了对火灾的极早期检测，直接探测火源，可以检测到人眼看不到的细微烟雾颗粒，并且可以检测所有种类的烟雾。VSD 系统带来的另一个直接的好处就是可以使值班人员在第一时间看到火灾现场正确位置的图像，从而快速采取相应措施。

可视烟雾探测系统结构如图 6-12 所示。

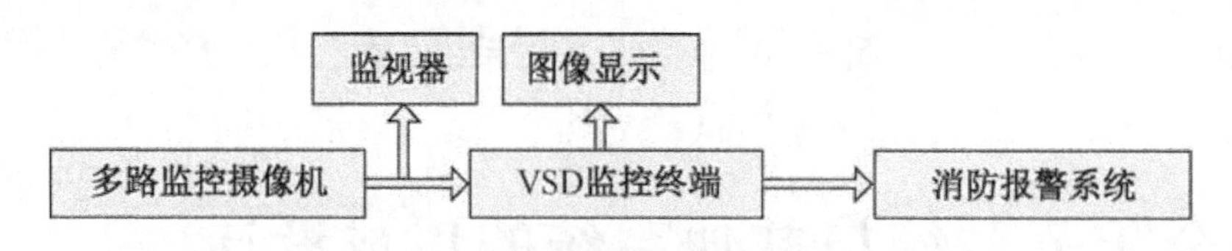

图 6-12　可视烟雾探测系统结构

2．双波段图像火灾探测器

双波段图像火灾探测器（以下简称双波段探测器）属于智能型火灾探测设备，它具有火焰探测功能，适用于大空间和其他特殊场合。它由红外 CCD 和彩色 CCD 组成，可将采集到的红外/彩色视频图像信号传送给信息处理主机，使火灾探测和图像监控得到有机结合。报警灵敏度可现场编程灵活设定，以满足不同场所需要。双波段探测器采用非接触式探测，具有防尘、防潮、防腐蚀功能，对环境因素的适应能力强（如灰尘、潮湿、温度、一般腐蚀性气体或防爆场所等），可用于环境恶劣的工业场所。

双波段图像型火灾探测系统如图 6-13 所示。

3．红外线火灾探测与定位系统

红外线火灾探测装置是由红外线火灾探测器和图像处理器构成的，可进行高精度的火灾判断，并自动定位火灾的位置。红外线火灾探测装置的监视范围为水平方向 200°，垂直方向 90°，最远监视距离 200m。

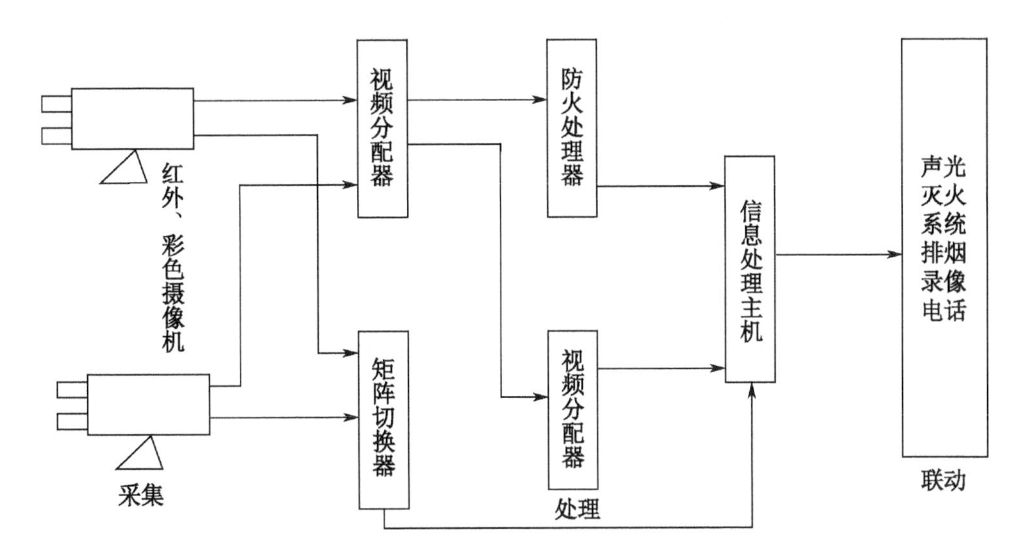

图 6-13　双波段图像型火灾探测系统

红外线火灾探测与定位系统如图 6-14 所示。

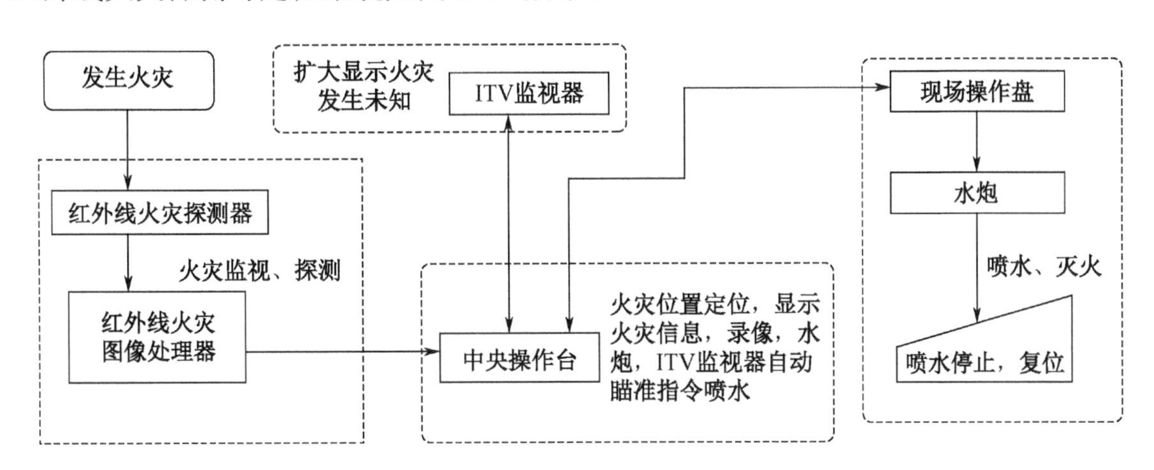

图 6-14　红外线火灾探测与定位系统

6.2.2　视频监控系统与视频会议系统的融合

随着网络及视音频编解码技术的发展，以及高清网络视频监控系统的广泛应用，传统的电话会议和电视会议难以全面满足一些现代化企事业单位高效办公和安全管理的需要。如何在现有网络和视频监控系统的基础上，建立具备完善的视频会话功能的系统，实现视频会议和视频监控的融合，已成为网络信息化背景下的一种比较容易实现的项目。

视频会议系统与视频监控系统都具有摄像、视音频切换、图像显示等装置和功能，所不同的仅仅是应用场合及控制方式，因此两者便于合二为一使用。

1. 视频会议设备的组成

（1）视频会议终端。终端是视讯交换层的重要组成设备之一，主要设置在用户末端，其主要功能包括以下几个方面。

① 对需要发送的视频、音频信号进行压缩编码，对收到的视频、音频信号进行解码。

② 支持多种视频编码，如 H.261、H.263、H.263+、H.264 等。

③ 支持多种音频编码，如 G711、G722、G728 等。

④ 与其他视频会议终端或者 MCU 设备建立连接。

⑤ 管理配置功能。

（2）音频输入/输出设备，包括调音台、功率放大器、传声器和音箱。在会议室内配置全向传声器，通过调音台接入会议电视终端音频输入端口。会议电视终端音频输出端口通过调音台、功放连接到音箱。

（3）视频输入/输出设备，包括若干台电视机和投影仪（作为视频输出设备使用），主摄像机、图文摄像机、录像机、视频输入/输出设备直接与会议电视终端相应的输入/输出端口相连。

（4）多媒体计算机，进行数据应用及视音频的切换控制。

2. 视频会议系统的投影显示设置

显示技术主要通过三种投影机实现。

（1）CRT 投影机

CRT 是最早的投影技术，所采用的技术与 CRT 显示器类似，其优点是使用寿命长，显示的图像色彩丰富，还原性好，具有丰富的几何失真调整能力。但由于受技术的制约，直接影响了 CRT 投影机的亮度值，加上体积较大和操作复杂，其已趋于被淘汰。

（2）LCD 投影机

LCD 投影机采用了最为成熟的透射式投影技术，投影画面色彩还原真实鲜艳，色彩饱和度及光利用效率很高，LCD 投影机比用相同瓦数光源灯的 DLP 投影机有更高的流明光输出。它的缺点是黑色层次的表现不是很好，对比度一般为 500∶1 左右，投影画面的像素结构可以明显看到。

（3）DLP 投影机

DLP（数字光处理器）投影机是美国得州仪器公司以数字微镜装置芯片作为成像器件，通过调节反射实现投射图像的一种投影技术。它与液晶投影机有很大的不同，它的成像是通过成千上万个微小的镜片反射光线来实现的。

3. 视频会议系统的显示材质

要想取得很好的视觉效果，不仅要选取合适的投影机，还要有合适的屏幕。

（1）屏幕类型

① 正投屏幕：主要有手动挂幕和电动挂幕两种类型，还有其他如支架幕等投影屏幕。

② 背投屏幕：多种规格的硬质背投屏幕（分为双曲线幕和弥散幕）和软质背投屏幕（弥散幕）；硬质幕的画面效果要优于软质幕。

（2）屏幕尺寸

最佳的屏幕尺寸主要取决于使用空间的面积、观众座位的多少及位置的安排。

4．新型视频会议系统

视频会议系统已开始向 MCU、会议摄像机、视频会议终端全部设备的高清晰度标准系统过渡，新一代视频会议系统的信源编码采用 H.265 标准，即高度压缩数字视频编解码器标准，H.265 标准可以利用 1～2Mb/s 的传输速度传送 720P（分辨率 1280×720）普通高清音视频。

视频会议系统结构图如图 6-15 所示。

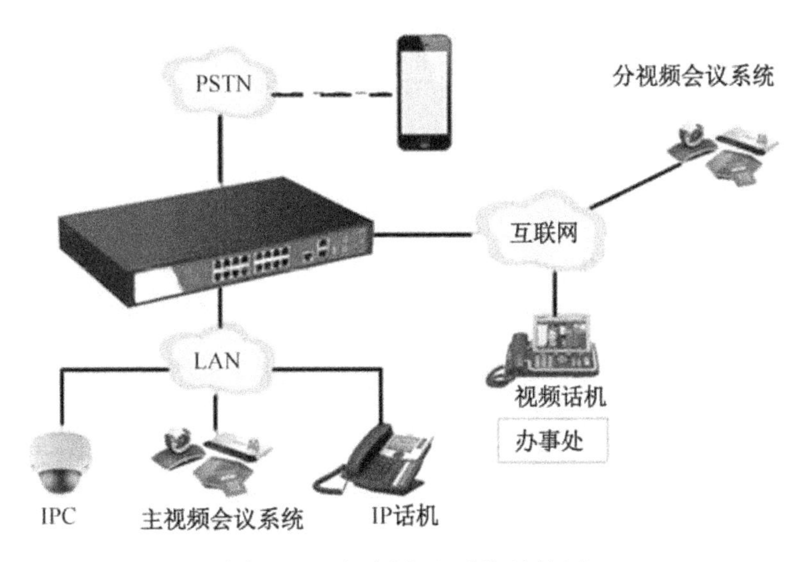

图 6-15　视频会议系统结构图

安全防范系统工程项目招标与投标

项目背景

某智能小区是有 A 栋、B 栋和 C 栋共 3 栋住宅的居民小区，每栋住宅楼均为一梯两户，共有 13 层，底层架空作为停车场。为了居民进出方便和小区的安全，小区采用围墙封闭式管理，只有一个出入口，出入口旁边建有一个保安值班室，24 小时均有保安看守。

现在要对该小区的安全防范系统工程进行招标与投标，以确保工程能够如期并安全开展。

业务流程

招标与投标业务流程如图 7-1 所示。

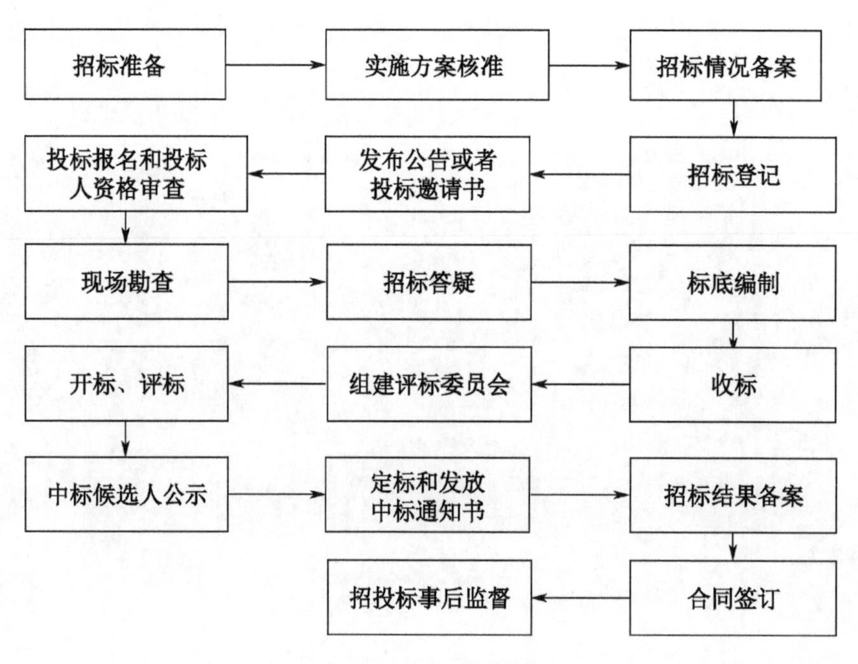

图 7-1　招标与投标业务流程

能力目标

（1）能够了解安防工程项目招标种类及方式。
（2）能够理解安防工程项目开标、招投标业务流程。
（3）能够读懂招标文件，掌握投标文件的编写与制作。
（4）能够掌握安防工程项目验收文档编制、验收标准及验收流程。

7.1　项目招标与投标概述

招标与投标是由交易活动的发起方在一定范围内公布标的特征和部分交易条件，按照依法确定的规则和程序，对多个响应方提交的报价及方案进行评审，择优选择交易主体并确定全部交易条件的一种交易方式。

7.1.1　安全防范系统工程招标的种类

根据招标范围和内容不同，最常见的安全防范系统工程招标分为以下几个方面。
（1）安防工程勘查、设计招标。
（2）安防工程施工招标。
（3）安防工程咨询或监理招标。
（4）安防工程材料设备供应招标。

7.1.2　安全防范系统工程招标的方式

目前，我国安全防范系统工程招标最常见的有公开招标、邀请招标两种方式。

1．公开招标

公开招标也称为竞争性招标，即招标人按照法定程序，通过在依法指定的报刊、电子网络和其他媒介上发布招标公告，向社会公示其招标项目要求，吸引众多潜在投标人参加投标竞争，并按照法律规定程序和招标文件规定的评标标准和方法从中择优选择中标人的招标方式。

2．邀请招标

邀请招标也称为有限竞争性招标，即招标人通过市场调查，根据供应商或承包商的资信和业绩，选择一定数量法人或其他组织（不能少于 3 家），向其发出投标邀请书，邀请其参加投标竞争，招标人按事先规定的程序和办法从中择优选择中标人的招标方式。

邀请招标虽然能够邀请到有经验和资信可靠的投标者投标，保证履行合同，但限制了竞争范围，可能会失去技术上和报价上有竞争力的投标者。按照《中华人民共和国招标投标法实施

条例》第八条规定，国有资金占控股或者主导地位的必须依法进行招标的项目，应当公开招标；但有下列情形之一的，可以邀请招标。

（1）技术复杂、有特殊要求或受自然环境限制，只有少量潜在投标人可供选择。

（2）采用公开招标方式的费用占项目合同金额比例过大。

（3）涉及国家安全、国家秘密或者抢险救灾，适宜招标但不宜公开招标的。

（4）法律、法规规定不宜公开招标的。

7.1.3 招标与投标文件

以某省公共资源交易中心的投标文件资格要求为例进行以下介绍。

1. 自查表

（1）资格性/符合性自查表，如表 7-1 所示。

表 7-1 资格性/符合性自查表

评审内容	采购文件要求（详见《资格性和符合性审查表》各项）	自查结论	证明资料
资格性审查		□通过 □不通过	见投标文件第（ ）页
		□通过 □不通过	见投标文件第（ ）页
		□通过 □不通过	见投标文件第（ ）页
		□通过 □不通过	见投标文件第（ ）页
符合性审查	1. 投标报价是固定价且是唯一的，投标报价未超过采购预算；招标文件不接受备选方案时不得提交备选方案。招标文件不允许以进口产品投标时不得以进口产品投标	□通过 □不通过	见投标文件第（ ）页
	2. 对投标货物的关键、主要设备，投标人没有报价漏项	□通过 □不通过	见投标文件第（ ）页
	3. 按要求缴纳了投标保证金，提交投标保证金的证明文件（以下证明文件之一）：A. 投标人按《投标人须知》要求的投标保证金的数额和缴纳办法将保证金送交银行的银行交款回单复印件；B. 银行保函原件或《政府采购投标/报价担保函》复印件，保函有效期为超过投标有效期 30 天	□通过 □不通过	见投标文件第（ ）页
	4. 提交投标函。投标文件完整且编排有序，投标内容基本完整，无重大错漏，并按要求密封、签署、盖章	□通过 □不通过	见投标文件第（ ）页
	5. 法定代表人/负责人资格证明书及授权委托书，按对应格式文件签署、盖章（原件）	□通过 □不通过	见投标文件第（ ）页
	6. “★”条款满足招标文件要求	□通过 □不通过	见投标文件第（ ）页
	7. 投标有效期为投标截止日起 90 天	□通过 □不通过	见投标文件第（ ）页
	8. 商务文本已提交（无重大偏离或保留）	□通过 □不通过	见投标文件第（ ）页
	9. 没有其他未实质性响应文件要求的	□通过 □不通过	见投标文件第（ ）页

注：以上材料将作为投标供应商有效性审核的重要内容之一，投标供应商必须严格按照其内容及序列要求在投标文件中对应如实提供，资格性和符合性证明文件的任何缺漏和不符合项将会直接导致无效投标！

（2）“★”条款自查表，如表 7-2 所示。

表 7-2　“★”条款自查表

序　　号	“★”条款要求	证明文件（如有）
1		见投标文件第（ ）页
2		见投标文件第（ ）页
3		见投标文件第（ ）页
4		见投标文件第（ ）页
5		见投标文件第（ ）页
6		见投标文件第（ ）页
…		见投标文件第（ ）页

注：此表内容必须与投标文件中所介绍的内容一致。

（3）“▲”条款自查表，如表 7-3 所示。

表 7-3　“▲”条款自查表

序　　号	“▲”条款要求	证明文件（如有）
1		见投标文件第（ ）页
2		见投标文件第（ ）页
3		见投标文件第（ ）页
4		见投标文件第（ ）页
5		见投标文件第（ ）页
6		见投标文件第（ ）页
…		见投标文件第（ ）页

注：1. 对于上述要求，如投标供应商完全响应（或优于），则在“是否响应”栏内打“√”，对空白或打“×”视为负偏离，并请在“偏离说明”栏内扼要说明偏离情况。

2. 此表内容必须与投标文件中所介绍的内容一致。

（4）技术评审自查表，如表 7-4 所示。

表 7-4　技术评审自查表

序　　号	评 审 分 项	内　　容	证明文件（如有）
1			见投标文件第（ ）页
2			见投标文件第（ ）页
3			见投标文件第（ ）页
4			见投标文件第（ ）页
5			见投标文件第（ ）页
6			见投标文件第（ ）页
7			见投标文件第（ ）页
…			

注：投标供应商应根据《技术评审表》的各项内容填写此表。

（5）商务评审自查表，如表 7-5 所示。

表 7-5　商务评审自查表

序　　号	评 审 分 项	内　　容	证明文件（如有）
1			见投标文件第（ ）页
2			见投标文件第（ ）页
3			见投标文件第（ ）页
4			见投标文件第（ ）页
5			见投标文件第（ ）页
6			见投标文件第（ ）页
7			见投标文件第（ ）页
…			

注：投标供应商应根据《商务评审表》的各项内容填写此表。

2．报价

（1）报价一览表，如表 7-6 所示。

表 7-6　报价一览表

采购项目名称：

采购项目编号：　　　　　　　　　　　子包号：

分　　项	金额/元
货物	
伴随服务	
其他费用	
总报价	（大写）人民币　　　　　　　　　　元整（¥　　　　　　）

注：1．此表总报价是所有需采购人支付的金额总数，包括《用户需求书》要求的全部内容。

2．总报价中必须包含购置、安装、运输保险、装卸、培训辅导、质保期售后服务、全额含税发票、雇员费用、合同实施过程中应预见和不可预见费用等。所有价格均应以人民币报价，金额单位为元。

投标供应商名称（盖章）：____________________

日期：　　年　　月　　日

（2）投标明细报价表，如表 7-7 所示。

表 7-7　投标明细报价表

采购项目名称：

采购项目编号：　　　　　　　　　　　子包号：

一、货物详列							
序号	分项名称	品牌、规格型号、主要技术参数	制造商	数量	单价	合计/元	现市场零售价
1							
2							
3							
合　　计			数量合计：			报价合计：　　　元	
二、伴随服务详列							
序号	分项名称	具体服务内容	单位	数量	单价	合计/元	备注
4							

续表

5							
6							
合　　计			数量合计：			报价合计：　　　　元	
三、其他费用详列							
序号	分项名称	具体内容	单位	数量	单价	合计/元	说明
7							
8							
9							
合　　计			数量合计：			报价合计：　　　　元	
四、总报价：人民币　　元。(以上各合计项与报价一览表中的对应项均一致，如不一致以报价一览表为准)							

注：1．以上内容必须与《报价一览表》一致。

2．对于报价免费的项目必须标明“免费”。

3．所有根据合同或其他原因应由投标供应商支付的税款和其他应交纳的费用都要包括在投标供应商提交的投标价格中。

4．应包含货物运至最终目的地的运输、保险和伴随货物服务的其他所有费用。

投标供应商名称（盖章）：________________________

日期：　　年　　月　　日

3．适用性政策说明

按照政府采购有关政策的要求，在本次的技术方案中，采用符合政策的小型或微型企业产品、节能产品、环保标志产品，主要产品与核心技术介绍说明如表 7-8 所示。

表 7-8　主要产品与核心技术介绍说明

序号	主要产品/技术名称（规格型号、注册商标）	制造商（开发商）	制造商企业类型	节能产品	环保标志产品	认证证书编号	该产品报价在总报价中占比（%）

注：1．制造商为小型或微型企业时才需要填“制造商企业类型”栏，填写内容为“小型”或“微型”。

2．“节能产品”“环保标志产品”是属于国家行业主管部门颁布的清单目录中的产品，须填写认证证书编号，并在“节能产品”“环保标志产品”栏中填写属于“第__期清单”的产品（产品被列入多期清单的，以最新一期为准），同时提供有效期内的证书复印件以及下述文件（均为复印件，加盖投标供应商公章）。

（1）属于“节能产品政府采购清单”中品目的产品，提供“节能产品政府采购清单（第___期）”中投标产品所在清单页并加盖投标供应商公章，节能清单在中国政府采购网等网站上发布。

（2）属于“环境标志产品政府采购清单”中品目的产品，提供最新“环境标志产品政府采购清单”中投标产品所在清单页并加盖投标供应商公章，清单在中国政府采购网等网站上发布。

3．最终报价中“该产品报价占总报价中占比”视为不变。

投标供应商名称（盖章）：________________________

日期：　　年　　月　　日

4．投标函

投 标 函

致：（招标机构）

为响应你方组织的______________项目的招标［采购项目编号：__________________］，我方愿参与投标。

我方确认收到贵方提供的_________________货物及相关服务的招标文件的全部内容。

我方在参与投标前已详细研究了招标文件的所有内容，包括澄清、修改文件（如果有）和所有已提供的参考资料以及有关附件，我方完全明白并认为此招标文件没有倾向性，也不存在排斥潜在投标供应商的内容，我方同意招标文件的相关条款，放弃对招标文件提出误解和质疑的一切权力。

（投标供应商名称）作为投标供应商正式授权（授权代表全名，职务）代表我方全权处理有关本投标的一切事宜。

在此提交的投标文件，正本__份，副本__份。

我方已完全明白招标文件的所有条款要求，并申明如下。

（一）按招标文件提供的全部货物与相关服务的投标总价详见《报价一览表》。

（二）本投标文件的有效期为投标截止时间起 90 天。如中标，有效期将延至合同终止日。在此提交的资格证明文件均至投标截止日有效，如有在投标有效期内失效的，我方承诺在中标后补齐一切手续，保证所有资格证明文件能在签订采购合同时直至采购合同终止日有效。

（三）我方明白并同意，在规定的开标日之后，投标有效期之内撤回投标或中标后不按规定与采购人签订合同或不提交履约保证金，则贵方将不予退还投标保证金。

（四）我方同意按照贵方可能提出的要求而提供与投标有关的任何其他数据、信息或资料。

（五）我方理解贵方不一定接受最低投标价或任何贵方可能收到的投标。

（六）我方如果中标，将保证履行招标文件及其澄清、修改文件（如果有）中的全部责任和义务，按质、按量、按期完成《用户需求书》及《合同书》中的全部任务。

（七）如我方被授予合同，我方承诺支付就本次招标应支付或将支付的中标服务费（详见按招标文件要求格式填写的《中标服务费支付承诺书》）。

（八）我方作为（制造商/代理商）是在法律、财务和运作上独立于采购人、集中采购机构的投标供应商，在此保证所提交的所有文件和全部说明是真实的和正确的。

（九）我方投标报价已包含应向知识产权所有权人支付的所有相关税费，并保证采购人在中国使用我方提供的货物时，如有第三方提出侵犯其知识产权主张的，责任由我方承担。

（十）我方具备《中华人民共和国政府采购法》第二十二条规定的条件，承诺如下。

（1）我方已依法缴纳了各项税费及社会保险费用，如有需要，可随时向采购人提供近三个月内的相关缴费证明，以便核查。

(2) 我方已依法建立健全财务会计制度，如有需要，可随时向采购人提供相关的证明材料，以便核查。

(3) 我方参加本项目政府采购活动前 3 年内在经营活动中没有重大违法记录。

(4) 我方具备履行合同所必需的设备和专业技术能力。

(5) 我方符合法律、行政法规规定的其他条件。

(十一) 我方对在本函及投标文件中所做的所有承诺承担法律责任。

(十二) 所有与本招标有关的函件请发往下列地址。

地　　址：______________________。邮政编码：______________。

电　　话：______________________。

传　　真：______________________。

代表姓名：______________________。职　　务：______________。

投标供应商法定代表人（或法定代表人授权代表）　　签字或盖章：

投标供应商名称（盖章）：

日期：　　年　　月　　日

5．资格证明文件

(1) 法定代表人证明书

法定代表人证明书

致：（招标机构）

本证明书声明：__________是注册于________（国家或地区）____的________（投标供应商名称）____的法定代表人，现任________职务，有效证件号码：__________________。现授权______（姓名、职务）______作为我公司的全权代理人，就______________________________________项目采购[采购项目编号为________]的投标和合同执行，以我方的名义处理一切与之有关的事宜。

本证明书于______年____月____日签字生效，特此声明。

投标供应商（盖章）：

地　　　址：

法定代表人（签字或盖章）：

职　　　务：

（2）法定代表人授权书

法定代表人授权书

致：（招标机构）

本授权书声明：___________是注册于______（国家或地区）____的______（投标供应商名称）___的法定代表人，现任_______职务，有效证件号码：________________________。现授权_____（姓名、职务）_____作为我公司的全权代理人，就______________项目采购[采购项目编号为_________]的投标和合同执行，以我方的名义处理一切与之有关的事宜。

本授权书于_______年____月____日签字生效，特此声明。

投标供应商（盖章）：
地　　　址：
法定代表人（签字或盖章）：
职　　　务：
被授权人（签字或盖章）：
职　　　务：

（3）联合体共同投标协议书

联合体共同投标协议书

立约方：（甲公司全称）

（乙公司全称）

（×××公司全称）

（甲公司全称）、（乙公司全称）、（×××公司全称）自愿组成联合体，以一个投标供应商的身份共同参加（采购项目名称）（采购项目编号）的响应活动。经各方充分协商一致，就项目的响应和合同实施阶段的有关事务协商一致订立协议如下。

一、联合体各方关系。

（甲公司全称）、（乙公司全称）、（×××公司全称）共同组成一个联合体，以一个投标供应商的身份共同参加本项目的响应。（甲公司全称）、（乙公司全称）、（×××公司全称）作为联合体成员，若中标，联合体各方共同与（采购人）签订政府采购合同。

二、联合体内部有关事项约定如下。

1._________作为联合体的牵头单位，代表联合体双方负责投标和合同实施阶段的主办、协调工作。

2．联合体将严格按照文件的各项要求，递交投标文件，切实执行一切合同文件，共同承担合同规定的一切义务和责任，同时按照内部职责的划分，承担自身所负的责任和风险，在法律规定内承担连带责任。

3．如果本联合体中标，（甲公司全称）负责本项目____________部分，（乙公司全称）负责本项目______________部分。

4．如中标，联合体各方共同与（采购人）签订合同书，并就中标项目向采购人负责有连带的和各自的法律责任。

5．联合体成员 （公司全称） 为（请填写：小型、微型）企业，将承担合同总金额____%的工作内容（联合体成员中有小型、微型企业时适用）。

三、联合体各方不得再以自己名义参与本项目响应，联合体各方不能作为其他联合体或单独响应单位的项目组成员参加本项目响应。因发生上述问题导致联合体响应成为无效报价的，联合体的其他成员可追究其违约责任和经济损失。

四、联合体因违约过失责任而导致采购人经济损失或被索赔时，本联合体任何一方均同意无条件优先清偿采购人的一切债务和经济赔偿。

五、本协议自签署之日起生效，有效期内有效，如获中标资格，合同有效期延续至合同履行完毕之日。

六、本协议书正本一式__份，随投标文件装订___份，送采购人___份，联合体成员各一份；副本一式___份，联合体成员各执___份。

甲公司全称（盖章）：　　乙公司全称（盖章）：　　×××公司全称（盖章）：

法定代表人（签字或盖章）：　法定代表人（签字或盖章）：　法定代表人：（签字或盖章）

年　月　日　　年　月　日　　年　月　日

注：1．联合投标时需签订本协议，联合体各方成员应在本协议上共同盖章确认。

2．本协议内容不得擅自修改。此协议将作为签订合同的附件之一。

（4）制造商（或授权方）授权书

制造商（或授权方）授权书

（采购人/招标机构）：

我方______（制造商名称）______是依法成立、有效存续并以制造（或总代理）（产品名称）为主的法人，主要营业的地点设在________（制造商地址）/（授权方地址）______。兹授权______（投标供应商名称）______作为我方真正的合法代理人进行下列活动。

1．代表我方办理贵方采购项目编号为______________、项目名称为______________的文件要求提供的由我方制造（或总代理）的______（响应标的名称）______的有关事宜，并对我方具有约束力。

2．作为制造商/总代理，我方保证以投标供应商合作者身份来约束自己，并对该响应共同和分别负责。

3．我方兹授权 （投标供应商名称） 全权办理和履行此项目文件中规定的相关事宜。兹确认 （投标供应商名称） 及其正式授权代表依此办理一切合法事宜。

4．授权有效期为从本授权书签署生效之日起至该项目的采购合同履行完毕止，若投标供应商未中标，其有效期至该项目招投标活动结束时自动终止。

5．我方于______年______月______日签署本文件。

制造商（或授权方）名称（盖章）：

法定代表人（或授权代表）（签字）：

职务：

部门：____________

6．商务条款偏离表及实施计划

（1）一般商务条款偏离表，如表7-9所示。

表7-9　一般商务条款偏离表

序　号	一般商务条款序号	条款内容	是否响应	偏离说明
1				
2				
3				
4				
5				
6				
7				
8				
9				
10				

注：请在“偏离说明”栏内扼要说明偏离情况，如无偏离则不需要列明。

（2）技术参数响应表，如表 7-10 所示。

表 7-10　技术参数响应表

序号	规格/要求	投标/响应实际参数（投标供应商应按响应货物/服务实际数据填写，不能照抄要求）	是否偏离（无偏离/正偏离/负偏离）	偏离简述	证明文件（如有）
1					见投标文件第（ ）页
2					见投标文件第（ ）页
3					见投标文件第（ ）页
4					见投标文件第（ ）页
5					见投标文件第（ ）页
6					见投标文件第（ ）页
…					

（3）拟任执行管理及技术人员情况，如表 7-11 所示。

表 7-11　拟任执行管理及技术人员情况

职责分工	姓　名	现职务	曾主持/参与的同类项目经历	职　称	专业工龄	联系电话
总负责人						
其他主要技术人员						

（4）履约进度计划表，如表 7-12 所示。

表 7-12　履约进度计划表

序　号	拟定时间安排	计划完成的工作内容	实施方建议或要求
1	拟定　年　月　日	签订合同并生效	
2	月　日—　月　日		
3	月　日—　月　日		
4	月　日—　月　日	质保期	

7．中标服务费支付承诺书

中标服务费支付承诺书

致：（招标机构）

如果我方在贵中心组织的＿＿（项目名称）＿＿招标中获中标(采购项目编号：＿＿＿＿)，我方保证在收取《中标通知书》前，按招标文件规定向贵中心交纳中标服务费。

我方如违约，愿凭贵中心开出的违约通知，从我方提交的投标保证金中支付，不足部分由采购人在支付我方的中标合同款中代为扣付；以银行保函（或《政府采购投标担保函》）方式提交投标保证金时，同意和要求投标保函开立银行（或开立《政府采购投标担保函》的担保机构）应＿（招标机构）＿的要求办理支付手续。

特此承诺！

投标供应商法定名称（公章）：

投标供应商法定地址：

投标供应商授权代表（签字或盖章）：

电　　话：

传　　真：

承诺日期：

8．投标保函

投标保函

（不符合招标文件要求的保函有被拒收的风险）

开具日期：　　　年　　月　　日

不可撤销保函第＿＿＿＿＿号

致：（招标机构）

本保函作为＿＿（投标供应商名称）＿＿（以下简称投标供应商）响应采购项目编号：＿＿＿＿＿＿的＿＿（项目名称）＿＿采购项目的投标邀请提供的投标保证金，＿（开具银行名称）＿在此无条件及不可撤销地具结并承诺，本行或其后继者或受让人一旦收到贵方提出的下述任何一种情况的书面通知（贵方不需要说明理由，不需要提供证明），立即无条件地向贵方支付人民币（大写）＿＿＿元整［保证金金额］(小写＿＿＿元)。

1．从开标之日起到投标有效期满前，投标供应商撤回投标；

2．投标供应商未能按中标通知书的要求与采购人签订合同；

3．投标供应商未能及时按招标文件及中标通知书的要求交纳中标服务费；

4．中标供应商未能按《投标供应商须知》的要求在规定期限内提交履约保证金。

本保函自出具之日起至该投标有效期满后 30 天内持续有效，除非贵方提前终止或解除本保函。如果贵方和投标供应商同意延长本保函有效期，只需在到期日前书面通知本行，本保函在任何延长的有效期内保持有效。本保函适用于中华人民共和国法律并按其进行解释。

银行名称（打印）（公章）：

银行地址：　　　　　　　　　　　　　　　　　　　　　　邮政编码：

联系电话：　　　　　　　　　　　　　　　　　　　　　　传真号：

法定代表人或其授权的代理人亲笔签字：

法定代表人或其授权的代理人姓名和职务（打印）：姓名__________职务_________

7.2　项目招标流程

安防工程项目公开招标的流程共有以下 14 个环节。

1．安防工程项目报建

安防工程项目报建主要包括工程名称、建设地点、投资规模、资金来源、当年投资额、工程规模、结构类型、计划竣工日期等。

2．建设单位资质审查

招标人具有编制招标文件和组织评标能力的，可以自行组织招标；不具备条件的必须委托招标。

3．招标申请

招标单位填写“工程施工招标申请表”，连同“工程建设项目报建登记表”报招标管理机构审批。

4．招标文件编制与送审

招标文件可以分为以下 6 个部分。

第一部分为投标邀请函，包括项目编号、项目名称、采购预算、项目内容及需求、投标供应商资格要求、招标文件购买、投标截止时间与递交地点、开标时间与地点、投标保证金，以及采购机构和采购人信息。

第二部分为用户需求书，包括项目背景、项目总体要求、建设内容及要求、采购清单、项目工期、设备安装与测试、验收要求、售后服务与培训以及付款方式说明等。

第三部分为投标供应商须知，包括投标费用说明、招标文件构成、投标文件的编制与数量要求、投标文件的递交、问询质疑投诉、合同的订立与履行以及适用法律等。

第四部分为开标、评标、定标，包括开标、评标委员会，评标方法，以及步骤和标准等。

第五部分为合同书格式，包括供需方信息、货物内容、合同金额、设备要求、交货期、交货方式与交货地点、付款方式、质保期与售后服务要求、安装与调试、验收、违约责任与赔偿损失、争议的解决、不可抗力、税费及合同生效等。

第六部分为投标文件格式，包括自查表、报价表、投标函、资格证明文件、财务报表、同类项目业绩介绍、一般商务条款偏离表、实施计划、中标服务费支付承诺书格式、唱标信封等。

5．安防工程项目清单的编制

标底价格应由成本、利润、税金及风险系数组成。

6．招标通告

采用公开招标方式的工程，应当通过公开媒介发布招标公告。招标公告应当说明招标人的名称和地址、招标项目的性质、数量、实施地点和时间，以及获取招标文件的办法等事项。

7．资格预审

资格预审主要程序：一是资格预审公告，二是编制、发出资格预审文件，三是对投标人资格的审查和确定合格投标人名单。

8．发放招标文件

招标单位对招标文件所做的任何修改或补充，需报招标管理机构审查同意后，在投标截止时进行审查和确定合格投标人名单。

9．勘查现场与答疑

勘查现场的目的在于了解工程场地和周围环境情况，以获取投标单位认为有必要的信息。勘查现场一般安排在投标预备会的前1～2天，且一般是按照所有投标单位代表在同一时间现场勘查并答疑，以保证对每一位投标人是公平、公正、公开的。

10．投标文件的编制与递交

投标人应当在招标文件要求提交投标文件的截止时间之前，将投标文件送达投标地点。

11．开标

在招标文件确定的提交投标文件截止时间的同一时间公开进行开标；开标地点应当为招标文件预先确定的地点。开标由招标人主持，邀请所有投标人、采购人、评标委员会委员和其他有关单位代表参加。

12．评标

评标由招标人依法组建的评标委员会负责，评委由专家库抽取技术专家级招标代表三个以上的单数成员组成，评委根据招标文件的评分标准进行评审。

13．中标

招标人根据评标委员会提出的书面评标报告和推荐的中标候选人确定中标人。

14．合同签订

中标人确定后，招标人应当向中标人发出中标通知书，并同时将中标结果公示在发布媒体或招标机构官网 3 个工作日以上，且对中标、成交结果有异议的，可以在中标、成交公告发布之日起 7 个工作日内以书面形式向招标代理机构或采购人提出质疑。采购人和中标人应当自中标通知书发出之日起 30 日内，按照招标文件和中标人的投标文件订立书面合同。采购人和中标人不得再行订立背离合同实质性内容的其他协议。

7.3　项目投标流程

安防工程项目投标是指经过审查获得投标资格的法人单位按照招标文件的要求，在规定的时间内向招标单位填报投标书并争取中标的法律行为。

7.3.1　投标程序

安防工程项目投标一般要经过以下几个步骤。

（1）投标人了解招标信息，分析招标工程的条件，依据自身的实力，选择投标工程。

（2）向招标人提出投标申请，并提交有关资料，接受招标人的资质审查。

（3）购买招标文件及有关技术资料。

（4）参加现场踏勘，并对有关疑问提出质询。

（5）编制投标书及报价（投标书是投标人的投标文件，是对招标文件提出的要求和条件做出的实质性响应）。

（6）按时递交投标文件，参加开标会议。

（7）接收中标通知书，与招标人签订合同。

7.3.2　投标文件编制

投标文件既是招标人考核投标人的技术实力、组织管理水平、确定工程造价和确定中标单位的主要依据，又是投标人中标后组织施工和管理的重要文件。投标文件编制包含两部分：商务标文件编制和技术标文件编制。在编制投标文件时，一定要先认真研究并理解招标文件和图纸，投标文件必须严格按照招标文件的要求进行编制。

1. 商务文件编制

商务文件编制主要包括以下几方面内容。

（1）自查表（资格性/符合性自查表、技术评审自查表及商务评审自查表）。

（2）报价表（报价一览表和投标明细报价表）。

（3）投标函。

（4）法定代表人证明书。

（5）法定代表人授权书。

（6）投标保函（或投标保证金的银行回单复印件）。

（7）财务报表。

（8）同类项目业绩介绍。

（9）一般商务条款偏离表。

以上文件在招标文件中一般有固定格式，投标文件必须按照规定格式编制。

2. 技术文件编制

技术文件是投标文件的重要组成部分，主要包括以下几方面内容。

（1）技术方案（技术参数响应表、设备技术特点说明及详细方案、项目验收技术等）。

（2）拟任执行管理及技术人员情况。

（3）履约进度计划表。

（4）售后服务方案（免费保修期、应急维修时间安排、维修地点及电话、厂商技术支持、保外维修服务收费标准）。

（5）培训计划。

（6）施工组织设计方案（施工工艺描述、隐蔽性工程描述、工程进度与质量控制、安全文明施工措施等）。

（7）设计图纸（系统平面图、拓扑结构图等）。

7.4 项目开标流程

开标会由招标机构的代表主持，在招标文件规定的提交投标文件截止时间的同一时间在招标文件中指定的地点公开进行。开标会一般按照下列程序进行。

（1）招标人签收投标人递交的投标文件。

在开标当日且在开标地点递交的投标文件的签收应当填写投标文件签收一览表。在招标文件规定的截标时间后递交的投标文件不得接收，由招标人原封退还给有关投标人。

在截标时间前递交投标文件的投标人少于家的，招标无效，开标会宣告结束，招标人应当依法重新组织招标。

（2）投标人出席开标会的代表签到。

投标人授权出席开标会的代表本人填写开标会签到表，招标人专人负责核对签到人身份，应与签到的内容一致。

（3）开标会主持人宣布开标会开始，主持人宣布开标人、唱标人、记录人和监督人。

开标人一般为招标人或招标代理机构的工作人员，唱标人可以是投标人的代表或者招标人或招标代理机构的工作人员，记录人由招标人指派，市监督部门、中心工作人员进行现场监督。

（4）开标会主持人介绍主要与会人员。

主要与会人员包括到会的招标人代表、招标代理机构代表、各投标人代表、监督人员等。

（5）主持人宣布开标会程序、开标会纪律和当场废标的条件。

开标会纪律一般如下。

① 场内严禁吸烟；

② 凡与开标无关的人员不得进入开标会场；

③ 参加会议的所有人员应关闭通信设备，开标期间不得高声喧哗；

④ 投标人代表有疑问应举手发言，参加会议人员未经主持人同意不得在场内随意走动。

投标文件有下列情形之一的，应当场宣布为废标。

① 逾期送达的或未送达指定地点的；

② 未按招标文件要求密封的。

（6）核对投标人授权代表的身份证件、授权委托书及出席开标会人数。

招标人代表出示法定代表人委托书和有效身份证件，同时招标人代表当众核查投标人的授权代表的授权委托书和有效身份证件，确认授权代表的有效性，并留存授权委托书和身份证件的复印件。法定代表人出席开标会的要出示其有效证件。主持人还应当核查各投标人出席开标会代表的人数，无关人员应当退场。

（7）主持人宣布投标文件截止时间和实际送达时间。

宣布招标文件规定的递交投标文件的截止时间和各投标单位实际送达时间。在截标时间后送达的投标文件应当场废标。

（8）招标人和投标人的代表共同检查各投标书密封情况。

密封不符合招标文件要求的投标文件应当场废标，不得进入评标。密封不符合招标文件要求的，招标人应当通知监督人员到场见证。

（9）主持人宣布开标和唱标次序。

（10）公布标底和投标人报价。

招标人设有标底的，标底必须公布。唱标人公布标底、投标人报价。

（11）投标人代表、招标人代表、监标人、记录人等有关人员在开标记录上签字确认。

（12）主持人宣布开标会结束。

7.5 项目评标流程

评标活动由招标人依法组建的评标委员会负责，招标人可以有 1 名或 2 名工作人员进行现场服务，在进入评标区域前统一领取工作牌，凭工作牌进入评标区，进入评标区人员的通信工具应在进入前统一存放在手机柜中。

（1）评标由招标人或招标代理机构依法组建的评标委员会负责，且按照招标文件确定的评标标准和方法对投标文件进行审查、评估和比较，并向招标人提交评标报告。

（2）评标前，由中心工作人员和评标监督人员启封评标专家名单，核对专家身份，无误后方可进行评标。

（3）评标专家、现场监督及工作人员应主动协助中心工作人员封存通信工具，确有要事需要对外联系的，由中心工作人员协助解决。

（4）评标过程中，中心工作人员要加强现场监管，确保评标工作依法进行，对评标过程中发现的违法违规行为做好记录，及时向管理办公室报告，并协助调查处理。

（5）评标结束后，招标人或招标代理机构应将全体评委签字确认的评标结果送交易中心封存备案，交易中心将在条件许可的情况下为招标人提供 15 天的免费保管期。

（6）定标，招标人根据评标委员会推荐中标候选人的排序依法确定中标人，招标人也可委托评标委员会直接确定中标人，交易中心综合部按照确认信息在安防工程信息网上进行中标结果公示，公示时间一般为个工作日，公示结束各相关单位均无异议后向中标单位发放中标通知书。

【任务评价】

评价内容		完成情况评价		
		自评	组评	师评
完成效果	能熟练的讲述安防工程项目的招标、投标的业务流程。			
	会编制、撰写安防工程项目的各种招标、投标文件和表格。			
	能组织团队实施安防工程项目的招、投标工作			
合作意识	能积极配合小组开展活动，服从安排。			
	能积极地与组内、组间成员交互讨论，能清晰地表达想法，尊重他人的意见。			
	能和大家互相学习和帮助，促进共同进步。			
沟通能力	有浓厚的好奇心和探索欲望。			
	在小组遇到问题时，能提出合理的解决方法。			
	能发挥个性特长，施展才能。			

续表

<table>
<tr><th colspan="2" rowspan="2">评价内容</th><th colspan="3">完成情况评价</th></tr>
<tr><th>自评</th><th>组评</th><th>师评</th></tr>
<tr><td rowspan="3">专业能力</td><td>能运用多种渠道收集信息。</td><td></td><td></td><td></td></tr>
<tr><td>能查阅图纸及说明书。</td><td></td><td></td><td></td></tr>
<tr><td>遇到问题不退缩，并能想办法解决。</td><td></td><td></td><td></td></tr>
<tr><td rowspan="3">总体体会</td><td colspan="4">我的收获是：</td></tr>
<tr><td colspan="4">我体会最深的是：</td></tr>
<tr><td colspan="4">我还需努力的是：</td></tr>
</table>

安全防范工程项目管理与验收

项目背景

某智能小区有 A 栋、B 栋和 C 栋共 3 栋住宅楼，每栋住宅楼均为一梯两户，共有 13 层，底层架空作为停车场。为了居民进出方便和小区的安全，小区采用围墙封闭式管理，只有一个出入口，出入口旁边建有一个保安值班室，24 小时均有保安看守。

该小区的安全防范系统工程已经完成招投标，现在需要对该工程项目进行管理与验收。

能力目标

（1）能够了解安全防范工程项目实施的主要内容。

（2）能够掌握安全防范工程项目的实施流程。

（3）能够对安全防范工程实施过程进行管理。

（4）能够掌握安全防范工程质量检验与验收。

8.1 安全防范工程项目实施的主要内容

8.1.1 安全防范工程项目实施前的准备工作

承建单位在安全防范工程中标后必须要做好充分的准备工作才能进入实施阶段，首先要和各方的相关人员充分接触沟通，深入了解项目的实施环境，确认项目范围后再签订合同；其次由相关人员详细设计施工方案、绘制施工图纸并通过监理、建设单位的会审和确认；最后采购必要的施工材料及设备、确定施工人员和施工时间并提交《开工申请书》，得到甲方同意后方可进场施工。

1. 施工方案设计

施工方案是项目施工的规划、指导性文件，包括施工图纸、安全施工规定、项目进度计划、施工人员组织结构、任务分配、采购计划、验收计划、培训计划等。

2. 图纸的优化设计

图纸的优化设计包括系统图纸和平面布点图纸两种。系统图纸的设计必须根据建设单位、监理单位和承建单位三方最终确定的方案来优化完善，主要涉及系统的结构、设备数量、核心控制设备有没有修改，如有修改则要进行修改和完善，最终定稿后经甲方确认方能施工。平面布点图纸根据系统图的配置及工程现场的条件进行深化设计和完善，监控设计、门禁、入侵探测器、出入口、楼宇对讲等安防相关子系统布点和设备位置的确认。同时，要考虑其他工程布线及安装布局，如照明、家居设备、中央空调、消防、强电等，尽量避免与其他工程安装的平面位置发生冲突。

8.1.2 安全防范系统的布线实施规范

1. 安全防范系统的布线设计及实施规定

安全防范系统布线系统的设计应符合现行国家标准《综合布线系统工程设计规范》(GB 50311—2016）的规定，线缆实施应符合国家标准《智能建筑工程质量验收规范》（GB 50339—2013）的规定。

布线系统的路由选择应符合下列规定。

（1）同轴电缆宜采取穿管暗敷或线槽的敷设方式。当线路附近有强电磁场干扰时，电缆应在金属管内穿过，并埋入地下。当必须架空敷设时，应采取防干扰措施。

（2）路由应短捷、安全可靠，施工维护方便。

（3）应避开恶劣环境条件或易使管道损伤的地段。

（4）与其他管道等障碍物不宜交叉跨越。

2. 线缆选型

（1）摄像机视频信号传输线缆。常用的视频传输线缆为 75Ω 系列的细同轴电缆，但是不同线径的同轴电缆对视频信号的衰减程度也是不一样的，线缆越粗、衰减越小，也就越适合远距离的传播。选择线缆如下：当摄像机到子监控中心距离小于或等于 300m 时，可选用 SYV-75-3；当摄像机到子监控中心距离小于或等于 500m 时，可选用 SYV-75-5；当摄像机到子监控中心距离小于或等于 800m 时，可选用 SYV-75-7 或 SYV-75-9；当摄像机到子监控中心距离小于或等于 1000m 时，可选用 SYV-75-12 或者光纤线缆。

（2）摄像机电源线。电视监控系统中的电源线采用单独布线，在监控室设置总开关，通过 UPS 电源，以对整个监控系统直接控制，一般情况下，电源线按交流 220V 布线，在摄像机端再经适配器转换成直流 12V。但是，有的摄像机使用 5V、12V 或 24V 的直流电，供电方式也就不一样了。

（3）云台控制线。带电动云台、电动镜头的摄像机装置，除要考虑上述视频信号线、电缆线外，还要考虑现场解码器与控制中心之间的传输线缆，一般采用 2 芯屏蔽通信电缆（RVVP）或 3 类双绞线 UTP，线芯截面积为 0.3～0.5mm^2。

（4）报警及声音监听线缆。报警线缆一般选用 4 芯屏蔽通信电缆（RVVP）或 3 类双绞线 UTP，每芯截面积为 0.5mm^2。

（5）计算机网络线缆。计算机网络线缆分为两类：一类是垂直干线、楼宇之间的线缆，选用光缆，另一类是水平干线，选用 4 对 8 芯屏蔽超 5 类线。

3．线缆敷设规定

（1）安全防范系统线缆敷设应符合现行国家标准 GB 50311—2016 的规定。

（2）安全防范系统室内线缆的敷设，要符合以下要求。

① 有机械损伤的电（光）缆或改、扩建工程使用的电（光）缆，可采用沿墙明敷方式。

② 在新建的建筑物内或要求管线隐蔽的电（光）缆应采用暗管敷设方式。

③ 下列情况可采用明管配线：易受外部损伤；在线路路由上，其他管线和障碍物较多，不宜明敷的线路；易受电磁干扰或易燃易爆等危险场所。

④ 电缆和电力线平行或交叉敷设时，其间距不得小于 0.3m，电力线与信号线交叉敷设时宜呈直角。

（3）室外线缆的敷设，应符合现行国家标准《民用闭路监视电视系统工程技术规范》的要求。

（4）敷设电缆时，多芯电缆的最小弯曲半径应大于其外径的 6 倍，同轴电缆的最小弯曲半径应大于其外径的 15 倍。

（5）线缆槽敷设截面利用率不应大于 60%；线缆穿管敷设截面利用率不应大于 40%。

（6）电缆沿支架或在线槽内敷设时应在下列各处牢固固定。

① 在电缆垂直排列或倾斜坡度超过 45°时的每个支架上。

② 在电缆水平排列或倾斜坡度不超过 45°时，在每隔 1 个或 2 个支架上。

③ 在引入接线盒及分线箱前 150～300mm 处。

（7）明敷的信号线路与具有强磁场、强电场的电气设备之间的净距离，宜大于 1.5m；当采用屏蔽线缆或穿金属保护管或在金属封闭线槽内敷设时，宜大于 0.8m。

（8）线缆在沟道内敷设时，应敷设在支架上或线槽内。当线缆进入建筑物后，线缆沟道与建筑物间应隔离密封。

（9）线缆穿管前应检查保护管是否畅通，管口应加护圈，防止穿管时损伤导线。

（10）导线在管内或线槽内不应有接头和扭结，导线的接头应在接线盒内焊接或用端子连接。

（11）同轴电缆应一线到位，中间无接头。

4．光缆敷设规定

（1）敷设光缆前，应对光缆进行检查。光缆应无断点，其衰耗值应符合设计要求。核对光缆长度，并应根据施工图的敷设长度来选配光缆。配盘时应使接头避开河沟、交通要道和其他障碍物。架空光缆的接头应设在杆旁 1m 以内。

（2）敷设光缆时，其最小弯曲半径应大于光缆外径的 20 倍。光缆的牵引端头应做好技术处理，可采用自动控制牵引力的牵引机进行牵引。牵引力应加在加强芯上，其牵引力不应超过 150kg，牵引速度宜为 10m/min，一次牵引的直线长度不宜超过 1km，光纤接头的预留长度不应小于 8m。

（3）光缆敷设后，应检查光纤有无损伤，并对光缆敷设损耗进行抽测，确认没有损伤后，再进行接续。

（4）光缆接续应由受过专门训练的人员操作，接续时应采用光功率计或其他仪器进行监视，使接续损耗达到最小。接续后应做好保护，并安装好光缆接头护套。

（5）在光缆的接续点和终端应做永久性标志。

（6）管道敷设光缆时，无接头的光缆在直道上敷设时应由人工逐个入孔同步牵引；预先做好接头的光缆，其接头部分不得在管道内穿行。光缆端头应用塑料胶带包扎好，并盘圈放置在托架高处。

（7）光缆敷设完毕后，宜测量通道的总损耗，并用光时域反射计观察光纤通道全程波导衰减特性曲线。

8.1.3　安全防范系统监控中心的建设

安全防范系统监控中心（以下简称监控中心）是整个安防系统各种信息汇聚的核心枢纽，也是监控值守业务、应急指挥等工作的主要场所。监控中心设计、规划与布置应遵循以下几项原则。

（1）室内设备的排列，应便于维护与操作，并应满足规范和消防安全的规定。

（2）监控中心应设置为禁区，不符合相关权限的人员严禁进入，同时要有保证自身安全的防护措施和进行内外联络的通信手段，并应安装紧急报警装置和向上一级接警中心通信的装置。

（3）监控中心的面积要适应安防系统的规模，以不小于 20m^2 为宜；应设有桌椅、饮水机、电话机、记录本等保证值班人员正常工作的相应辅助设施。

（4）监控中心室内地面应防静电、平整光滑、干燥整洁不起尘；门的宽度不应小于 900mm，高度不应小于 2100mm。墙壁宜少设窗户或不设窗户，窗户应挂遮光布帘，防止阳光直接照射相关设备。

（5）监控中心内应具备温湿调节系统，室温宜为 16～30℃，相对湿度宜为 30%～75%。监控中心内最好能有 800 Lux 以上的良好照明。

（6）室内的电缆、控制线的敷设宜设置地槽，当不设置铺地槽时，也可敷设在电缆桥架、电缆走廊、墙上槽板内。

（7）根据机架、机柜、控制台、控制箱、电视墙、供电箱等设备的相应位置，设置电缆槽盒进线孔。槽的高度和宽度应满足敷设电缆的容量和电缆弯曲半径的要求。

（8）控制台的装机容量应根据工程需要留有扩展余地。控制台的操作部分应方便、灵活、可靠。控制台正面与墙的净距离不应小于 1200mm，侧面与墙或其他设备的净距离，在主要走道不应小于 1500mm，在次要走道不应小于 800mm。机架背面和侧面与墙的净距离不应小于 800mm。

（9）监控中心的供电、接地与雷电防护设计应符合相关规定。

（10）监控中心的布线、进出线端口的设置与安装等应符合相关规定。

（11）室内设有二氧化碳灭火器或干粉灭火器或卤代烷灭火器。禁止使用泡沫灭火器和水型灭火器。

8.1.4 隐蔽工程验收

1. 隐蔽工程验收管理规定

隐蔽工程是指那些在上一道工序结束的，被下一道工序所覆盖的，正常情况下无法进行复查的项目。例如，地基验槽、基坑回填、钢筋工程、地下混凝土结构工程、地下防水、防腐工程、导地线压接、接地网敷设、暗埋管线，以及需封闭的设备安装工程。隐蔽工程项目的确定，是指按照该工程项目施工单位与项目监理部共同商定确认的《施工质量检验项目划分表》中所列隐蔽工程的项目。

隐蔽工程验收应执行《建筑工程施工质量验收统一标准》（GB 50300—2013）和配套的各专业施工质量验收规范及相关行业规定的质量验评标准。

隐蔽工程验收程序如下。

（1）隐蔽工程项目施工结束、隐蔽之前，施工单位自检合格，且具备验收基本条件时，应提前 48 小时通知建设单位、项目监理部，必要时应邀请设计代表参加，并提供以下有关资料：施工图纸、设备资料、技术资料；重要建筑及安装项目作业指导书（或技术措施）；与隐蔽工作有关的设备消缺、设计变更、不合格项处理的签证记录；隐蔽项目材质检验报告、复查记录；隐蔽项目施工自检原始记录。

（2）专业监理工程师根据施工单位报送的“隐蔽工程报验申请表”及相关资料，现场检查施工记录，抽查施工质量（必要时会同建设单位、设计代表共同进行）。检查中施工单位应认真配合。

（3）隐蔽工程验收合格并经专业监理工程师签认后，施工单位方可覆盖，进行下道工序作业。隐蔽工程项目一经签证，施工单位不得自行变动部件尺寸、位置。

（4）对于检查不合格的隐蔽工程项目，专业监理工程师负责督促施工单位进行整改。

（5）施工单位整改完毕并经自检合格后，应再次向项目监理部报送“隐蔽工程报验申请表”，专业监理工程师按上述程序负责重新检查验收。

2．隐蔽工程随工验收单

隐蔽工程随工验收单如表 8-1 所示。

表 8-1　隐蔽工程随工验收单

<table>
<tr><td colspan="6">工　程　名　称：</td></tr>
<tr><td colspan="3">建设单位/总包单位</td><td colspan="2">设计施工单位</td><td>监　理　单　位</td></tr>
<tr><td colspan="3"></td><td colspan="2"></td><td></td></tr>
<tr><td rowspan="8">隐蔽工程内容</td><td rowspan="2">序号</td><td rowspan="2">检查内容</td><td colspan="3">检查结果</td></tr>
<tr><td>安装质量</td><td>部位</td><td>图号</td></tr>
<tr><td>1</td><td></td><td></td><td></td><td></td></tr>
<tr><td>2</td><td></td><td></td><td></td><td></td></tr>
<tr><td>3</td><td></td><td></td><td></td><td></td></tr>
<tr><td>4</td><td></td><td></td><td></td><td></td></tr>
<tr><td>5</td><td></td><td></td><td></td><td></td></tr>
<tr><td>6</td><td></td><td></td><td></td><td></td></tr>
<tr><td>验收意见</td><td colspan="5"></td></tr>
<tr><td colspan="2">建设单位/总包单位</td><td colspan="2">设计施工单位</td><td colspan="2">监　理　单　位</td></tr>
<tr><td colspan="2">验收人：
日期：
签章：</td><td colspan="2">验收人：
日期：
签章：</td><td colspan="2">验收人：
日期：
签章：</td></tr>
</table>

8.1.5　安全防范系统调试

1．调试部署

（1）调试小组

建立调试领导小组，以项目经理为组长，项目部专业工程师、各施工单位专业工程师、专业分包负责人、监理、物业公司工程人员、设备供应厂家技术人员为组员。编制调试小组通讯录，统一调试对讲机通话频道。

（2）职责

① 项目经理：负责组织调试工作，组织专业工程师编制调试方案和调试计划，协调解决

调试过程中各专业间相互配合和出现的问题，监督、检查调试进度。

② 项目部专业工程师：负责编制安防系统调试方案和调试计划，在项目经理的领导下组织各相关单位实施具体的调试，对参加调试的施工人员进行培训和技术交底。

③ 各施工单位和专业分包单位：负责本专业的调试，共同完成安防系统的联合试运行。

④ 设备供应商：负责所供应设备的技术性能保证。对调试人员进行设备技术性能的培训，指导设备的调试，及时解决试运行过程中出现的技术问题。

2. 调试准备

（1）调试前，调试人员应熟悉安防系统全部设计资料，包括施工图纸、设计说明等，充分领会设计意图，了解各种设计参数、系统工艺流程及安防设备的性能和使用方法等。

（2）调试前请设备厂家技术人员对调试人员进行培训。

（3）项目工程师对调试人员进行调试方案技术交底（包括安全措施）。

（4）项目工程师、监理、施工单位调试人员、设备厂家技术人员等一起深入现场，检查安防系统工程安装质量和各设备机房、管井土建等完成情况，有不合格或不完善的地方，做好记录，限期整改。

3. 系统调试报告表

系统调查完后，应编写系统调试报告表，具体格式如表 8-2 所示。

表 8-2　系统调试报告表

项目名称			施工地点			
使用单位			联系人		电　话	
调试单位			联系人		电　话	
设计单位			施工单位			
主要设备	设备名称、型号	数量	序列号	出厂年月	生产厂商	备注
施工有无遗留问题			施工单位联系人		电话	
调试情况						
调试人员（签字）				使用单位人员（签字）		
施工单位负责人（签字）				设计单位负责人（签字）		
填表日期						

8.2　安全防范工程的实施

8.2.1　安全防范工程进场实施过程

1. 项目管理部的组建

安防工程一般实行项目经理负责制，项目经理对整个项目承担所有责任，项目经理组建、领导、管理整个项目组，并总负责项目的干系人沟通、设备采购、进度控制、质量控制、变更控制、安全控制、人员安排与任免、竣工验收、项目收款等事务。项目组的组织机构如图 8-1 所示。

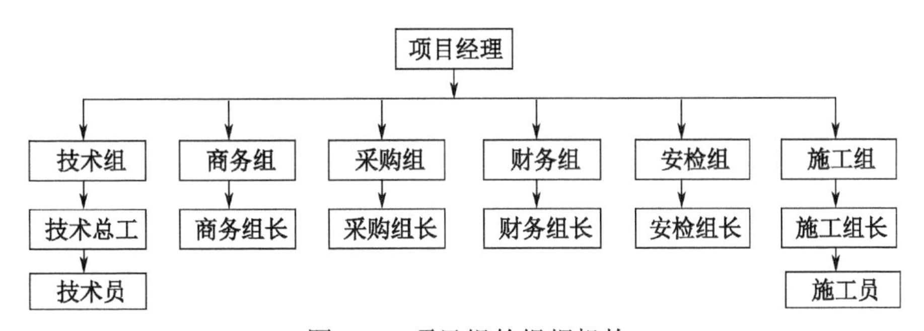

图 8-1　项目组的组织机构

2. 施工技术交底

施工技术交底实为一种施工方法，是指在某一单位工程开工前，或一个分项工程施工前，由相关专业技术人员向参与施工的人员进行的技术性交代，其目的是使施工人员对工程特点、技术质量要求、施工方法与措施和安全等方面有一个较详细的了解，以便于科学地组织施工，避免技术质量不合格等事故的发生。各项技术交底记录也是工程技术档案资料中不可缺少的部分。

技术交底有两种：一是技术总工和技术人员、施工组长及项目相关人员进行技术交底；二是技术总工和甲方相关人员技术交底。

3. 安全交底

安全交底就是一方对另一方对于安全相关的信息进行沟通和交流，并让信息接收方在工作中予以实施，确保设计时的安全意图。项目经理组织安全员和项目人员进行安全交底，并进行安全培训。安全交底需要业主方、承接方、设计方三方在施工前根据施工中应该注意的安全事项而定，并三方签字、留底。

4. 准备施工

项目经理排定工期、安排人员、采购材料和设备，然后组织进场，准备施工。

8.2.2 安全防范工程实施过程中联系的主要干系人或部门

（1）甲方。甲方一般是指提出目标的一方，在合同拟订过程中主要是提出要实现的目标，是合同的主导方。工程实施过程中各种签证文件、变更文件、管理文件、验收文件及付款都需要甲方签名盖章才有效。

（2）监理方。建设工程监理单位受建设单位委托，根据法律法规、工程建设标准、勘察设计文件及合同，在施工阶段对建设工程质量、造价、进度进行控制，对合同、信息进行管理，对工程建设相关方的关系进行协调，并履行建设工程安全生产管理法定职责的服务活动。工程实施过程中各种签证文件、变更文件、管理文件、验收文件及付款都需要监理方签名盖章。

（3）各兄弟施工单位。在安防工程实施过程中难免会跟其他项目的兄弟施工单位有交叉点，如基建、装修、网络、水电、消防、中央空调等施工单位，需要在工序上与各施工单位进行配合，才能使安防工程顺利实施。

（4）相关主管部门。工程实施过程中各种签证文件、变更文件、管理文件、验收文件都需要相关主管部门签字盖章。

（5）工程资料存档的档案馆。最后竣工验收的文件都要交付工程资料存档部门，存档部门签字后整个工程验收才结束。工程实施需要与以上部门打交道，要跟各部门经常保持联系，与各部门的联系人、签字人经常沟通，以便于工程的签证和实施。

8.2.3 安全防范工程的实施流程

安全防范工程的实施流程如图 8-2 所示。

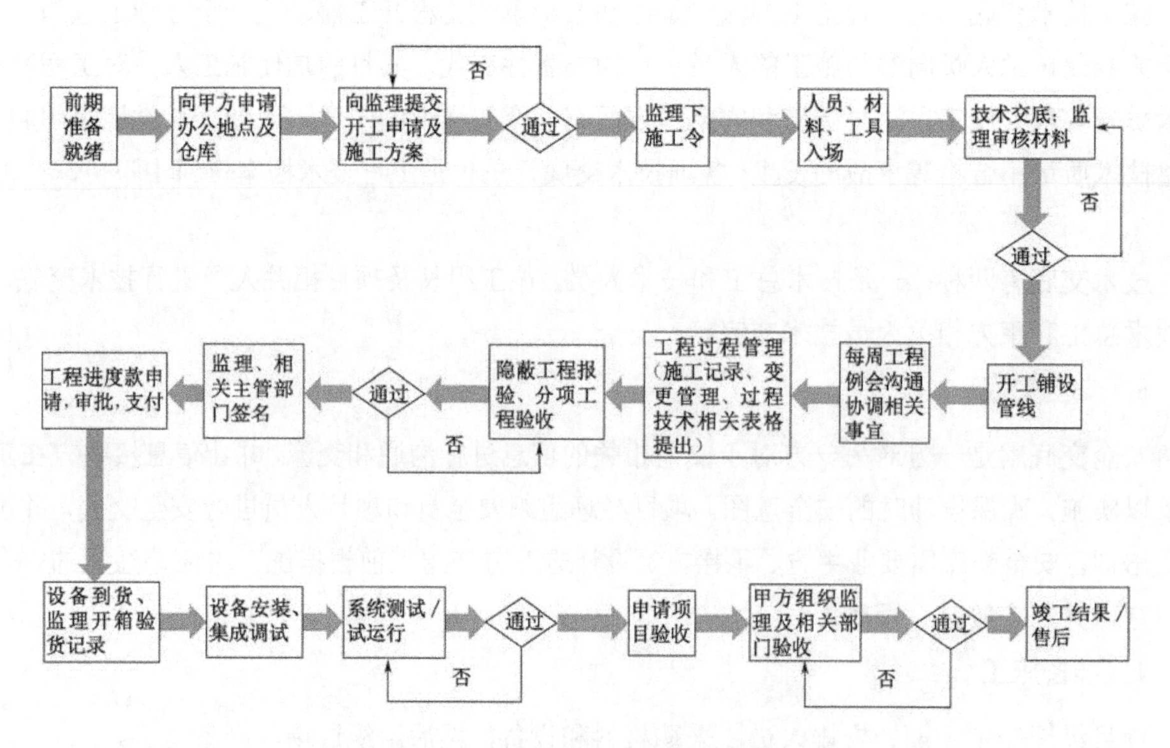

图 8-2 安全防范工程的实施流程

相关工程报验、材料设备报验、工程联系、工程变更、工程款项支付、工程验收参考工程规范样表。

8.3　安全防范工程实施质量的管理

8.3.1　安全防范系统的抗干扰性能

安全防范系统中主要有两种类型的传输信号：一类是通过同轴电缆、AV 线缆、VGA 线缆传输的模拟视频、音频信号，传输路径是由前端的摄像机/拾音器到视频矩阵、录像机、显示器、音箱等；另一类是数字信号，包括摄像机与视频切换矩阵之间的数字视频信息、控制信息，矩阵中微处理器部分的数字信号，门禁和报警与巡更系统的输入/输出通信及控制单元等。

随着科技和经济水平的不断提高，人们生活工作的各种需求也在大量增加，导致现代的建筑物电气结构及环境是非常复杂的，因此也容易形成各种各样的干扰源。在安全防范工程的施工过程中，如果未采取恰当的防范措施，各种干扰就会通过传输线缆进入安全防范系统中，导致出现视频图像质量下降、故障误报、系统控制失灵、运行不稳定等现象，导致整个系统的建设目标、作用都大打折扣甚至报废，一旦出现此种情况，后果是十分严重的。因此，详细研究系统中干扰源的性质，了解其对安全防范系统的影响方式，以便采取相应措施解决干扰问题对提高安全防范系统工程质量，确保系统的稳定运行是非常有益的。

1．干扰的来源及影响方式分析

（1）干扰主要通过信号传输路径进入系统。闭路电视监控系统的信号传输路径有视频同轴电缆、双绞线及摄像机电源线。通过上述传输路径耦合进系统的干扰有各种高频噪声，如大电感负载启停、地电位不等引入的工频干扰、平衡传输线路失衡使抑噪能力下降将共模干扰变成了差模干扰。

（2）传输线上阻抗不匹配造成信号的反射使信号传输质量下降；由于阻抗不匹配造成的影响在视频图像上表现为重影。

（3）在信号传输线上会在脉冲序列的前后沿形成振荡。振荡的存在使高低电平间的阈值差变小，当振荡的幅值更大或有其他干扰引入时就无法正确分辨出脉冲电平值，导致通信时间变长或通信中断。

（4）接地和屏蔽不好会导致传输线抑制外部电磁干扰能力的下降，表现在视频图像上就是有雪花噪点、网纹干扰及横纹滚动等，在信号传输线上形成尖峰干扰，造成通信错误。

（5）平衡传输线路失衡会在信号传输线上形成尖峰干扰。

（6）静电放电沿传输线进入设备除会影响存储器内的数据使设备出现莫名其妙的错误外，还会造成接口芯片损伤或损坏。

2．各类信号的抗干扰的方法

（1）数字信号传输中的抗干扰措施

在弱电系统工程中数字信号的传输通常指总线传输，常见的方式有电子工业协会（EIA）制定的RS-232、RS-422、RS-485 等工业标准的通信网络传输。

总线采用了差分平衡电气接口，具有较强的抗电磁干扰能力，但在实际工程中总线并未达到人们期望的效果。问题往往出现在以下几个方面。

① 网络拓扑设计不合理，未按照总线型网络拓扑布线，成为事实上的星形拓扑。

② 传输线与接收和发送端设备连接不正确，削弱了平衡线的抗干扰能力。

③ 共用双绞线未进一步采取抗干扰措施，如采用非屏蔽类双绞线。

造成干扰的方式可能有所不同，但在干扰的表现形式上只有两种：一种是反射增加了信号的畸变程度；另一种是外部的干扰使平衡条件被破坏，共模干扰变成了差模信号进入了传输线。

双绞线对电磁感应噪声有较强的抑制能力，但对静电感应引起噪声的抑制能力较差，因此传输线应选用带屏蔽的双绞线，同时双绞线的屏蔽层要正确接地，这里讲的“地”应该是驱动总线逻辑门的“地”，而非“机壳地”“保护地”，但在许多实际设备上往往没有给出接地连接端，所以在这种情况下就需要引出一条线将屏蔽与驱动逻辑门集成电路的地相连；另外，双绞线的屏蔽层最好单点接地。

（2）模拟视频信号的抗干扰措施

模拟视频信号的受干扰表现在图像雪花点和50Hz横纹滚动（工频干扰上）上。雪花点干扰是由传输线上信号衰减及耦合了高频干扰所致，这种干扰比较容易消除，使用以下三种方法中的任意一种即可基本解决。

① 在摄像机与切换控制矩阵之间合理位置处增加一个视频放大器将信号的电平提高。

② 改变视频电缆的路径，避开高频干扰源。

③ 采用屏蔽层编数96编以上的同轴电缆。

高频干扰（50Hz 横纹滚动干扰及更强烈高频干扰）的情况则相对较难解决。我们以电梯轿厢内摄像机输出图像受干扰为例来分析一下造成横纹滚动干扰的原因。在大多数安防工程中，电梯内安装的摄像机的供电电源不是从电梯轿厢的供电电源上取的，而是另外敷设供电电源给摄像机供电。视频电缆和供电电缆、轿厢的动力线捆绑在一起从井道上方或下方引出。电梯运行时牵引电动机运行产生的电磁场沿动力线传播，就会影响摄像机供电电缆和视频电缆，如果视频电缆的屏蔽层密度不够，高频干扰就会经视频电缆传至监视器上形成横纹。

根据电磁学理论，视频电缆的屏蔽层密度足够时是可以完全消除50Hz工频干扰的，由此可以推断这部分干扰不是通过视频电缆耦合过来的，而是来自电源线和视频线的不合理连接。如果电源线上耦合了高频噪声，即使视频电缆的屏蔽层屏蔽得很好，也会将噪声送到监视器，因此摄像机的供电电源线也要屏蔽。

对于图像中的高频干扰，因为它的频带仍在 8MHz 以内，所以采用空隙率为 50%左右的屏蔽网可基本消除高频干扰，但要达到 50%空隙率，屏蔽网根数需每个波长长度 60 根以上，这样高的密度又会使电缆的柔韧性大大降低，比较好的方法是采用带有双层屏蔽的视频电缆。

视频电缆屏蔽层是接地的，如果视频信号的“地”与监视器的“地”相对“电网地”的电位不同，那么通过电源在摄像机与显示器之间将形成电源回路，这样 50Hz 的工频干扰就进入监视器造成横纹滚动，此时消除 50Hz 工频干扰的方法有以下两种。

（1）使各处的“地”电位与“电网地”的电位差完全相同。

（2）切断形成地环流的路径。由于工程环境比较复杂，使各处“地”完全等电位比较困难，只能通过加大摄像机供电线缆的线径，尽可能降低地回路的电阻，或者采用切断地环流回路的方法，在摄像机或显示器端有一端不接地，通常在监视器端不接供电电源的地，这样虽不能完全消除干扰，但可大大减少 50Hz 的干扰。

8.3.2　安全防范系统提高可靠性的措施

1. 消除干扰图像的地电流的措施

视频监控系统中用同轴电缆传输图像是最容易受到地电流的干扰的，这是系统前端与后端设备的地电位不同而形成地电流回路的缘故。受地电流干扰后的图像会发生严重扭曲、闪烁、上下滚动、黑白杆，甚至黑屏。

要想有效解决地电流对视频信号的干扰，可采取如下措施。

（1）利用光缆传输视频信号，能够隔断前端摄像机与终端设备电流的通路，即使系统的前端和终端有再大的电位差，地电流也不会串扰到视频通道，这就从根本上解决了地电流对图像的干扰，而且光缆传输所用光的波长多为 1.3μm，传输距离可达十几千米，但缺点是成本较高。

（2）在传输系统的前端和终端分别使用隔离变压器，这是一种视频变压器，能有效地抑制低频电流（近似 50Hz 的地电流）对视频信号的干扰。由于隔离变压器成本较高，在实际工程中可以只在传输系统的终端加一台，也能得到较为满意的图像。

（3）在视频电缆终端加入差分放大器，也同样能够较好地抑制电流对图像的干扰。将电缆内外导体分别接到差分放大器的两个输入端，差分放大器的输入端经一级缓冲后，再送至监视器。差分放大器输入端 1 输入被干扰后的信号，输入端 2 输入电流干扰信号，输出端是前面两组输入信号相减的结果。差分放大器就利用了两组输入信号相减来抑制地电流对视频信号的干扰。

（4）解决地电流干扰最简单的办法就是将系统的一端接地，即终端接地，使电流无法形成回路，有效地抑制地电流的干扰。这种办法既简单又经济，对一般的室内系统来说是一种优选方案。但是，单端接地不符合电气装置安装规范，按安全性要求，任何电气装置外壳都应与大地相接，这样一方面能够防止外壳地带电伤人；另一方面能够减少雷击对设备的烧毁。因此，一个大型的安全防范系统，在室外安装有位置较高的摄像机时，设计者一定要考虑加装避雷装置（具有避雷功能的摄像机也应加装避雷装置），只有这样，用同轴电缆传输的电视监控系统采用单端接地才有效。

2．采取提高系统性能和可靠性的保障措施

根据可靠性理论可知，相关系统采用并联设计代替串联设计，在出现故障时系统应能降级使用等待修复，系统具有冷热备份或者双机运行都能有效提高系统的可靠性。

在安全防范系统中，还可采取以下措施来提高系统的可靠性。

（1）报警探测器尽可能采用双鉴式，以减少误报警。

（2）门禁控制器最好具有感应卡识别加密码输入比对两种方法，可提高门禁系统的安全性，采用乱序键盘输入更可防止门禁被窥视。

（3）CCTV 系统中宜采用白天色彩/夜间黑白成像自动转换式摄像机，以使 CCTV 系统在夜间也有图像，同时图像更清晰。

（4）在系统设计上，要对防范的区域分层次设防，构成纵深防护的体系。

（5）以两种以上不同的探测技术对被保护的目标实施交叉探测。

（6）安全防范系统除正常供电外，要有备用电源或 UPS 后备电源。

（7）系统中的部件应采用经过认证及使用证明质量较好的产品，从根本上减少故障发生的概率。

（8）选用产品的一致性应得到保证，只有这样，才能快速完成故障产品的替换，保障系统随后即能正常运行。

（9）系统选用的产品最好是模块化结构的产品，因其具有可对比性而容易更换；同时，因其具有可扩展性而能对系统规模按需要进行裁减。智能建筑的电缆沟或管道竖井应留有 1/3 的孔隙，以便于维修穿线。

3．强化施工过程管理

施工是做好安全防范工程的重要一环。施工的组织与管理应包括以下几个环节。

（1）拟定施工的组织规划，落实好施工的人员，特别是要选择好该工程的项目经理。

（2）从质量、安全和工期三方面保证工程的完成。

（3）制定并严格实施保证工程质量的措施。

4．严格按安装要求施工

（1）终端设备的安装

① 摄像机护罩及支架的安装应符合设计要求，固定要安全可靠，水平和俯、仰角应能在设计要求的范围内灵活调整。

② 摄像机应安装在监视目标附近不易受外界损伤的地方，安装位置不应影响现场设备运行和人员正常活动。安装高度，室内应距地 2.5～5m 或吊顶下 0.2m 处，室外应距地面 3.5～10m，不低于 3.5m。

③ 摄像机需要隐蔽时，可设置在顶棚或墙壁内，镜头应采用针孔或棱镜镜头；电梯内摄

像机应安装在电梯轿厢顶部、电梯操作处的对角处，并能监视电梯内全景。

④ 镜头与摄像机的选择应互相对应。CS 型镜头应安装在 CS 型摄像机上，C 型镜头应安装在 C 型摄像机上。当无法配套使用时，CS 型镜头可以安装在 C 型接口的摄像机上，但要附加一个 CS 型改 C 型镜座接圈，但 C 型镜头不能安装在 CS 型接口的摄像机上。

⑤ 在搬运和安装摄像机的过程中，严禁打开镜头盖。

（2）机房设备的安装

① 电视墙的底座应与地面固定，电视墙安装应竖直平稳，垂直偏差不得超过 1%。多个电视墙并排在一起时，面板应在同一平面上并与基准线平行，前后偏差不得大于 3mm，两个机架间缝隙不得大于 3mm。安装在电视墙内的设备应牢固、端正；电视墙机架上的固定螺钉、垫片和弹簧垫圈均应紧固且不得遗漏。

② 控制台安装位置应符合设计要求。控制台安放竖直，台面整洁无划痕，台内接插件和设备接触应可靠，安装应牢固，内部接线应符合设计要求，无扭曲脱落现象。

③ 监视器应安装在电视墙或控制台上。其安装位置应使屏幕不受外来光直射；监视器、矩阵主机、长时延录像机、画面分割器等设备外部可调节部分，应暴露在控制台外便于操作的位置。

（3）设备接线调试

① 接线时，将已布放的线缆再次进行对地绝缘与线间绝缘检测。

② 机房设备采用专用导线将各种设备进行连接，各支路导线线头压接好，设备及屏蔽线应压接好保护地线，接地电阻值不应大于 4Ω；采用联合接地时，接地电阻值不应大于 1Ω。

③ 摄像机安装前，应先调好光圈、镜头，再对摄像机进行初装，经通电试看，细调检查各项功能，观察监视区的覆盖范围和图像质量，符合要求后方可固定。

④ 安装完后，对所有设备进行通电联调，检测各设备功能及摄像效果，完全达到功能和视觉效果要求后，方可投入使用。

8.4 安全防范工程的质量检测与验收

8.4.1 施工进度

制订一个合理科学的施工进度计划并采取有效措施来保障项目按进度计划来实施是衡量一个项目成功与否的标准之一。项目按期按质完成或提前完成，可以节省大量的人力物力，如果严重超期完成，就会出现成本超支甚至项目失败的严重后果。

施工项目经理部根据合同规定的工期要求编制施工进度计划表，并以此作为管理的目标，对施工的全过程经常进行检查、对比、分析，及时发现实施中的偏差，并采取有效措施，调整工程建设施工进度计划，排除干扰，保证工期保质保量按期完成。

施工进度计划表通常以横道图（也称直方图）的形式制定，如表 8-3 所示。

表 8-3　安防工程施工进度计划表

序号	任务名称	九月					十月																			
		26	27	28	29	30	1	2	3	4	5	6	7	8	9	10	11	12	13	14	15	16	17	18	19	20
1	考察现场，确认管盒位置	━																								
2	材料采购		━	━	━	━	━	━	━	━	━	━	━													
3	线缆敷设				━	━	━	━	━	━	━	━	━	━												
4	设备采购、检测	━	━	━	━	━	━	━	━	━	━	━	━	━												
5	门禁系统安装														━	━	━	━	━	━						
6	监控系统安装														━	━	━	━	━	━	━					
7	系统设备调试																━	━	━	━	━	━	━			
8	项目试运行																━	━	━	━	━	━	━			
9	项目验收																							━	━	━

8.4.2　视频安防监控系统的检测

（1）图像质量检测：在摄像机的标准照度下进行图像的清晰度及抗干扰能力的检测；抗干扰能力按《视频安防监控系统技术要求》（GA/T 367—2001）进行检测。

（2）系统功能检测：云台转动，镜头、光圈的调节，调焦、变倍，图像切换，防护罩功能的检测。

（3）视频安防监控系统的图像记录保存时间应满足管理要求。

（4）系统整体功能检测：功能检测应包括视频安防监控系统的监控范围、现场设备的接入率及完好率；矩阵监控主机的切换、控制、编程、巡检、记录等功能；对于数字视频录像式监控系统，还应检查主机死机记录、图像显示和记录速度、图像质量、对前端设备的控制功能，以及通信接口功能、远端联网功能等；对于数字硬盘录像监控系统，除检测其记录速度外，还应检测记录的检索、回放等功能。

（5）系统联动功能检测：联动功能检测应包括与出入口控制系统、入侵报警系统、巡更管理系统、停车场（库）管理系统等的联动控制功能。

8.4.3　入侵报警系统的检测

（1）探测器灵敏度检测。

（2）报警系统报警事件存储记录的保存时间应满足管理要求。

（3）探测器的盲区检测，防动物功能检测。

（4）系统控制功能检测应包括系统的撤防、布防功能，关机报警功能，系统后备电源自动切换功能等。

（5）系统的联动功能检测应包括报警信号对相关报警现场照明系统的自动触发，对监控摄像机的自动启动，对视频安防监视画面的自动调入，对相关出入口的自动启动和录像设备的自动启动等。

（6）系统通信功能检测应包括报警信息传输、报警响应功能。

（7）报警系统管理软件（含电子地图）功能检测。

（8）报警信号联网上传功能的检测。

8.4.4　门禁系统的检测

（1）通过门禁控制器及其他控制终端，实时监控出入控制点的人员状况。

（2）出入口控制系统的数据存储记录保存时间应满足管理要求。

（3）系统对非法强行入侵行为及时报警的能力。

（4）在系统主机离线的情况下，出入口（门禁）控制器独立工作的准确性、实时性和存储信息的功能。

（5）现场设备的接入率及完好率测试。

（6）在软件测试的基础上，对被验收的软件进行综合评审，给出综合评审结论，包括软件设计与需求的一致性、程序与软件设计的一致性、文档（含软件培训、教材和说明书）描述与程序的一致性、完整性、准确性和标准化程度等。

（7）检测本系统与消防系统报警时的联动功能。

（8）检测断电后，系统启用备用电源应急工作的准确性、实时性和信息的存储及恢复能力。

（9）系统主机对出入口（门禁）控制器在线控制时，出入口（门禁）控制器工作的准确性、实时性和存储信息的功能，以及出入口（门禁）控制器和系统主机之间的信息传输功能。

8.4.5　巡更管理系统的检测

（1）检查巡更管理系统的编程、修改功能及撤防、布防功能。

（2）对在线联网式巡更管理系统需要检查巡更电子地图上的显示信息，检查遇有故障时的报警信号及和视频安防监控系统等的联动功能。

（3）巡更系统的数据存储记录保存时间应该满足管理要求。

（4）检查系统的运行状态、信息传输、故障报警和指示故障位置的功能。

（5）按照巡更路线图检查巡更终端、读卡机的响应功能。

（6）现场设备的接入率及完好率测试。

（7）检查巡更管理系统对巡更人员的监督及记录情况，安全保障措施和对意外情况及时报警的处理手段。

8.4.6 停车场（库）管理系统的检测

（1）检测出入口管理监控站及管理中心站的通信是否正常。

（2）管理中心监控的车辆出入数据记录保存时间应满足管理要求。

（3）对管理中心的计费、显示、收费、统计、信息存储等功能的检测。

（4）检测满位显示器功能是否正常。

（5）自动栅栏升降功能检测，防砸车功能检测。

（6）发卡（票）器功能检测，吐卡功能是否正常，入场日期、时间等记录是否正确。

（7）读卡器功能检测，对无效卡的识别功能，对非接触 IC 卡读卡器还应检测读卡器距离和灵敏度。

（8）车辆探测器对出入车辆的探测灵敏度检测，抗干扰性能检测。

（9）检测停车场（库）管理系统与消防系统报警时的联动功能，电视监控系统摄像机对进出停车场（库）车辆的监视等。

（10）对具有图像对比功能的停车场（库）管理系统应分别检测出入车牌和车辆图像记录的清晰度、调用图像信息的符合情况。

（11）对管理系统的其他功能，如“防折返”功能检测。

8.4.7 安全防范综合管理系统的检测

1. 综合管理系统检测

要完成安全防范系统中央监控室对各子系统的监控功能，具体内容应按工程设计文件要求确定。

（1）检测内容

① 各子系统的数据通信接口。各子系统与综合管理系统以数据通信方式连接时，应能在综合管理监控站上观测到子系统的工作状态和报警信息，并和实际状态核实，确保准确性和实时性；对具有控制功能的子系统，应检测从综合管理监控站发送命令时，子系统响应的情况。

② 综合管理系统监控站。对综合管理监控系统监控站的软、硬件功能的检测，包括以下几个方面。

a. 检测子系统监控站与综合管理系统监控站对系统状态和报警信息记录的一致性。

b. 综合管理系统监控站对各类报警信息的显示、记录、统计等功能。

c. 综合管理系统监控站的数据报表打印、报警打印功能。

d. 综合管理系统监控站操作的方便性，人机界面应友好、汉化、图形化。

（2）检测要求

综合管理系统功能应全部检测，功能符合设计要求的为合格，合格率 100%时为系统功能检测合格。

2. 安全防范系统的使用特性检测

（1）安全性检测

① 检查系统所用设备及其安装部件的机械强度（以产品检测报告为依据）。

② 主要控制设备的安全性检验。应重点检测下列项目。

a. 绝缘电阻检测。在正常大气条件下，控制设备的电源插头或电源引入端子与外壳裸露金属部件之间的绝缘电阻不应小于 20MΩ。

b. 抗电强度检测。控制设备的电源接头或电源引入端子与外壳裸露金属部件之间应能承受 1.5kV/50Hz 交流电压的抗电强度试验，历时 1 分钟应无击穿和飞弧现象。

c. 漏电电流检测。控制设备泄漏电流应小于 5mA。

（2）电磁兼容性检测

① 检查系统所用设备的抗电磁干扰能力（以产品检测报告为依据）和抗电磁干扰状况。

② 检查系统传输线路的设计与安装施工情况。

③ 系统主要控制设备的电磁兼容性检查，应重点检验下列项目。

a. 静电放电抗扰度试验。应根据现行国家标准《电磁兼容和测量技术静电放电抗扰度试验》进行测试，等级按设计文件的要求执行。

b. 射频电磁场辐射抗扰度试验。应根据现行国家标准《电磁兼容和测量技术射频电磁场辐射抗扰度试验》进行测试，等级按设计文件的要求执行。

c. 电快速瞬变脉冲群抗扰度试验。应根据现行国家标准《电磁兼容和测量技术电快速瞬变脉冲群抗扰度试验》进行测试，等级按设计文件的要求执行。

d. 浪涌（冲击）抗扰度试验。应根据现行国家标准《电磁兼容和测量技术浪涌（冲击）抗扰度试验》进行测试，等级按设计文件的要求执行。

e. 电压暂降、短时中断和电压变化抗扰度试验。根据现行国家标准《电磁兼容、试验和测量技术电压暂降、短时中断和电压变化的抗扰度试验》进行测试，等级按设计文件的要求执行。

（3）设备安装检测

① 前端设备配置及安装质量检验。

② 监控中心设备安装质量检验。

（4）线缆敷设检测

① 线缆、光缆敷设质量检验应符合工程合同、设计文件、设计材料清单的要求。

② 检查线缆、光缆敷设的施工记录、监理报告或隐蔽工程随工验收单，应符合规定。

③ 检查综合布线的施工记录或监理报告，应符合规定。

④ 检查隐蔽工程随工验收单时，应做到验收完整、准确。

（5）电源检测

① 系统电源的供电方式、供电质量、备用电源容量等应符合正式设计文件的要求。

② 主、备电源转换检测应符合下列规定。

a. 对有备用电源的系统，应检查当主电源断电时，能否自动转换为备用电源供电。主电源恢复时，应能自动转换为主电源供电。在电源转换过程中，系统应能正常工作。

b. 对于双路供电的系统，主备电源应能自动转换。

c. 对于配置 UPS 电源装置的供电系统，主备电源应能自动转换。

③ 电源电压适应范围检测应符合下列规定：当主电源电压在额定值的 85%～110%内变化时，不调整系统（或设备），其仍能正常工作。

④ 备用电源检测应符合下列规定。

a. 检查入侵报警系统备用电源的容量，能否满足系统在设防状态下，满负载连续工作时间的设计要求。

b. 检测防盗报警控制器的备用电源是否有欠电压指示，欠电压指示应符合设计要求。

c. 检查出入口控制系统的备用电源能否保证系统在正常工作状态下，满负载连续工作时间的设计要求。

（6）防雷与接地检测

系统防雷设计和防雷设备的安装、施工结果应符合相关规定。

8.4.8 安全防范工程质量检测与验收

安防项目工程验收依据主要是《智能建筑工程质量验收规范》（GB 50339—2013），其检查内容主要包括以下几个方面。

（1）系统功能是否达到设计要求，防范范围是否合理，是否存在盲区。

（2）监控中心监控的图像记录、报警记录、故障记录、人员出入记录等的质量和保存时间是否达到设计要求。

（3）各种防范子系统之间的联动是否达到设计及用户使用的要求。

（4）安全防范系统集成的系统接口、通信功能和传输的信息等是否达到设计要求。

数字安防系统综合设计经典案例与实施

项目背景

某学校建有教学楼、实训楼、行政楼、学生宿舍、图书馆等若干建筑物，高速校园网全覆盖，校园采用围墙封闭式管理，只有一个出入口，出入口旁边建有一个保安值班室，24 小时有保安值守。

为了建设平安校园、法治校园，确保该校全体师生的人身和财产安全，现对该学校进行数字安防系统的集成设计与实施，以在统一平台下开展各安全防范子系统管理与联动。

系统结构

某学校安全防范系统结构如图 9-1 所示。

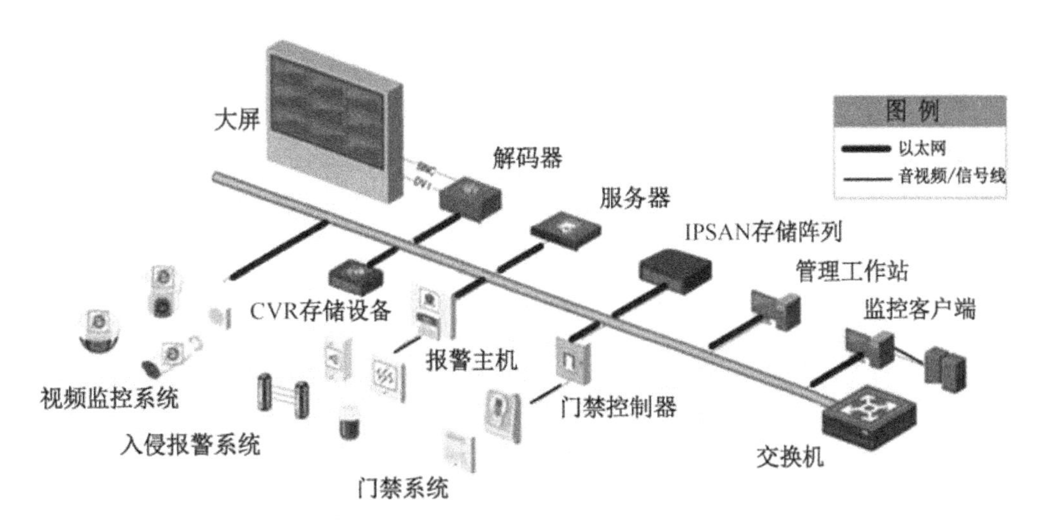

图 9-1　某学校安全防范系统结构

能力目标

（1）掌握网络安防综合管理平台的使用与安装。

（2）掌握网络安防综合管理平台中视频监控系统的集成与管理。

（3）掌握网络安防综合管理平台中入侵报警系统的集成与管理。

（4）掌握网络安防综合管理平台中门禁系统的集成与管理。

9.1.1 任务：网络安防综合管理平台的应用

【任务描述】

为了对智能监控系统、入侵报警系统、门禁系统、出入口管理系统等安防系统进行统一管理，需要为这些系统提供统一的综合管理平台，方便管理人员统一操作和协调管理，及时对各系统进行处理。

【任务目标】

1．能够认识网络安防综合管理平台的作用。

2．能熟练进行网络安防综合管理平台的安装。

3．理解并掌握综合管理平台各功能的应用。

【任务实现】

1．认识网络安防综合管理平台

网络安防综合管理平台是一个用来管理安全防范系统各个子系统的综合体。该综合体分为三部分，第一部分为中心管理服务器，第二部分为系统功能服务器，第三部分为客户端。其中，中心管理服务器（CMS）提供基础配置并对各个子系统进行管理。系统功能服务器（SFS）提供各个功能模块接入服务。客户端（Control Client）提供应用服务及操作。前两部分软件需要安装在操作系统为 Windows 2008 Server R2 的服务器里，三个应用安装软件如图 9-2 所示。

图 9-2　网络安防综合管理平台软件

安防综合管理平台拥有 B/S 客户端和 C/S 客户端，主要应用于监控中心、值班室、接警室、指挥调度室等场合，具备实时视频监控、摄像机云台控制、录像检索回放、录像备份下载、门禁控制、梯控管理、考勤管理、巡查管理等基础功能，其中 C/S 客户端还具备接收和处理报警、语音对讲和广播、控制解码上电视墙等高级功能。

2．海康威视 iVMS-8700 安防综合管理平台的安装

（1）安装中心管理服务器

① 将加密狗插在需要安装 CMS 的服务器上（操作系统是 Windows 2008 Server R2）。

② 在安装包目录下，打开“CMS”文件夹，双击 CMS 可执行文件，启动安装程序。

③ 单击“下一步”按钮，弹出“欢迎使用 CMS InstallShield Wizard”对话框，如图 9-3 所示。

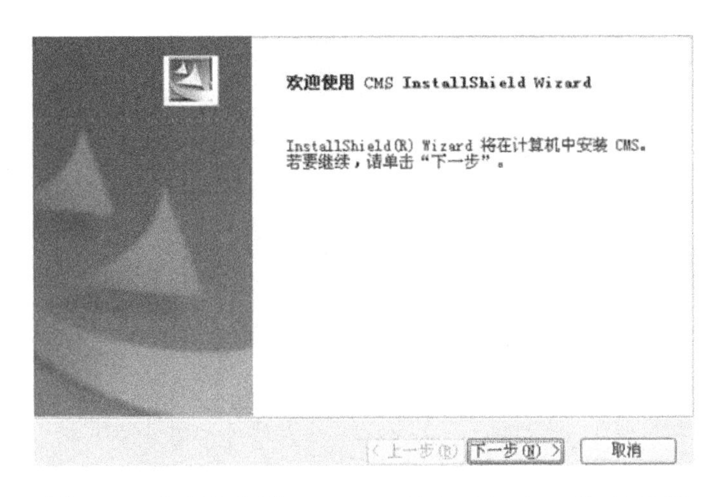

图 9-3　“欢迎使用 CMS InstallShield Wizard”对话框

④ 单击“下一步”按钮，弹出“安装类型”对话框，如图 9-4 所示。

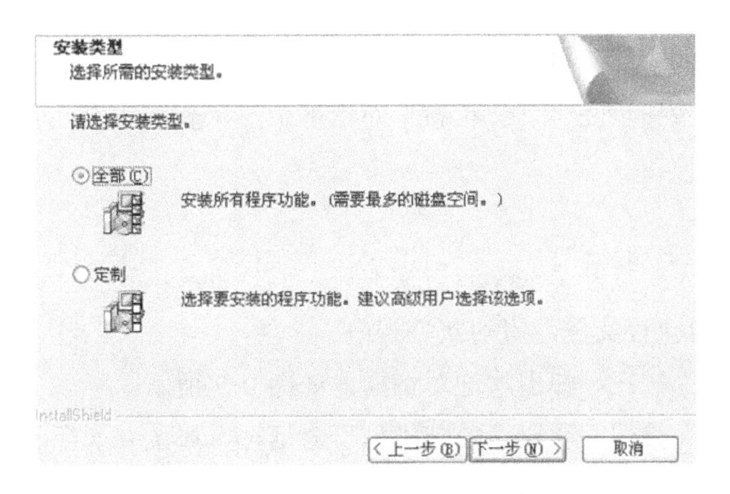

图 9-4　“安装类型”对话框

⑤ 如选中“定制”单选按钮，则可自定义安装，单击“下一步”按钮，弹出“选择目的地位置”对话框，如图 9-5 所示。

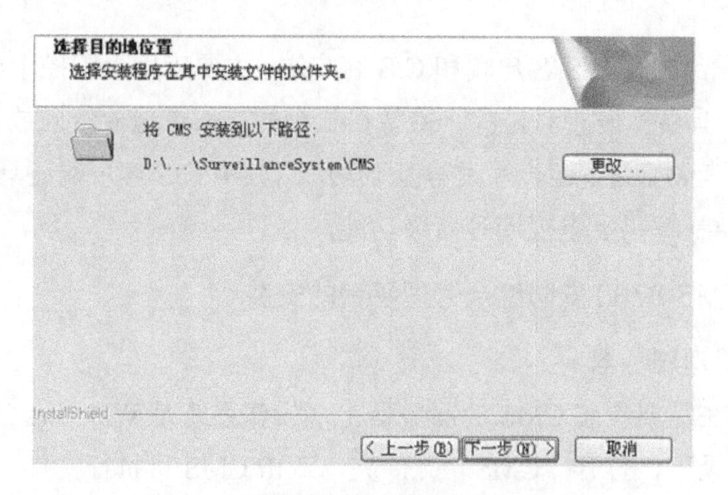

图 9-5 “选择目的地位置”对话框

⑥ 选择 CMS 安装路径，单击“下一步”按钮，弹出“选择功能”对话框，如图 9-6 所示。

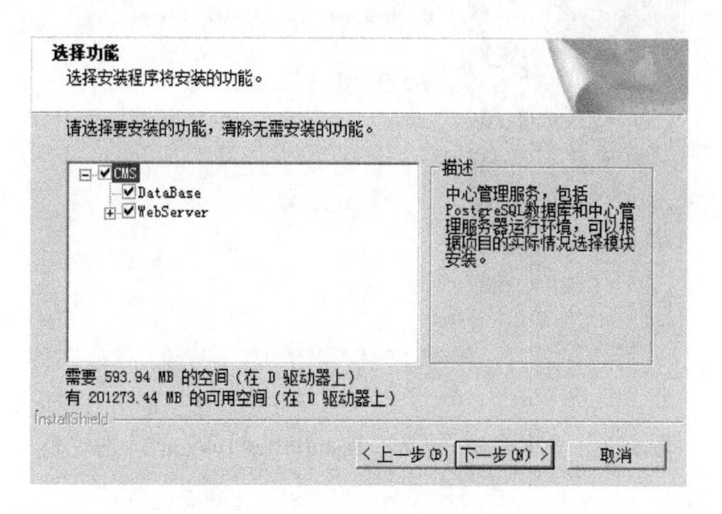

图 9-6 “选择功能”对话框

⑦ 选择需要安装的功能，单击“下一步”按钮，弹出“安装”对话框。

⑧ 单击“安装”按钮。在“安装状态”对话框中显示安装进度，大约持续 3 分钟。

⑨ 单击“完成”按钮。

（2）安装服务器

① 在安装包目录下，打开“Servers”文件夹。

② 双击 Servers 可执行文件，启动安装程序。

③ 单击“下一步”按钮，弹出欢迎对话框，如图 9-7 所示。

④ 单击“下一步”按钮，弹出“安装类型”对话框，如图 9-8 所示。

⑤ 如果选中“定制”单选按钮，则可自定义安装功能模块。单击“下一步”按钮，弹出“选择目的地位置”对话框，如图 9-9 所示。

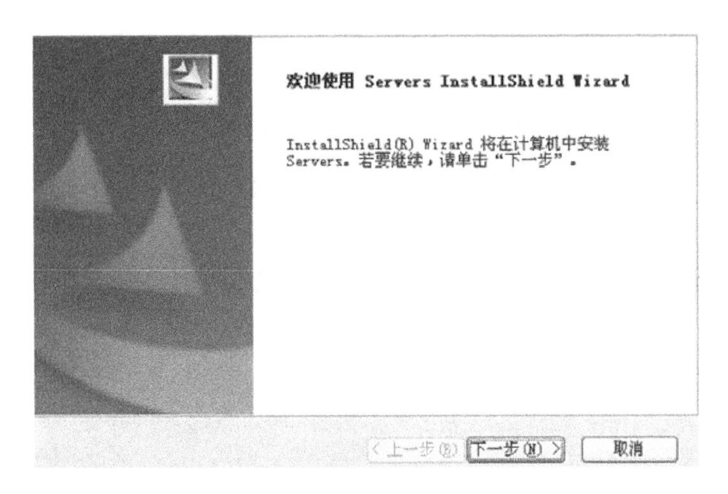

图 9-7　欢迎对话框

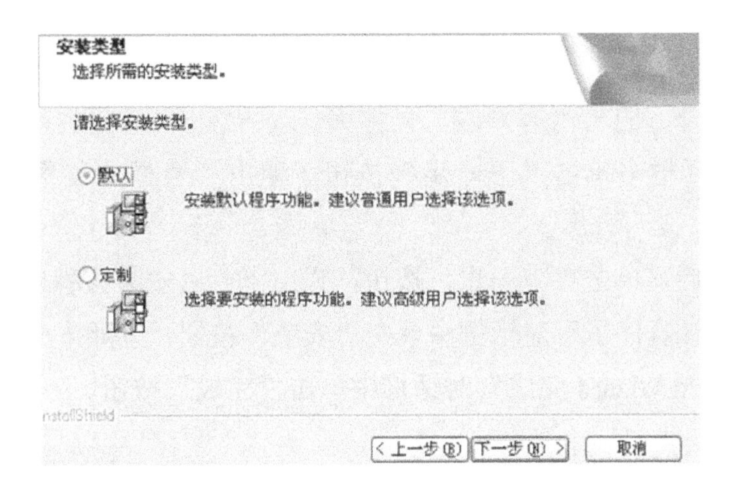

图 9-8　“安装类型”对话框

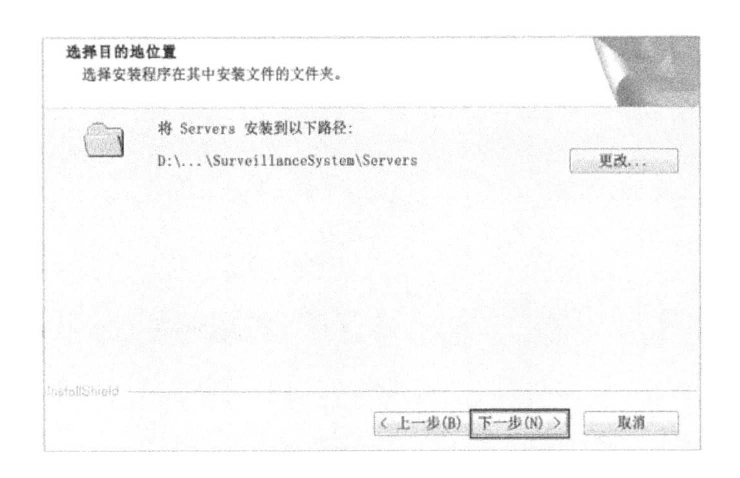

图 9-9　“选择目的地位置”对话框

⑥ 选择服务器安装路径，单击“下一步”按钮，弹出“选择功能”对话框，如图 9-10 所示。

⑦ 根据实际选择服务器。单击“下一步”按钮，弹出“可以安装该程序了”对话框。

⑧ 单击“安装”按钮，在“安装状态”对话框中显示安装进度，大约持续 2 分钟。

⑨ 在“InstallShield Wizard 完成”对话框中单击“完成”按钮。

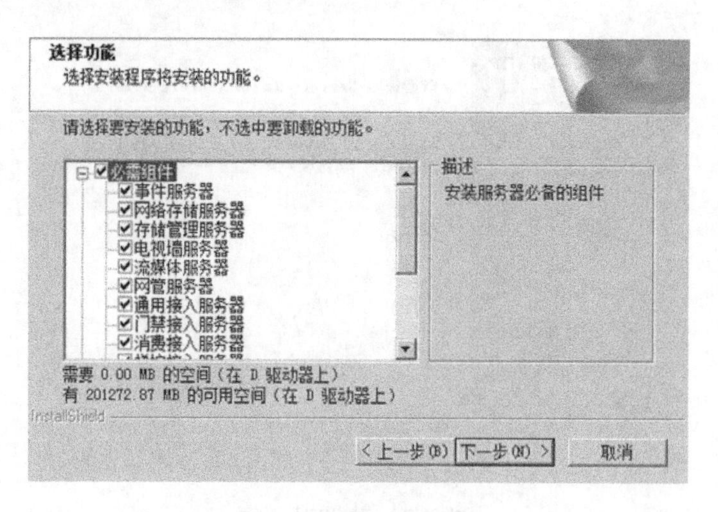

图 9-10 “选择功能”对话框

（3）客户端的安装

① 在安装包目录下，打开“客户端”文件夹，双击客户端可执行文件，启动安装程序，在弹出的“欢迎”对话框中单击“下一步”按钮，弹出“选择安装程序路径”对话框，如图 9-11 所示。

② 选择安装路径后，单击“下一步”按钮，弹出“可以安装该程序了”对话框。

③ 在“可以安装该程序了”对话框中单击“安装”按钮，开始安装客户端软件。

④ 在“InstallShield Wizard 完成”对话框中单击“完成”按钮。

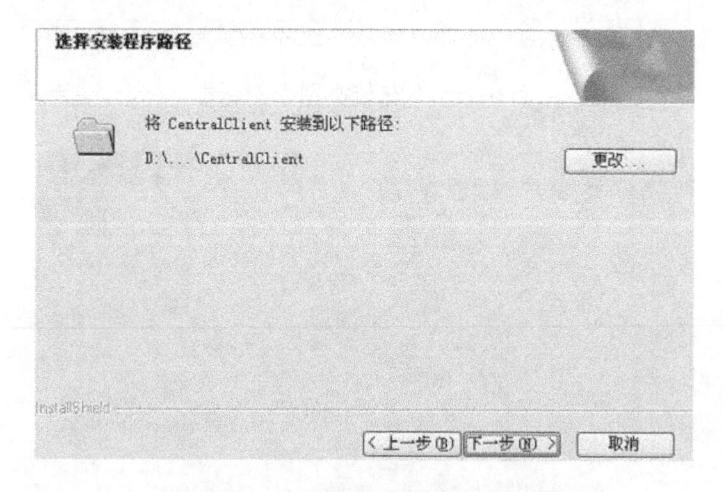

图 9-11 “选择安装路径”对话框

3. 海康威视 iVMS-8700 安防综合管理平台的验证

（1）验证 CMS

当用户第一次安装 CMS 时，需要按以下步骤进行验证。

① 在 IE 浏览器的地址栏中输入安装 CMS 的计算机服务器的 IP 地址，按 Enter 键。例如，输入 http://192.168.90.240，如图 9-12 所示。

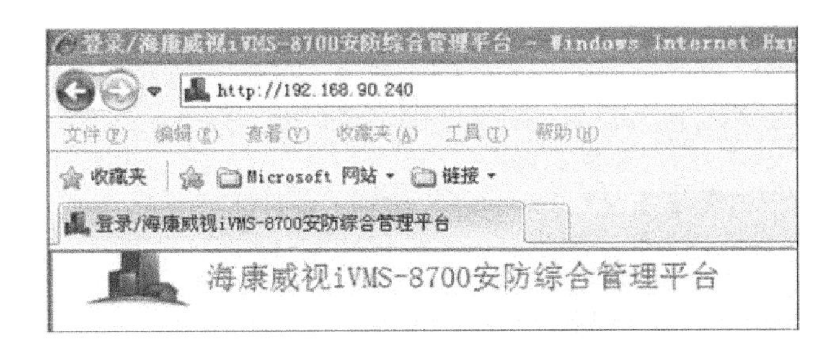

图 9-12　IE 浏览器登录 CMS

② 在弹出的“欢迎登录”对话框中，输入用户名与密码（默认用户名为“admin”，密码为“12345”），单击“登录”按钮，进入海康威视 iVMS-8700 安防综合管理平台主界面，如图 9-13 所示。

图 9-13　网络安防综合管理平台主界面

（2）验证服务器

双击图标，弹出“Watchdog”对话框。检查安装的各服务器是否运行正常，如图 9-14 所示。

图 9-14　“Watchdog”对话框

（3）验证客户端

① 双击客户端图标，弹出“登录”对话框，如图 9-15 所示。

图 9-15　客户端登录服务器界面

② 输入用户名、密码、服务器 IP 地址、端口号。默认用户名为“admin”，密码为“12345”。端口号为“80”。登录后客户端主界面如图 9-16 所示。

图 9-16　客户端主界面

【任务评价】

评价内容		完成情况评价		
分配的工作		自评	组评	师评
完成效果	能完成中心管理服务器（CMS）安装，并能说出安装步骤，以及该软件的功能及用途			
	能完成系统功能服务器（Servers）安装，并能说出安装步骤，以及该软件的功能及用途			
	能完成客户端的安装，以及海康威视 iVMS-8700 安防综合管理平台的验证			

续表

评价内容		完成情况评价		
分配的工作		自评	组评	师评
合作意识	能积极配合小组开展活动，服从安排			
	能积极地与组内、组间成员交互讨论，能清晰地表达想法，尊重他人的意见			
	能和大家互相学习和帮助，共同进步			
沟通能力	有强烈的好奇心和探索欲望			
	在小组遇到问题时，能提出合理的解决方法			
	能发挥个人特长，施展才能			
专业能力	能运用多种渠道搜集信息			
	能查阅图纸及说明书			
	遇到问题不退缩，并能想办法解决			
总体体会	我的收获是：			
	我体会最深的是：			
	我还需努力的是：			

9.1.2　任务：视频监控系统的集成与管理

【任务描述】

某校园已搭建了一套完整的智能监控系统，并能正常运行，现需要把该监控系统添加到安防系统的综合管理平台中，方便相关人员进行管理和使用。

【任务目标】

1．能熟练使用网络安防综合管理平台。

2．能熟练在网络安防综合管理平台中进行视频监控系统的管理与维护。

【任务实现】

1．搭建校园视频监控系统

某学校已经按图 9-17 所示的拓扑结构搭建好了校园视频监控系统。

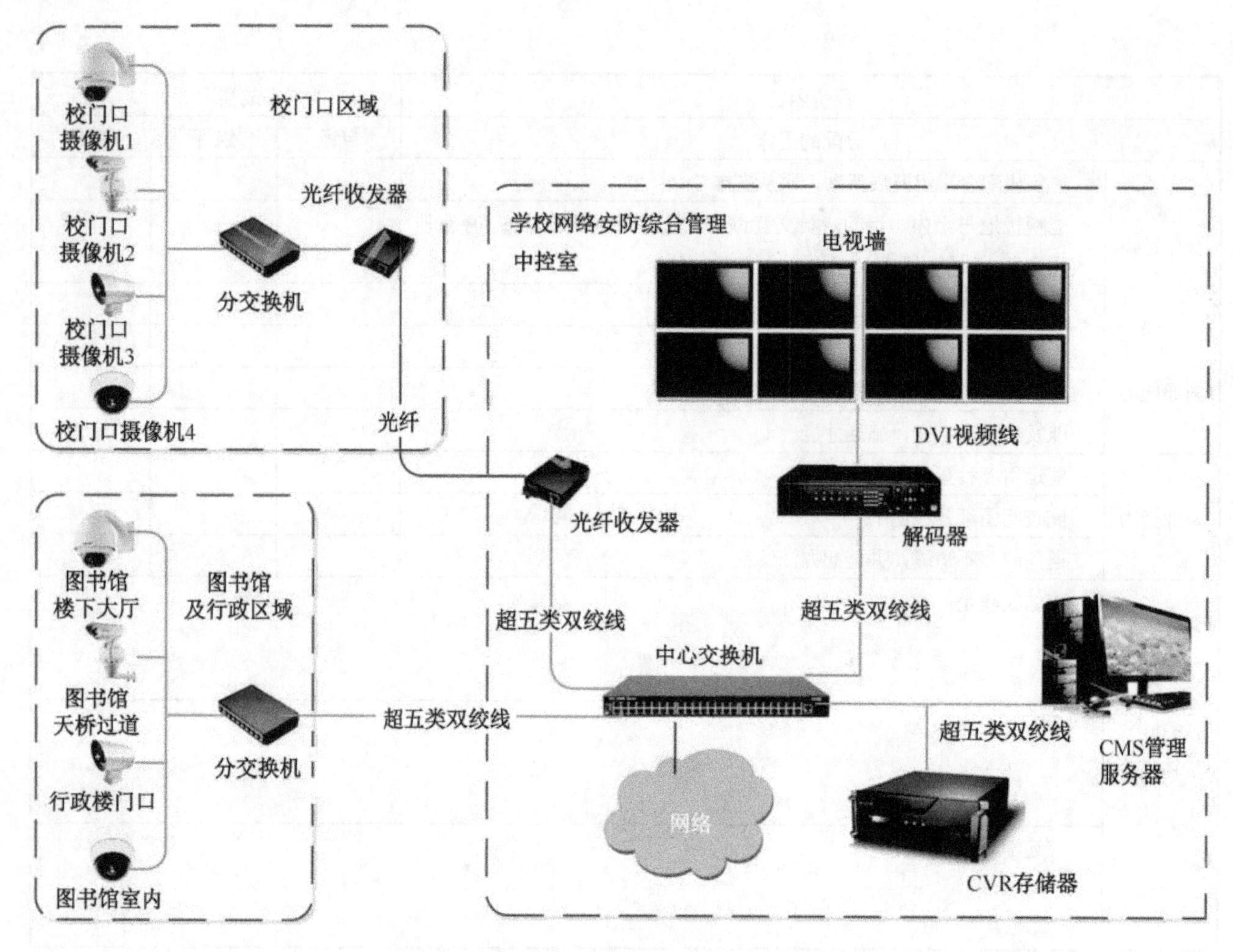

图 9-17　校园视频监控系统拓扑图

2．视频监控系统在中心管理服务器平台中的应用

（1）添加组织单元

添加一个组织单元，名称为“东莞纺织学校”。

① 以 admin 用户名登录系统。

② 选择“资源管理”选项卡，并在“组织资源”目录树中，选择“主控制中心”选项，单击“画笔”图标，编辑组织资源如图 9-18 所示。

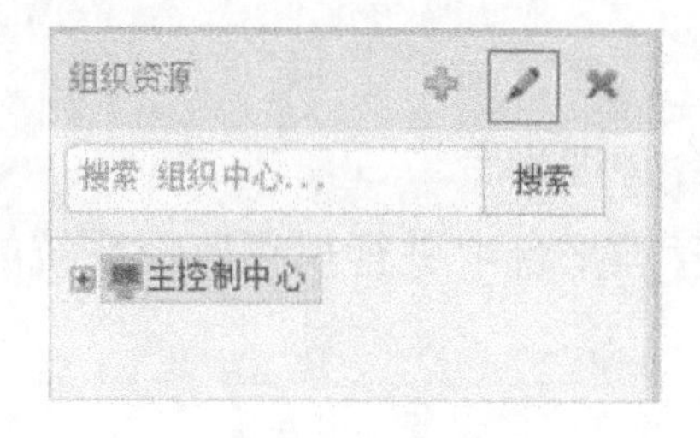

图 9-18　编辑组织资源

③ 在弹出的“修改组织资源信息”对话框里，在“组织名称”文本框中将“主控制中心”修改为“东莞纺织学校”。单击“保存”按钮，修改组织资源信息如图 9-19 所示。

图 9-19　修改组织资源信息

（2）添加监控区域

在“东莞纺织学校”组织资源下，添加监控区域——校门口、新疆饭堂及青年楼、A 楼区域、B 楼区域、图书馆及行政楼、实验楼区域、报告厅外围等。以添加校门口监控区域为例，如图 9-20 所示。

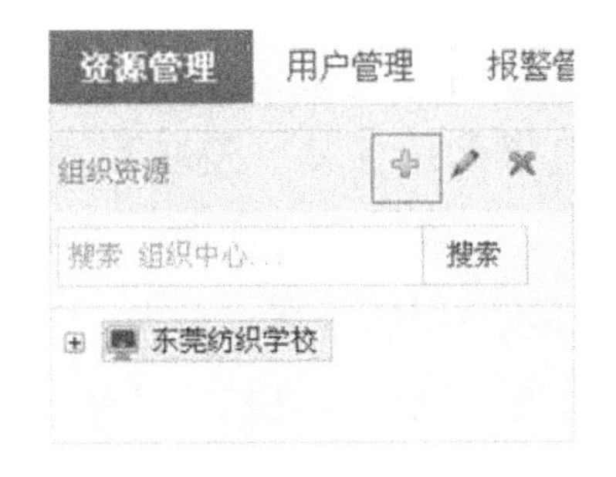

图 9-20　在组织资源中选择添加的监控区域

① 选择“资源管理”选项卡。

② 在“组织资源”目录树中，选择“东莞纺织学校”选项，单击“+”图标。

③ 在弹出的“添加组织资源或区域”对话框中，添加类型选中“监控区域”单选按钮，组织名称输入“校门口”，单击“确认”按钮，如图 9-21 所示。

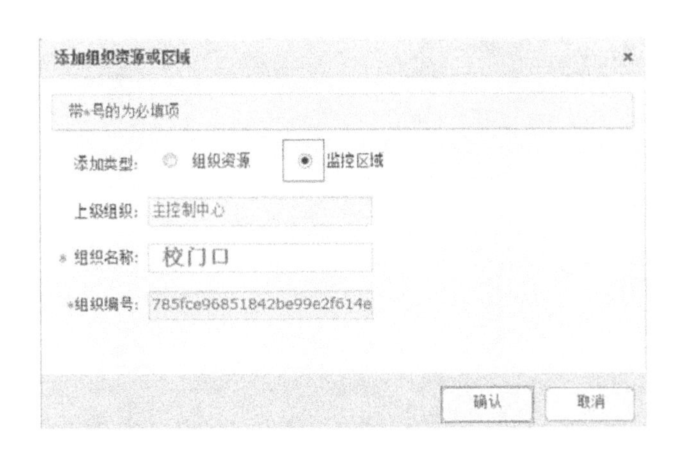

图 9-21　输入监控区域名称

④ 以同样的方法添加其他监控区域，完成后界面如图 9-22 所示。

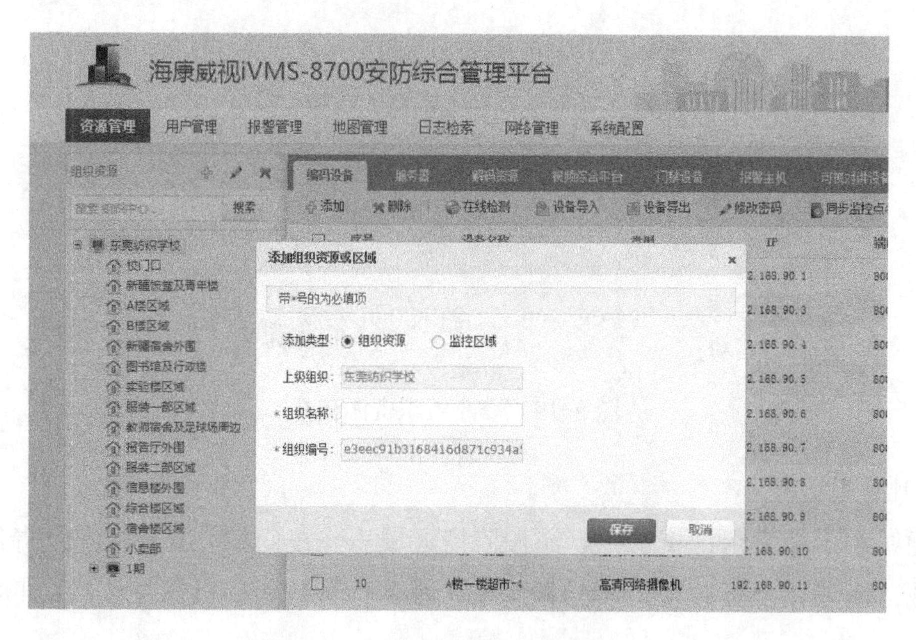

图 9-22　添加组织资源与监控区域

（3）添加服务

此处需要添加的服务器有：流媒体服务器（SMS）、事件服务器（BES）、网管服务器（BNMS）、视频接入服务器（VAG）、CVR 存储服务器、电视墙服务器等。

① 流媒体服务器：支持实时视频数据的转发及分发，支持存储数据、点播回放。

② 事件服务器：管理各种报警事件及联动处理，并接收、分发和上传报警信息。

③ 网管服务器：对网络运行状况、设备运行状况、服务器运行状况进行管理。

④ 视频接入服务器：支持编码设备的统一接入，支持视频设备的云台控制。

⑤ 电视墙服务器：支持解码器、视频综合平台输出预览上墙。

添加服务器的方法如下（这里以安装流媒体服务器为例进行说明）。

a. 查看 Watchdog 程序中服务器的运行状态是否正常，如图 9-23 所示。

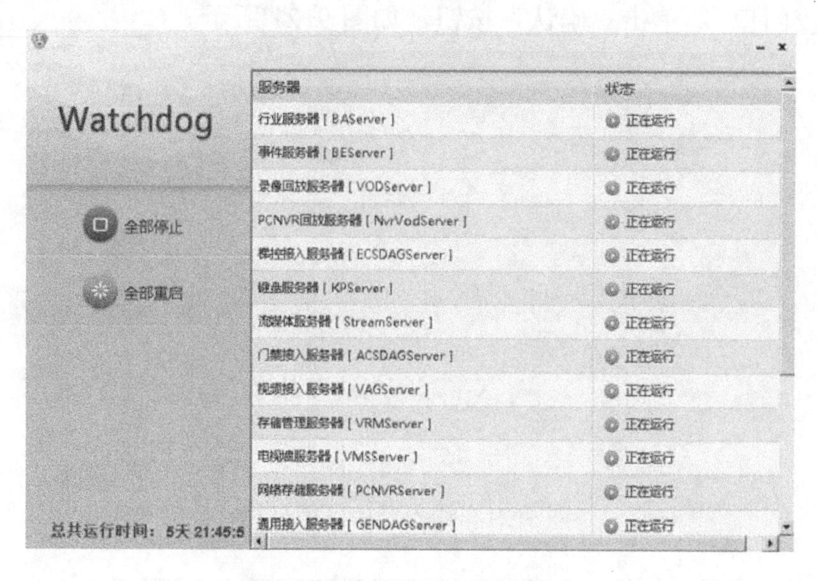

图 9-23　服务器运行状态图

b. 以 admin 用户登录系统。

c. 选择“资源管理”选项卡，在“组织资源”目录树中，选择组织资源“东莞纺织学校”选项。

d. 选择“服务器”选项卡，单击“添加”按钮，如图 9-24 所示。

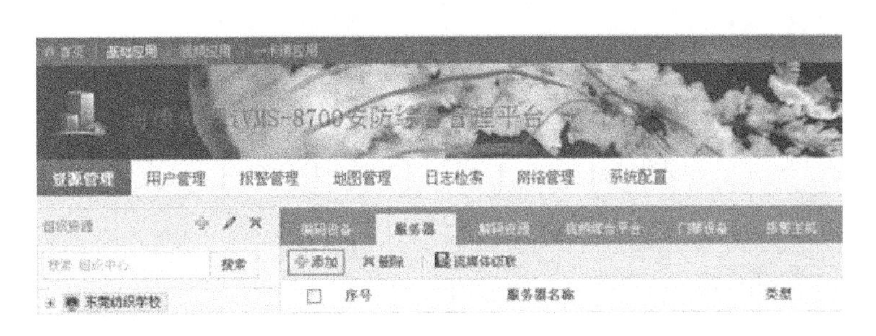

图 9-24　添加服务器

e. 在弹出的“添加服务器”对话框中，选择“服务器类型”为“流媒体服务器（SMS）”，单击“下一步”按钮，如图 9-25 所示。

图 9-25　添加服务器类型

f. 在“IP 地址配置”界面中，如图 9-26 所示，输入安装 CMS 的计算机 IP 地址（如 192.168.90.240），单击“下一步”按钮。

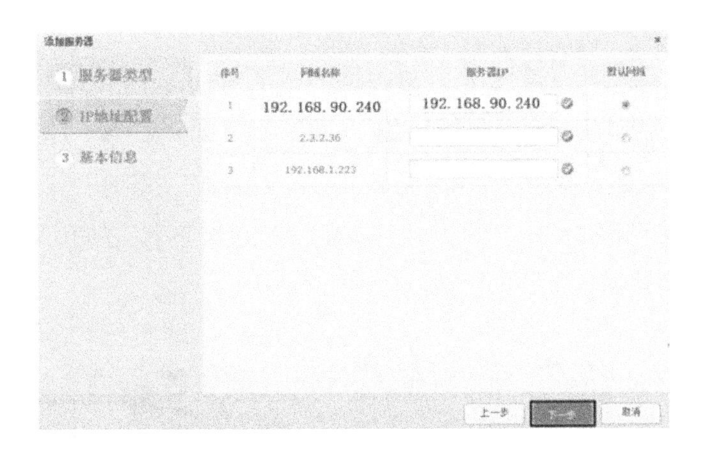

图 9-26　服务器 IP 地址配置

g. 在“基本信息”界面中，如图 9-27 所示，输入服务器名称、端口等信息，单击“完成”按钮。

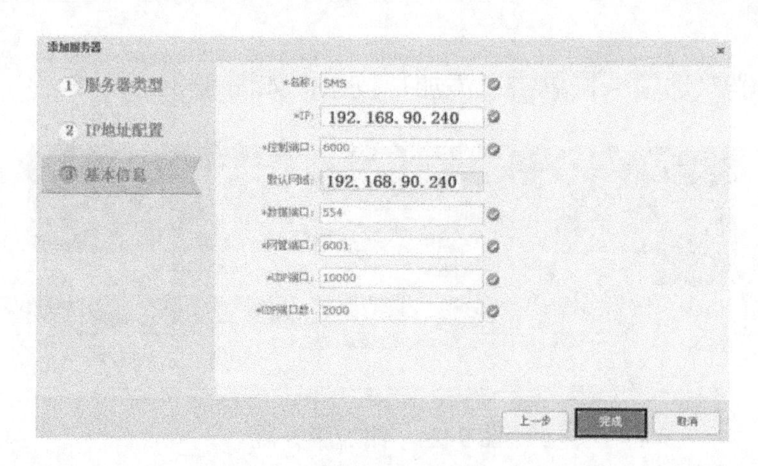

图 9-27　服务器基本信息配置

h. 用同样的方法添加其他几个服务，添加完成后界面如图 9-28 所示。

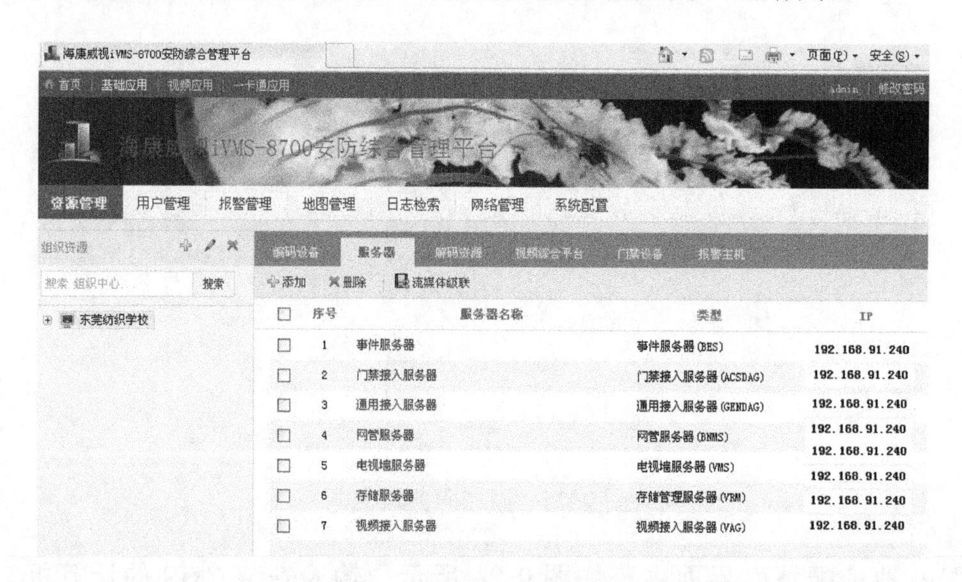

图 9-28　成功添加的服务器列表

（4）添加编码设备

此外需要添加的是校门口监控区域、新疆饭堂及青年楼、A 楼区域、B 楼区域、图书馆及行政楼、实验楼区域、报告厅外围等对应的编码设备。下面以在校门口监控区域添加摄像机编码设备为例进行说明。

① 单击“编码设备”选项卡中的“中心关联 VAG”下拉按钮，选择“VAG”选项，如图 9-29 所示。

图 9-29　中心关联 VAG

② 在“组织资源”列表框中选择“校门口”区域，然后单击“编码设备”选项卡中的“添加”图标，如图 9-30 所示，弹出“编码器配置”对话框。

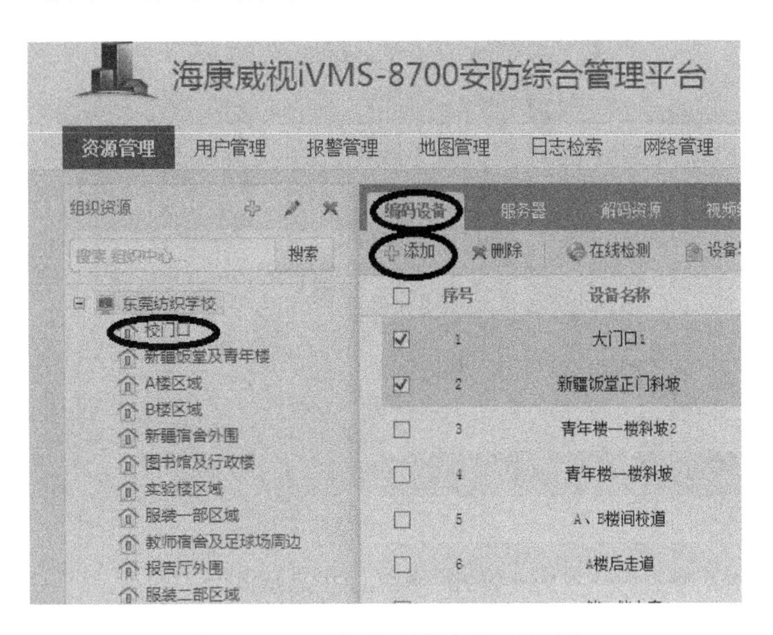

图 9-30　添加编码设备管理界面

③ 在“编码器配置”对话框中依次输入设备名称为“大门口 1”，摄像机 IP 地址为“192.168.90.3”，端口为“8000”，用户名为“admin”，密码为“1234”，设备类型为“高清网络摄像机”，如图 9-31 所示。

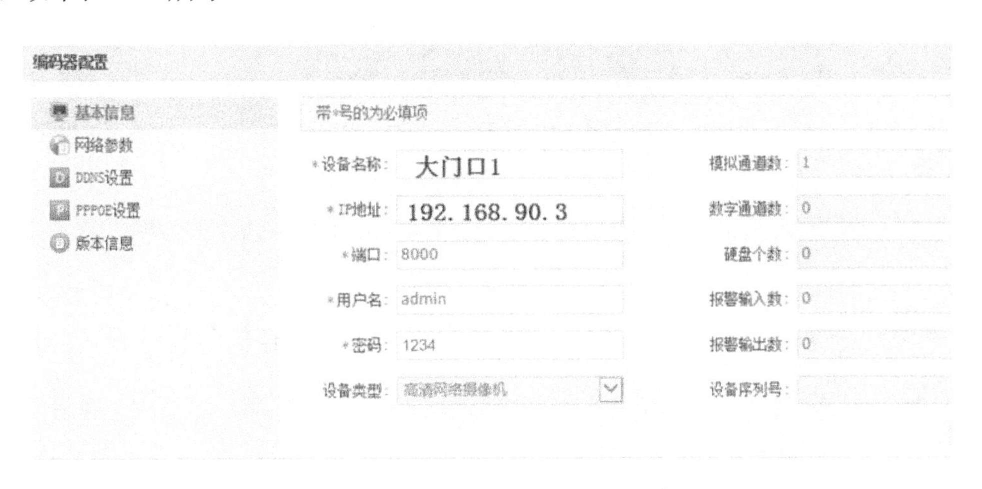

图 9-31　“编码器配置”对话框

④ 单击“保存”按钮。

⑤ 用同样的方法添加其他编码设备。

⑥ 登录综合平台客户端，在预览界面中就可以进行预览，如图 9-32 所示。

（5）摄像机录像计划配置

对所有添加的编码设备摄像机进行录像计划配置，下面以“校门口 1”摄像机录像计划配置为例进行说明。

① 在“视频管理”选项卡中选择“录像管理”功能。

图 9-32　视频监控点预览

② 在“组织资源”列表框中选择“校门口”监控区域，在右侧勾选“大门口 1”复选框，如图 9-33 所示。

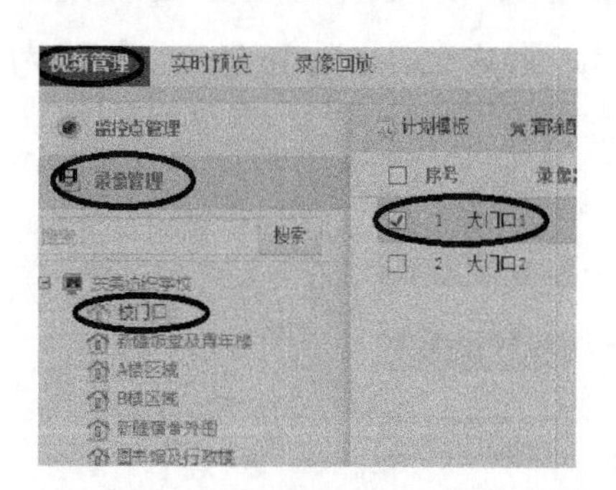

图 9-33　视频管理界面

③ 在“录像计划配置”对话框中勾选“设备存储”“CVR 存储”复选框，如图 9-34 所示，然后单击“确定”按钮。

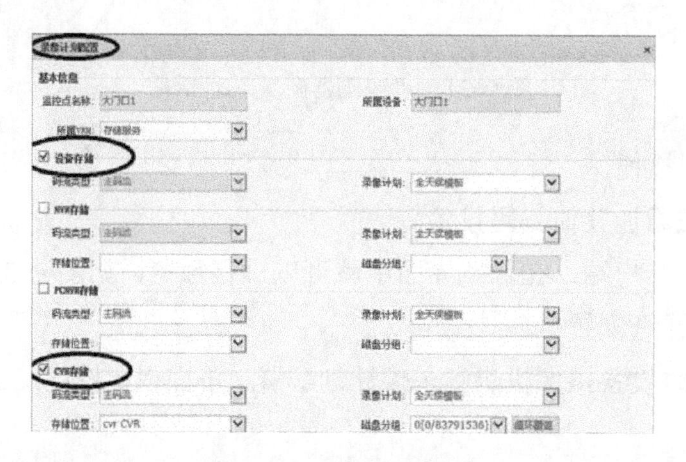

图 9-34　录像计划配置

（6）录像回放

① 登录“视频监控”客户端后，单击“视频应用”按钮，打开“视频应用”窗口。

② 在“录像回放”选项卡中选择监控区域为“校门口 1”的摄像机中的“设备存储”。

③ 选择回放的具体时间，如图 9-35 所示。

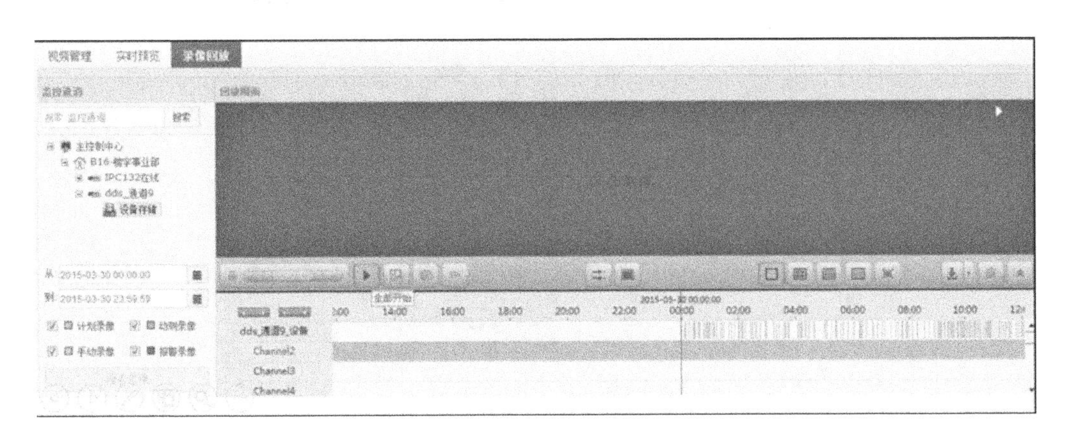

图 9-35　录像回放管理界面

（7）综合平台客户端中电视墙的应用

① 登录综合平台电视墙客户端。

② 选择需配置的电视墙，单击“配置电视墙”按钮，弹出电视墙配置面板，如图 9-36 所示。

图 9-36　配置电视墙

③ 单击“新建大屏”图标，用鼠标拖动出大屏行列大小，也可单击“手动输入行列”图标，手动输入大屏行数和列数，完成大屏的创建，如图 9-37 所示。

④ 可根据实际物理的电视墙布局修改大屏布局，用鼠标在大屏中框选连续的几个窗口，单击“合并”图标，可合并选中的窗口，选中合并后的窗口，单击“拆分”图标，即可拆分窗口，如图 9-38 所示。

⑤ 拖动左侧解码资源到对应窗口中，可建立大屏窗口和解码资源的关联。右击大屏窗口，选择“取消关联”选项，可取消窗口和解码资源的关联，如图 9-39 所示。

⑥ 大屏窗口和解码资源的关联完成后，单击“返回电视墙”按钮，完成电视墙的配置。

关联解码资源是实时解码、大屏拼接等功能实现的必要条件。在使用时，请根据实际情况关联或解码资源。

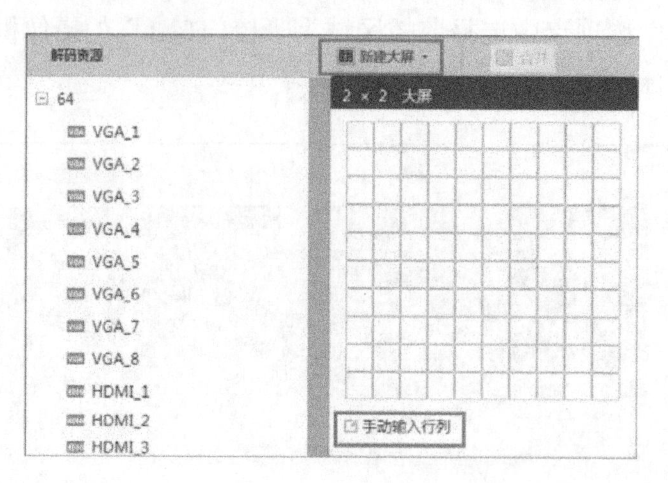

图 9-37　新建大屏

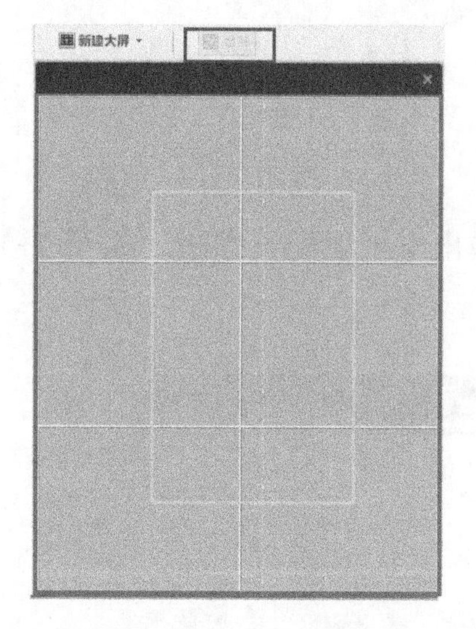

图 9-38　合并及拆分屏幕

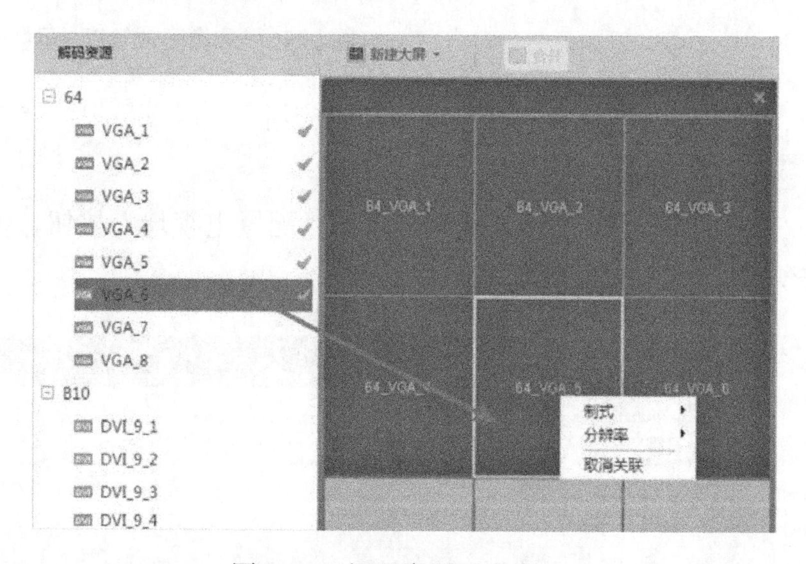

图 9-39　解码资源对应窗口

⑦ 登录客户端应用软件，单击“电视墙应用”按钮，实现视频预览与管理，如图 9-40 所示。

图 9-40　电视墙监控视频预览与管理

9.1.3　任务：门禁系统的集成与管理

【任务描述】

某校园已搭建了一套完整的智能安全防范系统，各个系统均要求在安防系统的综合管理平台中使用和管理。现在校园大门口采用门禁管理系统，要求进出校园的人员必须通过刷卡、指纹等识别手段才能正常进出，因此需要把该门禁系统添加到安防系统的综合管理平台中，方便相关人员进行管理和使用。

【任务目标】

1．能熟练使用网络安防综合管理平台。
2．能熟练在网络安防综合管理平台上进行门禁系统的管理与维护。

【任务实现】

1．搭建校园大门口门禁系统

某校园已经按图 9-41 所示的拓扑结构搭建好了校园门禁管理系统。

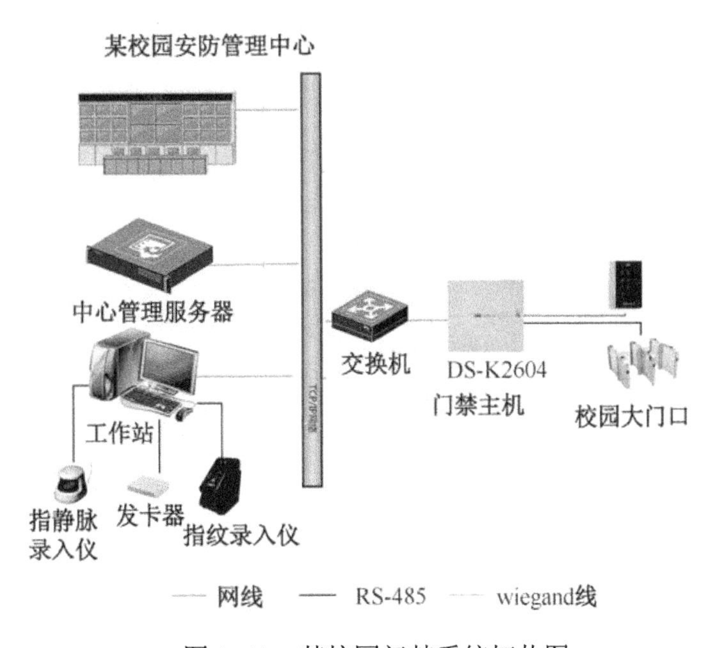

图 9-41　某校园门禁系统拓扑图

2．门禁系统在中心管理服务器平台中的应用

（1）添加门禁主机到平台上

门禁主机添加到 iVMS-8700 平台上时使用密码，直接在资源管理中手动添加或在线侦测设备并保存即可。

① 在管理平台中选择“门禁设备”选项卡。

② 单击“在线侦测”按钮。

③ 选中侦测到的设备后（本例搜索到的是 IP 为 192.168.91.88 的门禁控制主机），单击“添加”按钮，如图 9-42 所示。

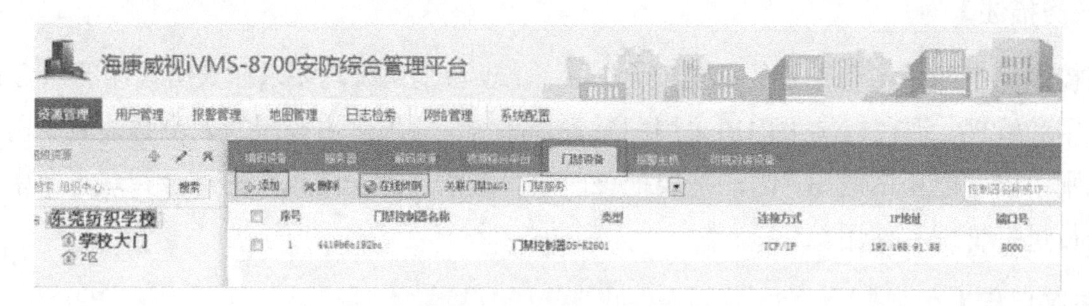

图 9-42 添加门禁主机

（2）添加门禁点

① 选择“资源管理”选项卡，选择“东莞纺织学校”→“学校大门”选项。

② 选择“门禁点”选项卡，单击“添加”图标，将刚才添加到平台的门禁主机选中。

③ 单击“保存”按钮，如图 9-43 所示。

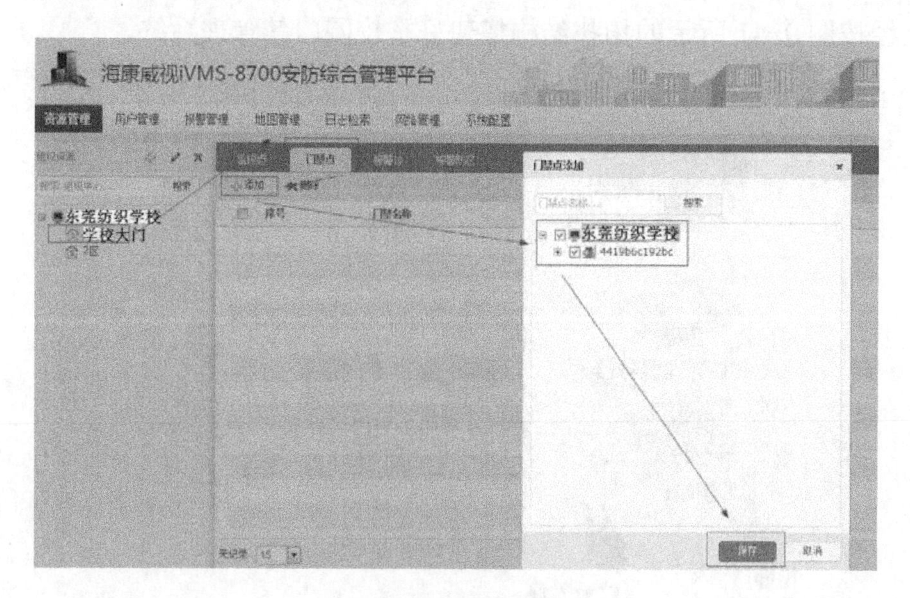

图 9-43 添加门禁点

（3）添加人员

① 单击“一卡通管理”按钮，如图 9-44 所示。

图 9-44 一卡通管理

② 选择“人员管理”选项卡，单击工具栏中的“添加”按钮，建立“工程部”和“服装部”两个部门，再分别添加人员“李明”和“张敏”，如图 9-45 所示。

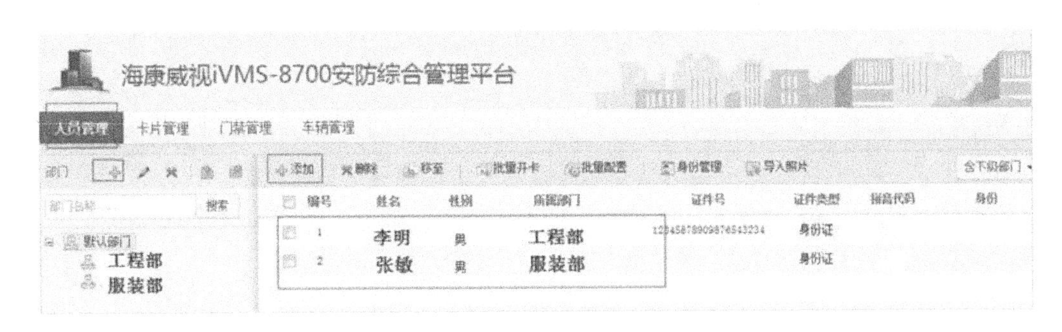

图 9-45　添加人员

（4）获取卡号

由于本实训室没有写卡器，因此可以先在开门读卡器上刷一下新的 IC 卡，此卡号就会被记录到门禁信息中，然后通过以下步骤找到所有刷过的卡号并复制出来。

① 选择“门禁管理”选项卡，从下拉列表中选择“DS-K2600 系列”选项。

② 选择左窗格中的“门禁信息查询”选项，在右窗格中单击“查询”按钮。

③ 设置“事件类型”为“无此卡号”的卡号号码，如图 9-46 所示。

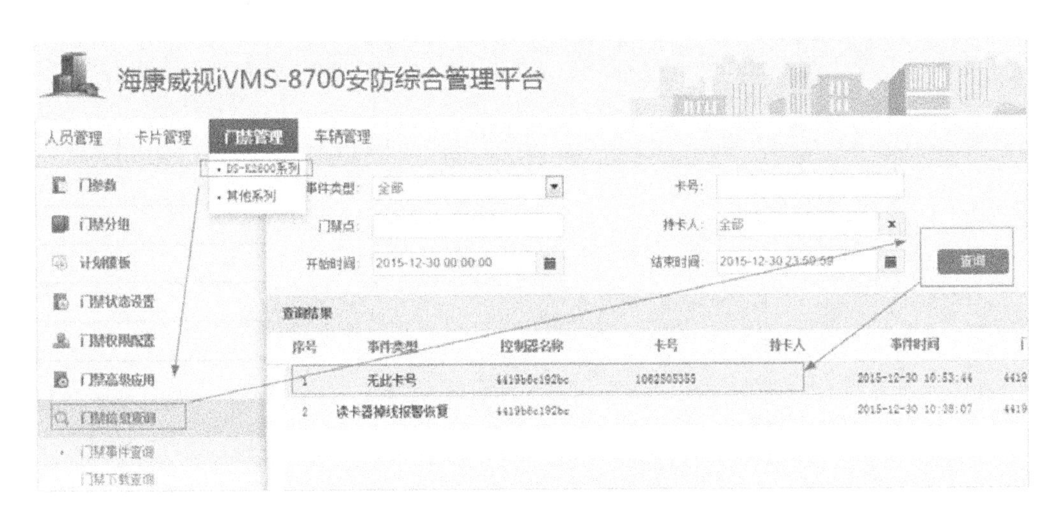

图 9-46　门禁信息查询

（5）给人员绑定卡号（开卡）

① 在“人员管理”选项卡中，选择“工程部”选项，在右窗格中选择“李明”，再单击“操作”按钮，如图 9-47 所示。

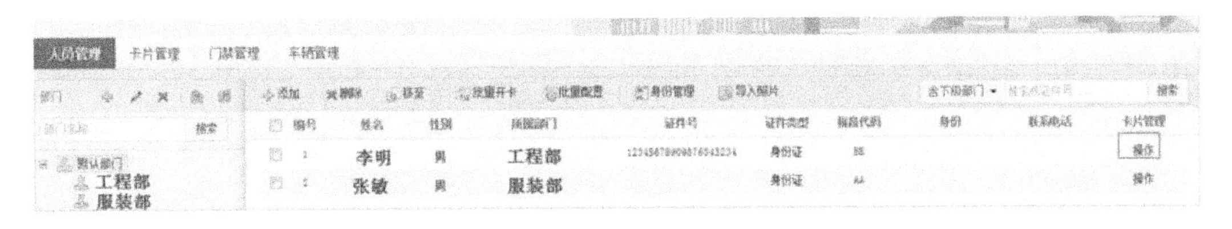

图 9-47　人员绑定卡号（开卡）

② 单击“开卡”按钮，将刚才复制的卡号授予李明，如图 9-48 所示。

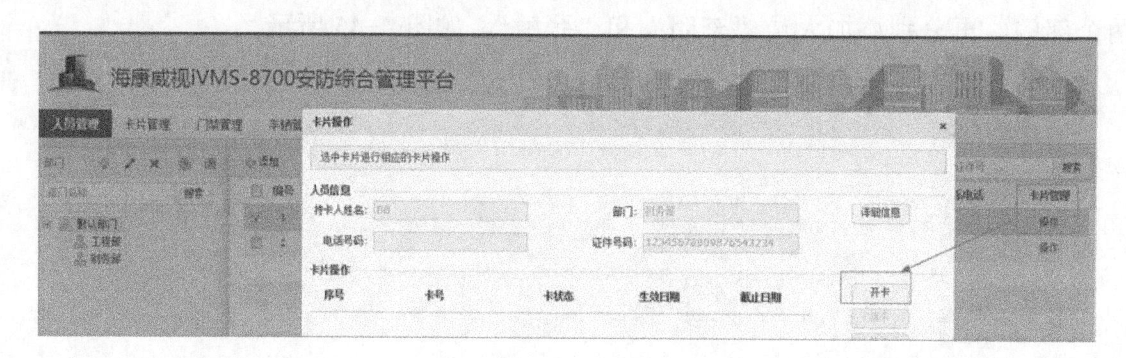

图 9-48　开卡

（6）门禁权限配置

① 在综合管理平台中，选择“门禁管理”选项卡。

② 在左窗格中选择“门禁权限配置”选项，如图 9-49 所示。

③ 在“新增门禁访问权限组”对话框中，将“类型选择”设置为“按部门授权”，如图 9-50 所示。

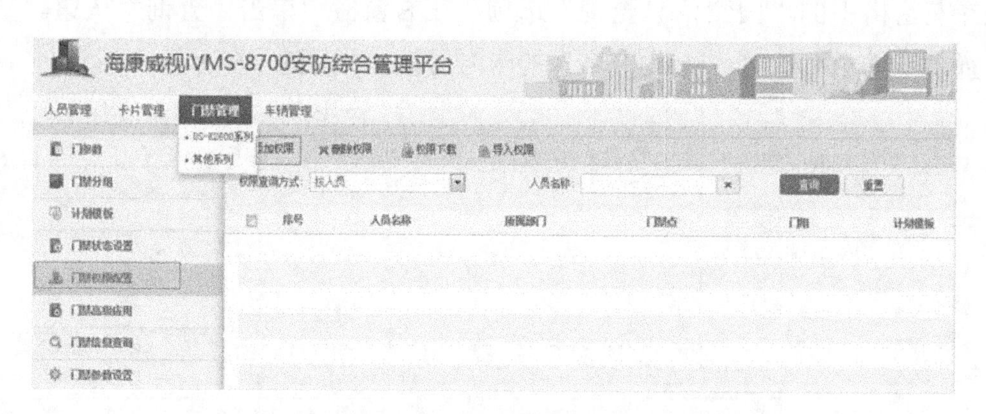

图 9-49　门禁权限配置

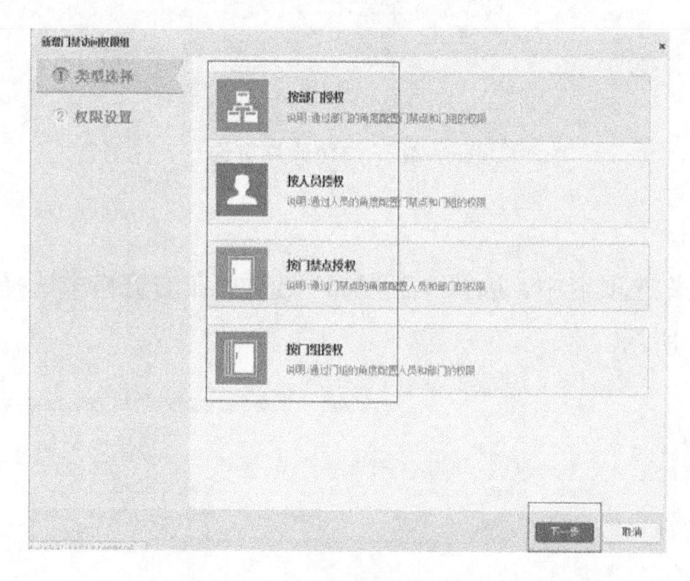

图 9-50　选择授权类型

④ 单击“下一步”按钮，设置权限，勾选“工程部”“服装部”复选框，门禁点为“东莞纺织学校”“学校大门”，单击“完成”按钮，如图 9-51 所示。

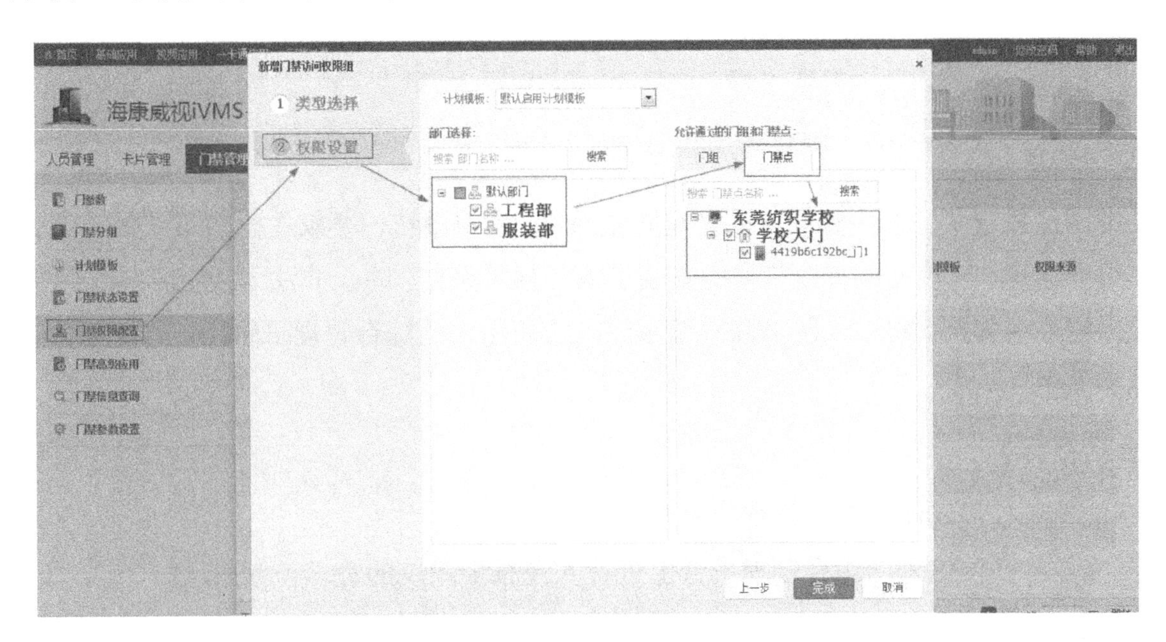

图 9-51　门禁点权限设置

（7）保存设置

门禁权限配置完毕后将信息远程下载到门禁主机的内存器中进行保存。

选择“门禁管理”选项卡，在左窗格中选择“门禁权限配置”选项，在右窗格中单击“权限下载”按钮，选中“异动下载”单选按钮，勾选要下载到“东莞纺织学校”“学校大门”的门禁点，如图 9-52 所示。

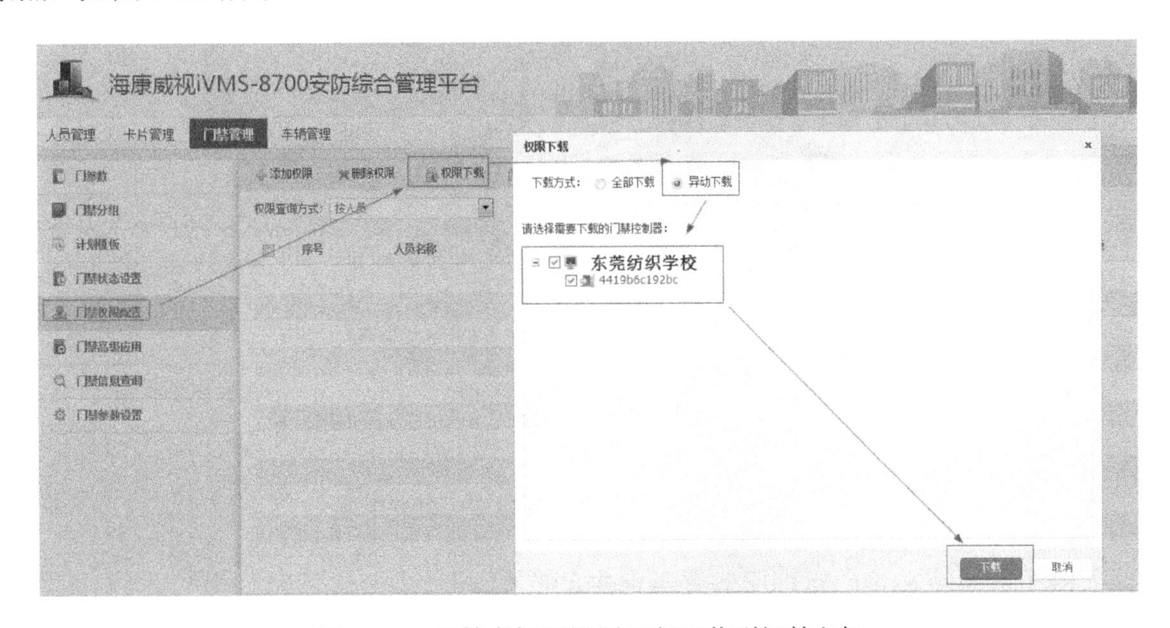

图 9-52　门禁点权限设置远程下载到门禁主机

完成以上步骤，工程部中名为李明的人员就可以刷卡通过学校大门门禁了。

9.1.4 任务：入侵报警系统的集成与管理

【任务描述】

某校园已搭建了一套完整的智能安全防范系统，各个系统均要求在安防系统的综合管理平台中使用和管理。学校的所有建筑物均安装了入侵报警系统，防止非法入侵，现在以“图书馆”的入侵报警系统为例，将该入侵报警系统添加到安防系统的综合管理平台中，方便相关人员进行管理和使用。

【任务目标】

1. 能熟练使用网络安防综合管理平台。
2. 能熟练在网络安防综合管理平台上进行入侵报警系统的管理与维护。

【任务实现】

1. 搭建图书馆入侵报警系统

某学校已经按图9-53所示的拓扑结构搭建好了图书馆入侵报警系统，本系统一共有6个防区，包括3个位于室外的红外对射报警器、1个玻璃破碎探测器、1个红外探测器、1个报警按钮。

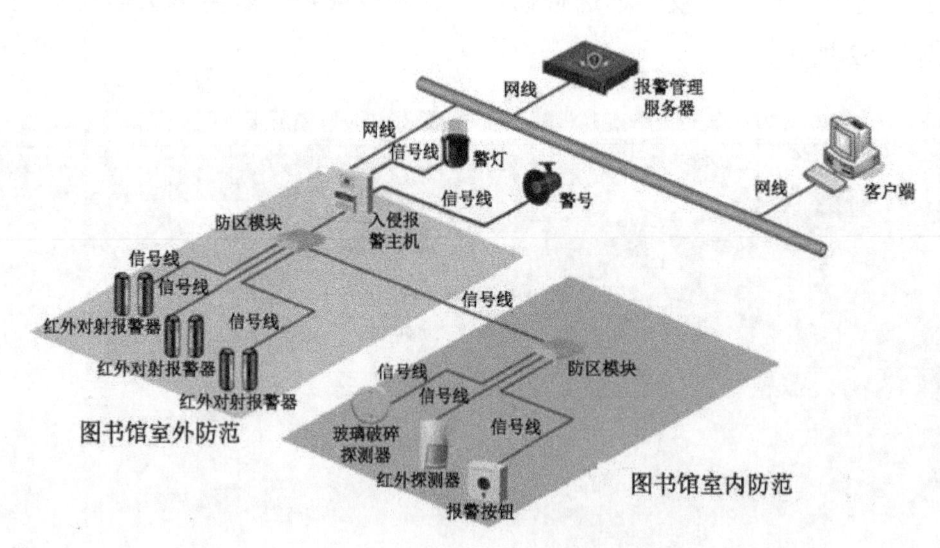

图9-53 某学校图书馆入侵报警系统拓扑图

2. 入侵报警系统在中心管理服务器平台中的应用

（1）登录网络安防综合管理平台。

（2）添加“通用设备接入服务器”，如图9-54所示。

图 9-54　添加通用设备接入服务器

3．添加报警主机

（1）选择“东莞纺织学校”选项。

（2）选择“报警主机”选项卡。

（3）“中心关联 DAG”选择“通用设备接入服务器”。

（4）单击“添加”图标，如图 9-55 所示。

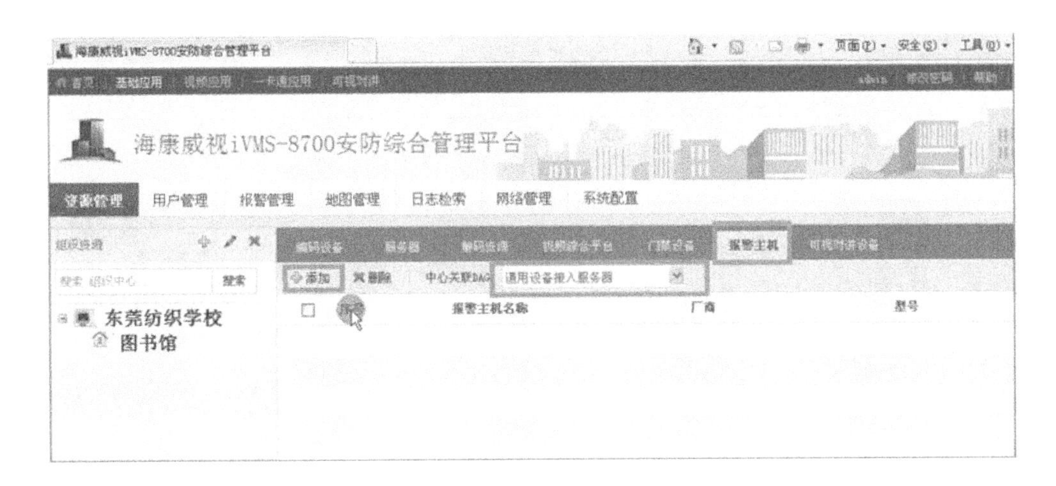

图 9-55　添加报警主机

（5）输入参数值并添加报警主机，本例中用户名为“admin”，密码是“123456”，名称为“图书馆报警主机”，IP 地址为“192.168.91.8”，端口号为“8000”，防区数为“8”，如图 9-56 所示。

（6）添加成功后界面如图 9-57 所示。

4．报警防区的添加

（1）选择“资源管理”选项卡。

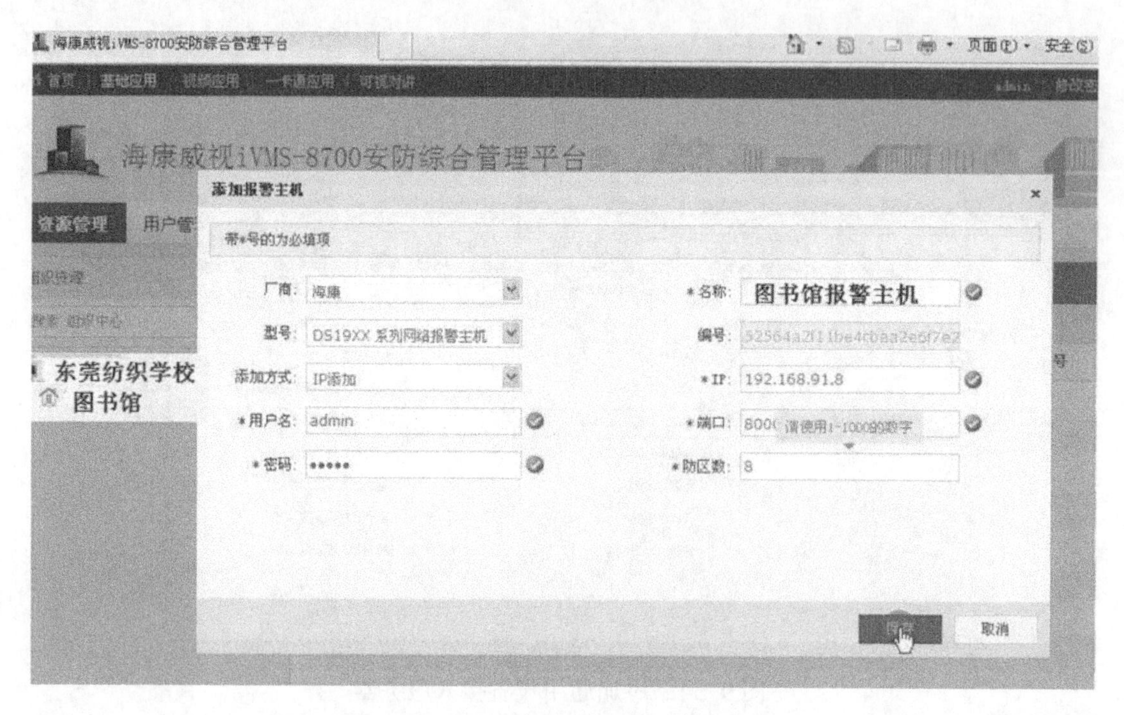

图 9-56　输入参数值并添加报警主机

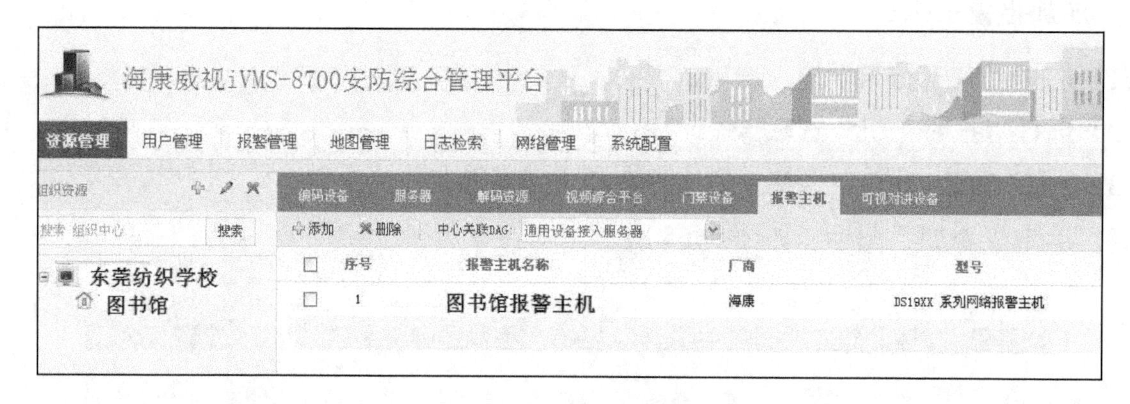

图 9-57　成功添加报警主机

（2）选择“报警防区”选项卡。

（3）单击“+”图标，如图 9-58 所示。

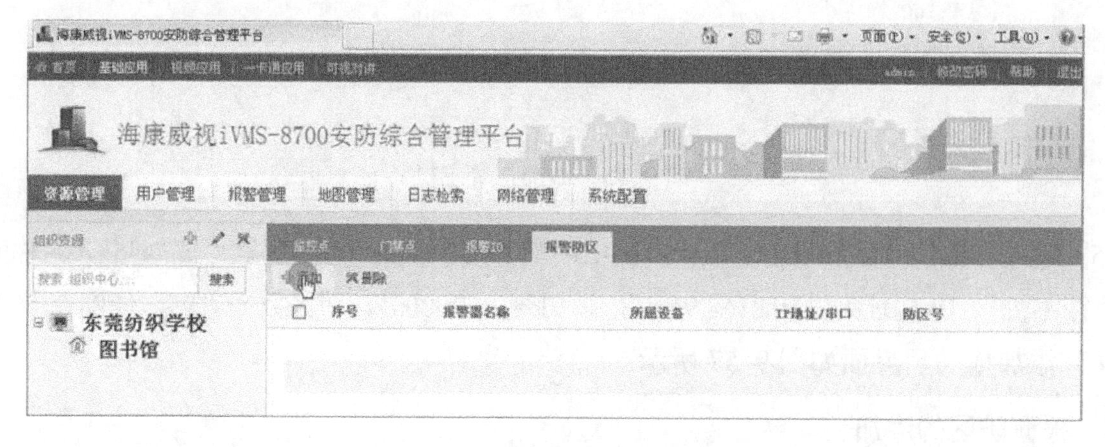

图 9-58　报警防区的添加

（4）在弹出的对话框中勾选 8 个防区复选框，这里只用到 6 个防区，另外 2 个防区备用，如图 9-59 所示，单击“保存”按钮。

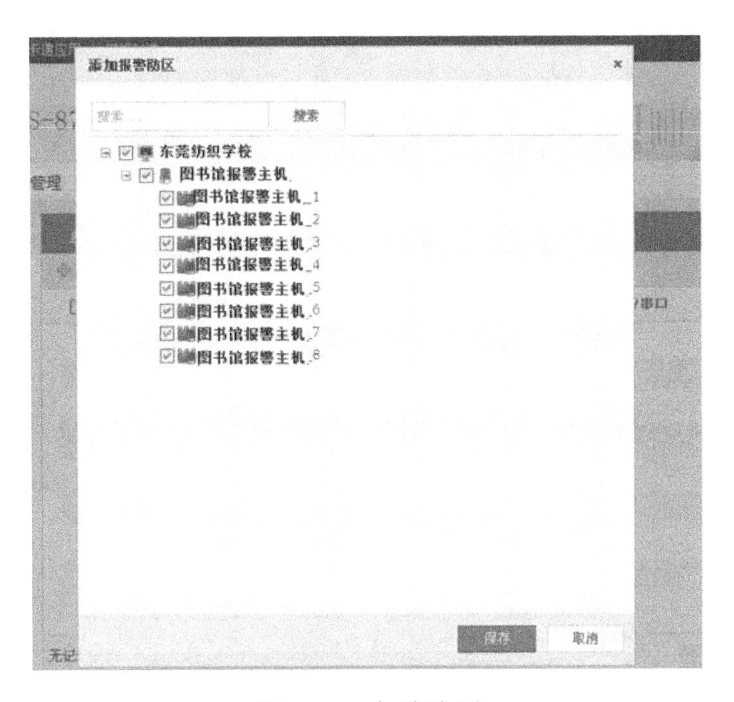

图 9-59　勾选防区

5．登录安防综合管理平台客户端进行布防、撤防

（1）登录安防综合管理平台客户端，选择报警状态，如图 9-60 所示。

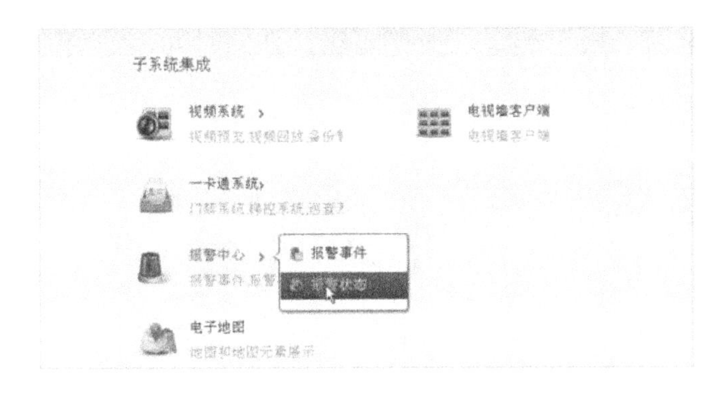

图 9-60　报警状态

（2）单击“布防”图标，对图书馆报警主机进行布防，如图 9-61 所示。

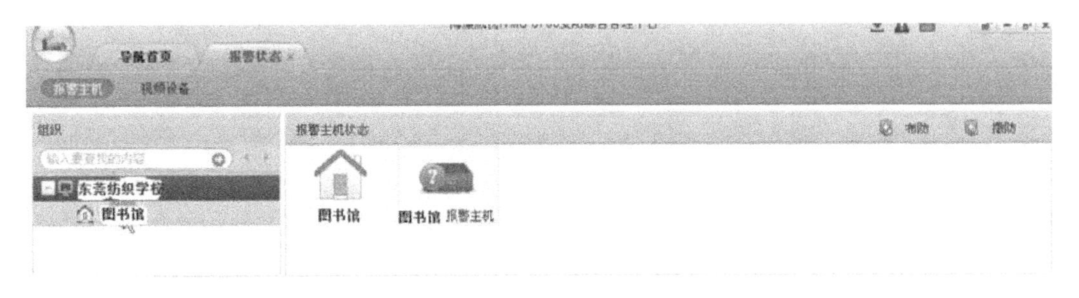

图 9-61　报警布防

（3）触发防区 1，发生报警，如图 9-62 所示。

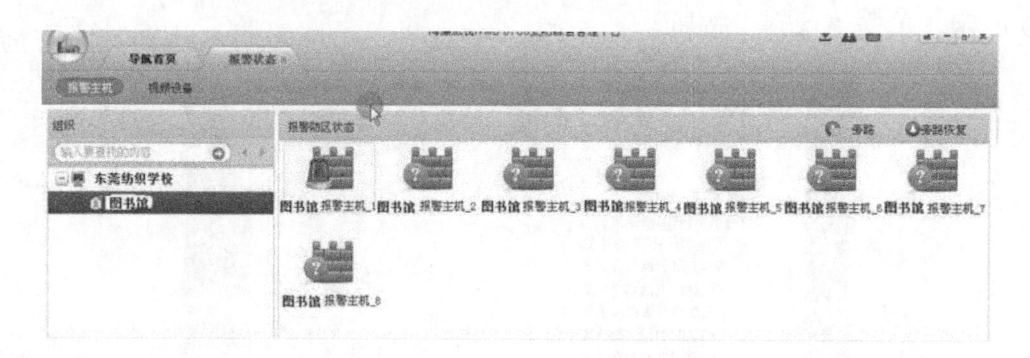

图 9-62　防区 1 报警

（4）登录安防综合管理平台，选择报警事件，如图 9-63 所示。

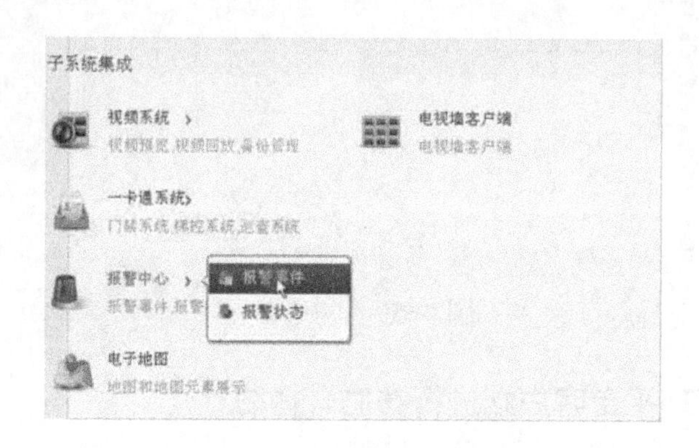

图 9-63　报警事件查询

（5）查看具体报警名称、报警类型、报警等级、开始时间、结束时间、状态等，如图 9-64 所示。

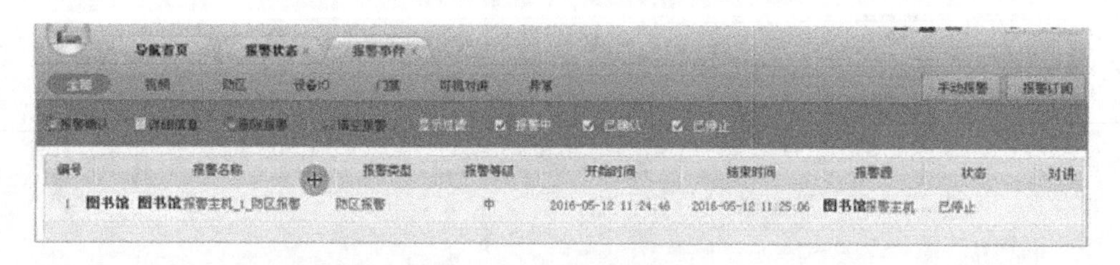

图 9-64　警情详情

（6）单击“撤防”按钮，报警防区撤防，如图 9-65 所示。

图 9-65　警区撤防

【任务评价】

评价内容		完成情况评价		
分配的工作		自评	组评	师评
完成效果	能说出组成报警系统的主要设备及其功能与作用；能描述与绘制校园报警系统拓扑图			
	能完成校园入侵报警系统设备的安装、布线与配置			
	能按步骤熟练地将门禁系统集成到网络安防综合管理平台上			
	能在网络安防综合管理平台上熟练进行报警系统的管理与维护，如报警点管理、撤防、布防、旁路等			
合作意识	能积极配合小组开展活动，服从安排			
	能积极地与组内、组间成员交互讨论，能清晰地表达想法，尊重他人的意见			
	能和大家互相学习和帮助，共同进步			
沟通能力	有强烈的好奇心和探索欲望			
	在小组遇到问题时，能提出合理的解决方法			
	能发挥个人特长，施展才能			
专业能力	能运用多种渠道搜集信息			
	能查阅图纸及说明书			
	遇到问题不退缩，并能想办法解决			
总体体会	我的收获是：			
	我体会最深的是：			
	我还需努力的是：			

举报电话：（010）88254396；（010）88258888

传　　真：（010）88254397

E-mail：　dbqq@phei.com.cn

通信地址：北京市万寿路 173 信箱

　　　　　电子工业出版社总编办公室

邮　　编：100036